Rieper

Entscheidungsmodelle zur integrierten Absatz- und Produktionsprogrammplanung für ein Mehrprodukt-Unternehmen

Beiträge zur industriellen Unternehmensforschung

Herausgeber: Prof. Dr. Dietrich Adam, Universität Münster

Band 2

Dr. Bernd Rieper

Entscheidungsmodelle zur integrierten Absatz- und Produktionsprogrammplanung für ein Mehrprodukt-Unternehmen

Betriebswirtschaftlicher Verlag Dr. Th. Gabler · Wiesbaden

D 6

ISBN 978-3-409-34122-6 ISBN 978-3-322-87404-7 (eBook)
DOI 10.1007/978-3-322-87404-7

Softcover reprint of the hardcover 1st edition 1973

Geleitwort des Herausgebers

Im vorliegenden Band 2 der „Beiträge zur industriellen Unternehmensforschung“ werden Problemformulierungen und Lösungsmöglichkeiten zur integrierten Absatz- und Produktionsprogrammplanung für ein Mehrprodukt-Unternehmen diskutiert. In der Literatur findet man in erster Linie isolierte Entscheidungsmodelle für den Absatz- und Produktionssektor eines Unternehmens. Der Verfasser unternimmt hingegen den Versuch, ein integriertes Planungsmodell zu entwickeln. Insbesondere bemüht er sich, einige ausgewählte absatzwirtschaftliche Problemstellungen aus der Werbe-, Preis-, Konditionen- und Distributionspolitik mit den leistungswirtschaftlichen Aktionsparametern der Produktionsprogramm- und Lagerpolitik zu koordinieren. Die werbepolitischen Probleme werden dabei auf relativ hoher Abstraktionsebene behandelt. Der Verfasser stellt z. B. funktionelle Beziehungen zwischen dem Werbeeinsatz und der Absatzmenge auf, analysiert jedoch bewußt nicht die Prozesse, die zur Erzielung eines Werbeerfolges führen. Der relativ hohe Abstraktionsgrad der erarbeiteten Modelle läßt sie insbesondere für eine Grobplanung innerhalb der oberen Führungsebene eines Unternehmens geeignet erscheinen.

Neben die Formulierung von Entscheidungsmodellen zur simultanen Absatz- und Programmplanung tritt als zweite wichtige Aufgabe der Arbeit die Suche nach geeigneten Algorithmen zur Lösung der aufgestellten nichtlinearen Planungsprobleme.

Die Arbeit enthält insbesondere zu folgenden Problemen Anregungen, Diskussionen und Lösungsvorschläge, die über den derzeit aus der Literatur ersichtlichen Kenntnisstand hinausgehen:

1. Entwicklung einer in sich abgeschlossenen zweistufigen Werbetheorie für die Beziehungen zwischen Werbemitteleinsatz, Werbekosten und Absatzmenge als Maßgröße für den Werbeerfolg.

2. Erweiterung der Werbeplanung um die Probleme einer Gemeinschaftswerbung für mehrere Produkte.

3. Berücksichtigung verzögerter Anpassungsprozesse der Nachfrager auf werbepolitische Maßnahmen eines Unternehmens.

4. Diskussion der Möglichkeiten einer Voroptimierung im Absatzbereich zur Reduzierung des Modellumfanges durch Eliminierung von Teilbereichsvariablen und Beschränkungen.

5. Diskussion der Bedeutung der Teilperiodenlänge eines dynamischen Planungsproblems für die Planungsgenauigkeit und die erforderliche zeitliche Ausdehnung des Entscheidungsfeldes.

6. Konzipierung eines Lösungsverfahrens zur Behandlung nichtlinearer konvexer Programmierungsprobleme mit Hilfe der parametrischen linearen Programmierung.

Die Lektüre des vorliegenden Beitrags dürfte nicht nur für den Theoretiker, sondern auch für den an integrierten Planungsmodellen interessierten Praktiker von Nutzen sein.

Dietrich Adam

Vorwort des Verfassers

Eine integrierte Planung der absatz- und produktionswirtschaftlichen Aktivitäten ist heute für ein Mehrprodukt-Unternehmen im Rahmen seiner kurzfristigen Unternehmensplanung unbedingt notwendig. Die Konzipierung von Marketing-Strategien ohne Abstimmung mit den Produktionsmöglichkeiten ist ebenso verfehlt wie das Aufstellen von Fertigungsprogrammen ohne Beachtung der Marktgegebenheiten. Erst in der Kombination und Koordination von Absatz- und Produktionspolitik ist eine sinnvolle Planungsaufgabe zu erblicken. Die Analyse von Modellstrukturen für solche Planungsprobleme ist Untersuchungsgegenstand der vorliegenden Arbeit.

Ausgangspunkt ist eine statische Modellanalyse zur simultanen Produktionsprogramm-, Werbe- und Preisplanung ohne und mit absatzmäßiger Verflechtung zwischen den Erzeugnissen über den Bedarf bzw. eine gemeinsame Werbung. Sodann werden die Entscheidungsmodelle dynamisch formuliert, um Datenänderungen im Zeitablauf und zeitlich verzögerte Anpassungsprozesse der Nachfrager auf absatzpolitische Maßnahmen des Unternehmens erfassen zu können. Die Modellbetrachtungen werden anschließend um die Probleme einer physischen Distribution der Erzeugnisse erweitert.

Die entwickelten Entscheidungsmodelle sind grundsätzlich nichtlineare Programmierungsprobleme; ihre Lösung erfordert die Bereitstellung geeigneter Algorithmen. Es wird gezeigt, welche Lösungsmöglichkeiten für konvexe Programmierungsprobleme mit einer nichtlinearen Zielfunktion und linearen Nebenbedingungen herangezogen werden können.

Im Zusammenhang mit dieser Aufgabe werden die Anwendungsmöglichkeiten der parametrischen Voroptimierung von Teilbereichsentscheidungen diskutiert. Diese erlaubt eine erhebliche Reduzierung des ursprünglichen Modellumfanges, da die Teilbereichsvariablen und -beschränkungen im integrierten Modell entfallen können.

Den Abschluß des verfahrensorientierten Teils bildet die Überlegung, wie sich konvexe Programmierungsprobleme mit Hilfe der parametrischen linearen Programmierung lösen lassen. Im Vordergrund der Abhandlung steht die ökonomische Interpretation der Lösungsschritte und Ergebnisse.

Im letzten Teil der Arbeit wird das Problem der Unsicherheit in den analysierten Entscheidungsmodellen aufgegriffen. Anhand zweier sich diametral gegenüberstehender Konzeptionen — einem Chancen-Risiken-Konzept und einem verhaltensorientierten Ansatz — wird gezeigt, auf welche Weise sich die Unsicherheit bei der Entscheidungsfindung erfassen läßt.

Herrn Prof. Dr. D. Adam danke ich sehr herzlich für die ständige Förderung dieser Arbeit.

Bernd Rieper

Inhaltsverzeichnis

Seite

T e i l 1

Die Formulierung der Aufgabenstellung und ihre Einordnung in eine entscheidungsorientierte Theorie der Unternehmung

Seite

Teil 2

Modelle zur simultanen Produktions- und Absatzplanung im Rahmen einer deterministischen Modellanalyse

Seite

Teil I

Die Formulierung der Aufgabenstellung und ihre Einordnung in eine entscheidungsorientierte Theorie der Unternehmung

1. Kap.:

Die Aufgabenstellung der Arbeit

Das Ziel der vorliegenden Untersuchung ist es, die Absatzplanung eines Industrieunternehmens entscheidungsorientiert (modelltheoretisch) zu behandeln. Da die Planung der Absatztätigkeit Bestandteil einer umfassenden Unternehmensplanung ist, muß die Verknüpfung der Absatzplanung mit den übrigen Planungsbereichen beachtet werden.

Die umfassenden Unternehmensplanungsmodelle berücksichtigen zwar die Verflechtungen zwischen den verschiedenen Funktionsbereichen einer Unternehmung, die Komplexität der Aufgabe führt aber gleichzeitig zu einer nur globalen Berücksichtigung vor allem der absatzpolitischen Aktivitäten[1]. Auf der anderen Seite betonen die speziell auf den Absatzbereich einer Unternehmung gerichteten Planungsmodelle allzu sehr die Eigenständigkeit und Isoliertheit dieser Modellanalysen. So werden die einzelnen absatzpolitischen Instrumente zumeist unabhängig vonein-

---

1 Vgl. hierzu folgende Beiträge: Blumentrath, U., Investitions- und Finanzplanung mit dem Ziel der Endwertmaximierung, Wiesbaden 1969, S. 340 ff, 395 ff und 412 ff; Jacob, H., Neuere Entwicklungen in der Investitionsrechnung, Sonderdruck der ZfB, Wiesbaden 1964, S. 43 ff (im folgenden zitiert als "Neuere Entwicklungen"); derselbe, Zur Standortwahl der Unternehmungen, Wiesbaden 1967, S. 233 ff; Meyhak, H., Simultane Gesamtplanung in mehrstufigen Mehrproduktunternehmen, Wiesbaden 1970, S. 324 ff; Seelbach, H., Planungsmodelle in der Investitionsrechnung, Würzburg-Wien 1967, S. 3 ff; Schweim, J., Integrierte Unternehmensplanung, Bielefeld 1969, S. 75 ff; Waldmann, J., Optimale Unternehmensfinanzierung, unveröffentlichtes Manuskript, S. 76 ff.

ander untersucht, und ihre zielsetzungsgerechte Festlegung erfolgt losgelöst von den Planungen in den übrigen Unternehmensbereichen[1]. Insbesondere wird häufig die Differentialrechnung bei der Ableitung zielsetzungsgerechter Entscheidungen angewendet. Lösungsverfahren dieser Art verhindern aber die Berücksichtigung der vielfältigen internen und externen Beschränkungen, denen absatzpolitische Maßnahmen unterliegen können.

Untersuchungsgegenstand ist die Absatzplanung eines Mehrproduktunternehmens, die nicht losgelöst von den übrigen Unternehmensbereichen entworfen werden kann. Um aber die Konzipierung eines Totalmodells zu vermeiden, sollen die mit der Absatzplanung unmittelbar verbundenen und damit am stärksten verflochtenen Funktionsbereiche der Unternehmung zugleich in einem Planungsmodell erfaßt werden. Die engsten Beziehungen dürften zwischen der Absatzplanung einerseits und der Produktionsplanung andererseits herrschen. Die Aufgabe besteht daher darin, Entscheidungsmodelle zur simultanen Produktions- und Absatzplanung zu entwickeln.

---

1 Vgl. hierzu Alderson, W., Green, P.E., Planning and Problem Solving in Marketing, Homewood, Ill. 1964; Cundiff, E.W., Still, R.R., Basic Marketing: Concepts, Environment and Decisions, Englewood Cliffs, N.J. 1964; Edler, F., Werbetheorie und Werbeentscheidung, Wiesbaden 1966; Gutenberg, E., Grundlagen der Betriebswirtschaftslehre, 2. Band, Der Absatz, 11. Aufl., Berlin, Heidelberg, New York 1968 (im folgenden zitiert als "Der Absatz"); Howard, J.A., Marketing Management, Analysis, and Planning, 7th Printing, Homewood, Ill. 1969; Jacob, H., Preispolitik, Wiesbaden 1963; Korndörfer, W., Die Aufstellung und Aufteilung von Werbebudgets, Stuttgart 1966; Montgomery, D.B., Urban, G.L., Management Science in Marketing, Englewood Cliffs, N.J. 1969; Selten, R., Preispolitik der Mehrproduktunternehmung in der statischen Theorie, Berlin, Heidelberg, New York 1970; Stanton, W.J., Fundamentals of Marketing, 2nd Ed., New York etc. 1967; Weber, H.H., Grundzüge einer monopolistischen Absatztheorie, Köln, Berlin, Bonn, München 1970.

Unter Planung soll dabei der Entwurf einer Ordnung verstanden werden, an der sich das künftige Verhalten zu orientieren hat[1]. Die Produktions- und Absatzplanung auf der Basis integrierter Entscheidungsmodelle umfaßt die Gesamtheit der Entscheidungen, durch die das Unternehmensgeschehen im voraus festgelegt wird[2/3]. Die Art der Formulierung von Entscheidungsmodellen hängt vom gewählten Lösungsverfahren ab. Es ist daher gleichzeitig zu prüfen, welche Lösungsverfahren existieren, die in der Lage sind, für eine konkret formulierte Entscheidungssituation eine Lösung zu bestimmen.

Die Arbeit ist in der Weise aufgebaut, daß im 1. Teil die entscheidungstheoretischen Grundlagen behandelt werden. Daran schließt sich im Teil 2 die Konzipierung mehrerer Entscheidungsmodelle zur Produktions- und Absatzplanung unter verschiedenen betrieblichen und marktlichen Konstellationen an. Gleichzeitig wird die Frage nach einem adäquaten mathematischen Verfahren zur Lösung der entwickelten Planungsmodelle gestellt. Im Teil 3 schließlich gilt es, das Problem der Unsicherheit in die Planungsüberlegungen einzubeziehen.

---

1 Vgl. Gutenberg, E., Grundlagen der Betriebswirtschaftslehre, 1. Band, Die Produktion, 14. Aufl., Berlin, Heidelberg, New York 1968, S. 147 (im folgenden zitiert als "Die Produktion").

2 In Anlehnung an Koch, H., Betriebliche Planung, Wiesbaden 1961, S. 11; derselbe, Die Unternehmensplanung und ihre Bedeutung, in: Unternehmensplanung, hrsg. von K. Agthe und E. Schnaufer, Baden-Baden 1963, S. 3 ff, hier S. 3 f.

3 Zu den vielfältigen, in der betriebswirtschaftlichen Literatur verwendeten Planungsbegriffen vgl. Weber, H., Die Planung in der Unternehmung, Berlin 1963; derselbe, Die Spannweite des betriebswirtschaftlichen Planungsbegriffes, in: ZfbF, 16. Jg., 1964, S. 716 ff.

2. Kap.:

Die Grundlagen einer entscheidungsorientierten Betrachtungsweise betriebswirtschaftlicher Probleme

A. Die Darstellung eines allgemeinen Entscheidungsproblems

Jedes Entscheidungsproblem oder jede Entscheidungssituation einer Unternehmung läßt sich formal wie folgt skizzieren[1/2]: Gegeben ist eine bestimmte Anzahl von Strategien, Handlungsprogrammen oder Aktionen[3] sowie mehrere mögliche Datenkonstellationen oder Zustände der Umwelt[4]. Für die Datenkonstellationen und die Strategien muß sichergestellt sein, daß sie sich gegenseitig ausschließen. Die Gesamt-

---

1 Diese Darstellung erfolgt in Anlehnung an Blumentrath, U., a.a.O., S. 6 ff.

2 Vgl. hierzu auch Albach, H., Entscheidungsprozeß und Informationsfluß in der Unternehmensorganisation, in: Organisation, TFB-Handbuchreihe, 1. Bd., hrsg. von E. Schnaufer und K. Agthe, Berlin, Baden-Baden 1961, S. 355 ff, hier S. 357 ff; Bühlmann, H., Loeffel, H., Nievergelt, E., Einführung in die Theorie und Praxis der Entscheidung bei Unsicherheit, Berlin, Heidelberg, New York 1967, S. 1 ff und 104 f; Hax, H., Die Koordination von Entscheidungen, Köln, Berlin, Bonn, München 1965, S. 21 ff; Horváth, P., Betriebliche Entscheidungen als Teile eines Lernprozesses, Meisenheim am Glan 1971, S. 53 ff (im folgenden zitiert als "Betriebliche Entscheidungen"); derselbe, Der Betrieb als lernende Entscheidungseinheit, in: ZfB, 40. Jg., 1970, S. 747 ff; Menges, G., Grundmodelle wirtschaftlicher Entscheidungen, Köln und Opladen 1969, S. 82 ff; Schneeweiß, H., Entscheidungskriterien bei Risiko, Berlin, Heidelberg, New York 1967, S. 7 ff.

3 Jede Strategie stellt eine Zusammenfassung von allen betrachteten und relevanten Entscheidungstatbeständen, Variablen oder Aktionsparametern dar, wobei diese Variablen bestimmte Werte angenommen haben; vgl. Schneeweiß, H., a.a.O., S. 8.

4 Jede Datenkonstellation ist eine Kombination bestimmter Ausprägungen verschiedener Umweltfaktoren oder Daten, die für die betreffende Entscheidungssituation relevant sind; vgl. Schneeweiß, H., a.a.O., S. 9 f.

heit der Strategien und Datenkonstellationen - bzw. Variablen und Daten - soll unter dem Begriff des Entscheidungsfeldes zusammengefaßt werden[1].

Jede Kombination einer Strategie mit einer Datenkonstellation führt zu einem eindeutigen Ergebnis. Dabei sind Ergebnisse "nur die vom Entscheidungsträger als planungsbedeutsam registrierten ... Aktionswirkungen"[2]. Der Zusammenhang zwischen sämtlichen Strategien, Datenkonstellationen und Ergebnissen wird in einer Ergebnisfunktion ausgedrückt und kann als Ergebnismatrix dargestellt werden.

Von der Ergebnisfunktion zur Zielfunktion gelangt man, wenn die Ergebnisse für jede Kombination einer Strategie mit einer Datenkonstellation mit Hilfe einer vom Entscheidungsträger festgelegten Präferenzordnung[3] in eindimensionale Zielgrößen überführt werden. Dabei kann der Entscheidungsträger durchaus mehrere Ziele verfolgen. Wird lediglich ein Ziel verfolgt, stimmen Ergebnis- und Zielinhalt überein. Sollen aber gleichzeitig mehrere Ziele angestrebt werden, existieren für jede Kombination einer Strategie mit einer Datenkonstellation mehrere Ergebnisse - entsprechend den verschiedenen Zielinhalten. Ein Vergleich von nicht dominierten Strategien ist dann nur noch möglich, wenn die Ergebnisse jeder Strategie zu einer Zielgröße zusammengefaßt werden können. Sämtliche Kombinationen von Strategien, Datenkonstellationen und Zielgrößen - ausgedrückt in der Zielfunktion - lassen sich

---

1 Vgl. Engels, W., Betriebswirtschaftliche Bewertungslehre im Licht der Entscheidungstheorie, Köln und Opladen 1962, S. 94.

2 Blumentrath, U., a.a.O., S. 8.

3 Zu den Anforderungen an eine Präferenzordnung vgl. Hax, H., Die Koordination von Entscheidungen, a.a.O., S. 26 f.

wiederum in einer Entscheidungsmatrix darstellen[1]. Die Zielgröße ist aus der Zielsetzung des Entscheidungsträgers abzuleiten. Zielsetzung und Entscheidungsfeld konstituieren ein Entscheidungsmodell. Eine Entscheidung zu fällen bedeutet, daß der Entscheidungsträger aus der möglichen Anzahl der Strategien eine Aktion wählt, die seiner Zielvorstellung entspricht.

B. Entscheidungsprozeß und mathematische Entscheidungsmodelle

I. Die Beschreibung des Entscheidungsprozesses

Die Entscheidungsfindung kann als Prozeß angesehen werden. Dieser Entscheidungs- oder Planungsprozeß soll sehr weit gefaßt werden: neben der Willensbildung sollen auch die Phasen der Realisation und Kontrolle Beachtung finden[2]. In dieser weiten Fassung kann der Entscheidungsprozeß mit dem Problemlösungsprozeß gleichgesetzt werden[3]. Der Willensbildungsprozeß kann nun in weitere Phasen unterteilt werden:[4/5] beginnend mit der Anregungsphase,

1 Die Zielfunktion enthält ebenso wie die Ergebnisfunktion keine Aussage darüber, mit welchem Grad an Sicherheit die möglichen Zielgrößen bzw. Ergebnisse eintreten werden.

2 Vgl. Heinen, E., Einführung in die Betriebswirtschaftslehre, Wiesbaden 1968, S. 19 (im folgenden zitiert als "Einführung"); Kosiol, E., Zur Problematik der Planung in der Unternehmung, in: ZfB, 37. Jg., 1967, S. 77 ff, hier S. 79; Meyhak, H., a.a.O., S. 5.

3 Vgl. Kirsch, W., Entscheidungsprozesse, 1. Band, Verhaltenswissenschaftliche Ansätze der Entscheidungstheorie, Wiesbaden 1970, S. 73 f (im folgenden zitiert als "Entscheidungsprozesse I").

4 Vgl. Heinen, E., Einführung, a.a.O., S. 19 f; derselbe, Das Zielsystem der Unternehmung, Wiesbaden 1966, S. 19 ff (im folgenden zitiert als "Zielsystem").

5 Vgl. zu den Phasen der Willensbildung auch Horváth, P., Betriebliche Entscheidungen, a.a.O., S. 66 f und 83 ff; derselbe, Der Betrieb als lernende Entscheidungseinheit, a.a.O., S. 758 ff.

in der eine neue Entscheidungssituation wahrgenommen wird, stellt man in der Suchphase eine Entscheidungsmatrix auf; daran schließt sich die Auswahl- oder Optimierungsphase an, in der die Entscheidung für eine bestimmte Strategie im Hinblick auf die Zielsetzung getroffen wird. Die zweite Hauptphase des Entscheidungsprozesses ist die der Willensdurchsetzung; die gewählte Strategie wird verwirklicht[1]. Der gesamte Prozeß der Willensbildung und Willensdurchsetzung wird von einer Kontrollphase überlagert, wobei die Kontrollphase der Willensdurchsetzung unmittelbar mit der Anregungsphase der Willensbildung verbunden ist[2/3].

Der Planungs- oder Entscheidungsprozeß läßt sich in folgendem Phasenschema zusammenfassen:[4/5]

---

1 Vgl. Heinen, E., Einführung, a.a.O., S. 20.

2 Vgl. ebenda.

3 Der Planungs- oder Entscheidungsprozeß wird nicht generell in dieser umfassenden Weise aufgefaßt; vgl. hierzu Kloidt, H., Dubberke, H.-A., Göldner, J., Zur Problematik des Entscheidungsprozesses, in: Organisation des Entscheidungsprozesses, hrsg. von E. Kosiol, Berlin 1959, S. 9 ff, hier S. 13; Müller-Merbach, H., Operations Research als Optimalplanung, in: ZfhF, 15. Jg., 1963, S. 191 ff, hier S. 204 f; Schneider, D., Investition und Finanzierung, Köln und Opladen 1970, S. 22 ff; Weber, H., Die Planung in der Unternehmung, a.a.O., S. 33 ff, insb. S. 36; derselbe, Die Spannweite des betriebswirtschaftlichen Planungsbegriffes, a.a.O., S. 723; Wittmann, W., Ungewißheit und Planung, in: ZfhF, 10. Jg., 1958, S. 499 ff, hier S. 500.

4 Vgl. hierzu Bleicher, K., Zur Organisation von Entscheidungsprozessen, in: SzU, Bd. 11, 1970, S. 55 ff, hier S. 65 ff; Gäfgen, G., Theorie der wirtschaftlichen Entscheidung, 2. Aufl., Tübingen 1968, S. 100 f; Horváth, P., Betriebliche Entscheidungen, a.a.O., S. 83 ff; Kirsch, W., Entscheidungsprozesse I, a.a.O., S. 72 ff; Wild, J., Unternehmerische Entscheidungen, Prognosen und Wahrscheinlichkeit, in: ZfB, 39. Jg., 1969, Erg.-Heft 2, S. 60 ff, hier S. 64 f; Witte, E., Phasen - Theorem und Organisation komplexer Entscheidungsverläufe, in: ZfbF, 20. Jg., 1968, S. 625 ff, der das Phasentheorem aufgrund seiner empirischen Untersuchungen ablehnt.

5 Siehe folgende Seite.

(1) Erkennen und Definieren des Entscheidungsproblems;
(2) Formulierung der Zielsetzung;
(3) Untersuchung der Umweltbedingungen und deren Vorausschätzung;
(4) Suche nach Strategien;
(5) Bewertung der Strategien anhand der Zielfunktion;
(6) Auswahl der im Hinblick auf die Zielsetzung günstigsten Strategie;
(7) Durchsetzung der Strategie;
(8) Durchführung einer Abweichungsanalyse und
(9) Revision der Planungsüberlegungen.

II. Die Planung mit mathematischen Entscheidungsmodellen

Die im folgenden darzustellenden Entscheidungssituationen sollen in die Form mathematischer Entscheidungsmodelle oder Programmierungsansätze gekleidet werden und mit den Verfahren des Operations Research analysiert werden. Kosiol spricht in diesem Falle von einer Problemanalyse mit Hilfe rechnerischer Modelle oder einer quantitativen modellmäßigen Problemanalyse[1].

5 Die Übertragung dieses Phasenschemas auf absatzwirtschaftliche Planungsprobleme findet man bei: Arbeitskreis Hax der Schmalenbach-Gesellschaft, Unternehmerische Entscheidungen im Absatzbereich, in: ZfbF, 18. Jg., 1966, S. 759 ff, hier S. 772 ff; Dichtl, E., Über Wesen und Struktur absatzpolitischer Entscheidungen, Berlin 1967, S. 25 ff und 67 ff; Pressel, K., Der Entscheidungsprozeß als Bestandteil der industriellen Absatzplanung, Diss. Erlangen-Nürnberg 1965, S. 35 ff und 45 ff.

1 Vgl. Kosiol, E., Modellanalyse als Grundlage unternehmerischer Entscheidungen, in: ZfhF, 13. Jg., 1961, S. 318 ff, hier S. 321 (im folgenden zitiert als "Modellanalyse").

Modelle werden aus der komplexen Realität durch Abstraktion gewonnen[1]. Die Modellbildung soll es ermöglichen, im Wege der isolierenden Abstraktion die wesentlichen Tatbestände aus der komplexen Realität herauszulösen, die Zusammenhänge auf ein vereinfachtes gedankliches Gebilde zu reduzieren und so einer quantitativen Problemanalyse zugänglich zu machen[2].

Es lassen sich zwei große Gruppen von Modellen unterscheiden: Erklärungsmodelle und Entscheidungsmodelle. Die Erklärungsmodelle dienen der Erläuterung und Prognose von Entscheidungskonsequenzen bzw. Ergebnissen; sie setzen sich aus den Erklärungsgleichungen zusammen, die die Aktionsparameter als unabhängige Variablen mit den Ergebnissen als abhängige Variablen verknüpfen[3/4]. Die Art der funktionalen Verknüpfung von Aktionsparametern und Ergebnissen wird durch die Struktur und die Strukturparameter oder Daten ausgedrückt. Erklärungsmodelle sollen Auskunft über die Wirkungsweise der Aktionsparameter geben. Im folgenden besitzen zwei große Gruppen von Erklärungsmodellen Bedeutung: die kostentheoretischen Erklärungsmodelle (Kostenfunktionen) und die absatzwirtschaftlichen Erklärungsmodelle (Absatzfunktionen)[5]. Der Geltungsbereich

1 Vgl. Grochla, E., Modelle als Instrumente der Unternehmensführung, in: ZfbF, 21. Jg., 1969, S. 382 ff, hier S. 384 f.

2 Vgl. Kosiol, E., Modellanalyse, a.a.O., S. 319; derselbe, Betriebswirtschaftslehre und Unternehmensforschung, in: ZfB, 34. Jg., 1964, S. 743 ff, hier S. 754.

3 Vgl. Heinen, E., Einführung, a.a.O., S. 159 f und Kosiol, E., Zur Problematik der Planung in der Unternehmung, a.a.O., S. 93 f, der statt von Erklärungsmodellen auch von Prognosemodellen spricht.

4 Siehe hierzu auch Angermann, A., Entscheidungsmodelle, Frankfurt a.M. 1963, S. 15 f und Grochla, E., a.a.O., S. 388 f.

5 Vgl. zu diesen Begriffen Heinen, E., Einführung, a.a.O., S. 168 f und 189 f.

eines Erklärungsmodells kann dadurch begrenzt werden, daß die Aktionsparameter hinsichtlich ihrer Niveaus eingeengt sind, sei es isoliert oder in Verbindung mit anderen Variablen. Man spricht von Nebenbedingungen oder Restriktionen[1/2].

"Die Erweiterung eines Erklärungsmodells um die mathematische Formulierung betriebswirtschaftlicher Ziele führt zu einem mathematischen Entscheidungsmodell"[3/4]. Jedes Entscheidungsmodell setzt sich somit zusammen aus der Zielfunktion und den Restriktionen oder Nebenbedingungen[5].

Auf zwei Tatbestände ist noch hinzuweisen. Im Rahmen der so definierten Entscheidungsmodelle werden sämtliche Daten eines Umweltzustandes zu einer Datenkonstellation zusammengefaßt und mit den Aktionsparametern zu Zielfunktion und Nebenbedingungen verknüpft. Existieren zur Lösung dieser Modelle Algo-

---

1 Vgl. Heinen, E., Einführung, a.a.O., S. 160 f.

2 Hammann nennt als Teile eines Erklärungsmodells daher die Kausalitäts- oder Wirkungsfunktion und die Wirkungsrestriktionen; vgl. Hammann, P., Entscheidungsmodelle in der betriebswirtschaftlichen Theorie, in: ZfbF, 21. Jg., 1969, S. 457 ff, hier S. 458 f.

3 Heinen, E., Einführung, a.a.O., S. 223.

4 Der Begriff des Entscheidungsmodells kann auch enger gefaßt werden, wenn auf die Lösbarkeit der Modellansätze abgestellt wird. Von einem Entscheidungsmodell wird man dann sprechen, wenn es ein Verfahren gibt, das eine Lösung der modellmäßig formulierten Aufgabe erlaubt. Vgl. hierzu auch Adam, D., Produktionsplanung bei Sortenfertigung, Wiesbaden 1969, S. 165 (im folgenden zitiert als "Produktionsplanung").

5 Vgl. hierzu Angermann, A., Entscheidungsmodelle, a.a.O., S. 17 f; Grochla, E., a.a.O., S. 389 f; Hammann, P., a.a.O., S. 459 f; Kosiol, E., Modellanalyse, a.a.O., S. 322 f; derselbe, Zur Problematik der Planung in der Unternehmung, a.a.O., S. 94 f.

rithmen[1], erhält man als optimale Lösung[2] eine bestimmte Strategie. Für das Phasenschema des Entscheidungsprozesses ergibt sich daraus die Konsequenz, daß die Suche, die zielsetzungsgerechte Bewertung sowie die Auswahl der Strategien durch die quantitative modellmäßige Problemanalyse mit Hilfe mathematischer Entscheidungs- oder Programmierungsmodelle ersetzt werden können[3]. In diesem Zusammenhang taucht auch das Problem auf, für die mathematischen Entscheidungsmodelle problemadäquate Lösungsverfahren bereitzustellen. Auf diesen Aspekt weist vor allem Arrow hin[4].

Beachtung finden muß ferner die Relativität der Begriffe 'Erklärungs- und Entscheidungsmodell'. So kann ein und derselbe betriebliche Tatbestand sowohl Inhalt eines Erklärungsmodells als auch Gegenstand eines Entscheidungsmodells sein. Beispiels-

---

1 Ein Algorithmus stellt eine Vorschrift oder besondere Vorgehensweise dar, um ein gegebenes Entscheidungsmodell zu lösen; vgl. Hadley, G., Linear Programming, Reading, Palo Alto, London 1962, S. 242.

2 Zum Optimumbegriff vgl. Hadley, G., Nonlinear and Dynamic Programming, Reading, Palo Alto, London 1964, S. 53 ff, 60 ff und 90 ff (im folgenden zitiert als "Nonlinear Programming") und Lüder, K., Das Optimum in der Betriebswirtschaftslehre, Diss. Karlsruhe 1964, S. 4 ff.

3 Vgl. hierzu Meyhak, H., a.a.O., S. 5 f; Churchman, C.W., Ackoff, R.L., Arnoff, E.L., Operations Research, Wien und München 1961, S. 21 f; Ackoff, R.L., The Development of Operations Research as a Science, in: OR, Vol. 4, 1956, S. 265 ff, hier S. 265 f; Ackoff, R.L., Gupta, S.K., Minas, J.S., Scientific Method - Optimizing Applied Research Decisions, New York, London 1962, S. 26; Adelson, R.M., Norman, J.M., Operational Research and Decision-making, in: ORQ, Vol. 20, 1969, S. 399 ff, hier S. 406; Vischer, P., Simultane Produktions- und Absatzplanung - Rechnungstechnische und organisatorische Probleme mathematischer Programmierungsprobleme, Wiesbaden 1967, S. 72 ff.

4 Vgl. Arrow, K.J., Decision Theory and Operations Research, in: OR, Vol. 5, 1957, S. 765 ff.

weise ist die Funktion der variablen Produktionskosten in Abhängigkeit von der Ausbringungsmenge in einem Produktionsplanungsansatz Erklärungsmodell; die Ableitung dieser Funktion kann zugleich als Entscheidungsaufgabe betrachtet werden, indem gefragt wird, wie sich verschiedene Ausbringungsmengen kostenminimal produzieren lassen. Mithin hängt es stets vom Untersuchungsgegenstand ab, ob ein bestimmter Wirkungszusammenhang erst durch eine Optimierungsrechnung fixiert werden soll oder ob dieser Wirkungszusammenhang als erklärende Größe in ein Entscheidungsmodell einfließen kann.

3. Kap.:

Die Beschreibung des sachlichen Entscheidungsfeldes

A. Unternehmensmodell und Untersuchungsgegenstand

Die folgende knappe Skizzierung eines Unternehmensmodells, d.h. das Aufzeigen seiner Struktur und der Beziehungen der Strukturelemente untereinander, dient zweierlei Zwecken. Einmal soll die Verankerung der Produktions- und Absatzplanung im Unternehmensganzen aufgezeigt werden; zum anderen muß klar herausgestellt werden, welche Konsequenzen sich ergeben, wenn die modelltheoretische Betrachtung auf einige der Unternehmensbereiche beschränkt wird.

Die in einer Unternehmung auftretenden Entscheidungstatbestände lassen sich funktional analysieren; man unterscheidet zwei große Bereiche, den leistungswirtschaftlichen und den geld- oder finanzwirtschaftlichen Bereich[1]. Der leistungswirtschaftliche Bereich umfaßt die Aktivitäten der Beschaffung oder Bereitstellung von Produktionsfaktoren, der Leistungserstellung (Produktion) und der Leistungsverwertung (Absatz); der finanzwirtschaftliche Bereich enthält sämtliche Maßnahmen, die den Geldstrom in einer Unternehmung beeinflussen[2]. Jeder dieser Funktionsbereiche enthält eine Vielzahl von Entscheidungstatbeständen oder Variablen[3].

---

1 Vgl. Heinen, E., Einführung, a.a.O., S. 125.

2 Vgl. ebenda, S. 125 und 129 ff.

3 Vgl. z.B. die generellen Übersichten von Unternehmensmodellen bei Schweim, J., a.a.O., S. 98; Wagner, H., Zum Problem der Zielfunktion in einer operationalen Theorie der betrieblichen Kapitaldisposition, unveröffentlichtes Manuskript, S. 194 ff; Waldmann, J., a.a.O., S. 60 ff.

Die vorliegende Untersuchung soll sich mit den Entscheidungstatbeständen in den Funktionsbereichen der Produktion und des Absatzes beschäftigen. Ausgeklammert werden mithin sämtliche im Bereich der Beschaffung und Finanzierung auftretenden Prozesse[1/2]. Unter bestimmten Voraussetzungen können diese Funktionsbereiche im Entscheidungsmodell tatsächlich vernachlässigt werden, ohne die Güte der Entscheidung im verbleibenden Partialmodell zu beeinträchtigen. Dies ist immer dann möglich, wenn zwischen den betrachteten und ausgeschlossenen Bereichen keine Verflechtungen existieren[3].

Das vorläufig so abgegrenzte Untersuchungsobjekt besitzt jedoch noch eine wesentliche Eigenschaft: die unternehmensinterne, weitgehend technisch determinierte Produktionsaufgabe wird mit dem unternehmensexternen, vorwiegend verhaltensorientierten Marktgeschehen verknüpft.

---

1 Laux/Franke sprechen von einer Abgrenzung betrieblicher Maßnahmen nach einem nicht zeitbezogenen Kriterium; vgl. Laux, H., Franke, G., Der Erfolg im betriebswirtschaftlichen Entscheidungsmodell, in: ZfB, 40. Jg., 1970, S. 31 ff, hier S. 32.

2 Die Finanzierung in Partialmodellen zu berücksichtigen, hieße nichts anderes, als den gesamtunternehmensbezogenen Charakter der finanzwirtschaftlichen Funktion zu verkennen; denn jede leistungswirtschaftliche Tätigkeit zieht unmittelbar auch finanzielle Konsequenzen nach sich.

3 Vgl. den Abschnitt über das Interdependenzproblem, S.25 ff.

B. Die Planung der Leistungserstellung: Produktionsplanung

Die Produktionsplanung stellt ein System von Teilplänen dar; sie läßt sich in die Produktionsprogramm- und Produktionsdurchführungsplanung bzw. Fertigungsvollzugsplanung einteilen[1/2]. Die Produktionsprogrammplanung befaßt sich mit der Bestimmung der Anzahl der zu produzierenden Erzeugnisarten (qualitative Programmplanung) und der Mengen der in das Programm aufzunehmenden Produkte (quantitative Programmplanung)[3]. Die Produktionsdurchführungsplanung wird von Adam in vier Teilpläne untergliedert, und zwar in die Produktionsaufteilungsplanung, die Planung der zeitlichen Produktionsentwicklung im Hinblick auf die Absatzentwicklung, die Losgrößenplanung und die zeitliche Ablaufplanung[4].

Bei den folgenden modelltheoretischen Betrachtungen sollen die Entscheidungstatbestände im Rahmen der

---

1 Vgl. Adam, D., Produktionsdurchführungsplanung, unveröffentlichtes Manuskript, S. 2 und 8; derselbe, Produktionsplanung, a.a.O., S. 22.

2 Gutenberg unterscheidet zwischen der Produktionsprogramm-, Bereitstellungs- und Prozeßplanung; vgl. Gutenberg, E., Die Produktion, a.a.O., S. 148. Vgl. zur Systematik der Teilpläne im Rahmen der Produktionsplanung auch Reichmann, T., Die Abstimmung von Produktion und Lager bei saisonalem Absatzverlauf, Köln und Opladen 1968, S. 16 ff.

3 Vgl. Adam, D., Produktionsdurchführungsplanung, a.a.O., S. 23 und Gutenberg, E., Die Produktion, a.a.O., S. 150 und 152 f.

4 Vgl. Adam, D., Produktionsdurchführungsplanung, a.a.O., S. 2.

Produktionsaufteilungsplanung[1], der Losgrößenplanung[2] und der zeitlichen Ablaufplanung[2] vernachlässigt werden.

Mit der Planung der zeitlichen Produktionsentwicklung im Hinblick auf die Absatzentwicklung gelangt der zeitlich-dynamische Aspekt in die Modellüberlegungen. Bei diesem Planungsproblem geht es darum, den entsprechend der Zielsetzung optimalen Grad der Emanzipation der zeitlichen Produktionskurve von der zeitlichen Absatzkurve zu bestimmen[3/4]. Jede Emanzipation der Produktion vom Absatz führt zwangsläufig Lagerhaltungsprobleme in die Betrachtung ein.

---

1 Vgl. hierzu die Beiträge von Albach, H., Produktionsplanung auf der Grundlage technischer Verbrauchsfunktionen, in: Arbeitsgemeinschaft für Forschung des Landes Nordrhein-Westfalen, Heft 105, Köln und Opladen 1962, S. 45 ff; Dellmann, K., Nastansky, L., Kostenminimale Produktionsplanung bei rein-intensitätsmäßiger Anpassung mit differenzierten Intensitätsgraden, in: ZfB, 39. Jg., 1969, S. 239 ff; Gutenberg, E., Die Produktion, a.a.O., S. 349 ff; Jacob, H., Produktionsplanung und Kostentheorie, Sonderdruck aus: Zur Theorie der Unternehmung, Festschrift zum 65. Geburtstag von E. Gutenberg, Wiesbaden, o.J., S. 205 ff; Karrenberg, R., Scheer, A.-W., Ableitung des kostenminimalen Einsatzes von Aggregaten zur Vorbereitung der Optimierung simultaner Planungssysteme, in: ZfB, 40. Jg., 1970, S. 689 ff; Pack, L., Die Elastizität der Kosten, Wiesbaden 1966, insbes. S. 190 ff; derselbe, Die Ermittlung der kostenminimalen Anpassungsprozeßkombination, in: ZfbF, 18. Jg., 1966, S. 466 ff.

2 Vgl. hierzu Adam, D., Produktionsplanung, a.a.O.; derselbe, Produktionsdurchführungsplanung, a.a.O., S. 41 ff und 104 ff; derselbe, Simultane Ablauf- und Programmplanung bei Sortenfertigung mit ganzzahliger linearer Programmierung, in: ZfB, 33. Jg., 1963, S. 233 ff; Dinkelbach, W., Zum Problem der Produktionsplanung in Ein- und Mehrproduktunternehmen, Würzburg-Wien 1964; Mensch, G., Ablaufplanung, Köln und Opladen 1968.

3 Vgl. Adam, D., Produktionsdurchführungsplanung, a.a.O., S. 9 ff.

4 Piesch spricht von dem Problem der Produktionsglättung: vgl. Piesch. W., Die Lösung einer Klasse von Produktionsglättungsmodellen, Tübingen 1968, S. 1.

Im folgenden geht es also darum, den Produktionssektor einer Unternehmung soweit zu erfassen, daß alle Entscheidungen hinsichtlich des qualitativen und quantitativen Produktionsprogramms bei statischen und dynamischen Marktverhältnissen in die Modellanalyse eingehen. Die Entscheidungsmodelle sollen mithin Problemlösungen folgender Art ermöglichen: welche Erzeugnisse sollen in das Produktionsprogramm aufgenommen werden und in welchen Mengen sollen diese Produkte hergestellt werden; zu welchen Zeitpunkten soll die Produktion der Erzeugnismengen aufgenommen werden; welcher Emanzipationsgrad zwischen der zeitlichen Produktions- und Absatzkurve soll angestrebt werden und welche Mengen welcher Erzeugnisse sind zu welchen Zeitpunkten über welchen Zeitraum zu lagern?

C. Die Planung der Leistungsverwertung: die absatzpolitischen Instrumente oder Marketing-Aktivitäten

Den Gegenstand der Leistungsverwertung bildet die Veräußerung der von der Unternehmung bereitgestellten Sachgüter oder Dienstleistungen[1]. Die Leistungsverwertung als marktliche Verwertung von Sachgütern soll als Absatz bezeichnet werden[2]. Dabei hat der Absatzbegriff alle diejenigen Maßnahmen zu umfassen, "die auf eine möglichst günstige Gestaltung der gesamten Verkaufstätigkeit und des gesamten Verkaufsverhältnisses eines Unternehmens gerichtet sind"[3].

1 Vgl. Gutenberg, E., Der Absatz, a.a.O., S. 1.

2 Vgl. ebenda, S. 1 f.

3 Ebenda, S. 2.

Die Gestaltung dieser absatzwirtschaftlichen Aufgabe erfolgt durch das absatzpolitische Instrumentarium, das ein System von Aktivitäten umfaßt, mit denen die Unternehmung auf die Vorgänge im Absatzbereich einwirken kann[1]. Zu diesen Instrumentalvariablen zählt Gutenberg[2]:

(1) die Absatz- oder Vertriebsmethode,
(2) die Produkt- und Sortimentsgestaltung,
(3) die Werbung und
(4) die Preispolitik.

Diese Einteilung der absatzpolitischen Möglichkeiten einer Unternehmung wird von vielen Autoren übernommen[3], allenfalls erweitert[4]. Eine andere Klassifizierung der absatzpolitischen Instrumente nimmt Banse vor: er unterscheidet zwischen der Preispolitik und der Präferenz- oder Qualitätspolitik[5].

Eine Neuorientierung der Absatzpolitik einer Unternehmung erfolgte mit dem Auftreten der Marketing-Konzeption. Marketing wird definiert als "eine Grundeinstellung, eine beherrschende Idee, die in der Erarbeitung und der Verwirklichung einer ...

---

1 Vgl. Gutenberg, E., Der Absatz, a.a.O., S. 47 f.

2 Vgl. ebenda, S. 48 ff.

3 Vgl. z.B. Arbeitskreis Hax der Schmalenbach-Gesellschaft, a.a.O., S. 762; Beyeler, L., Grundlagen des kombinierten Einsatzes der Absatzmittel, Bern 1964, S. 25 ff; Cordes, H., Unternehmensforschung und Absatzplanung, Wiesbaden 1968, S. 63 ff; Jacob, H., Der Absatz, in: Allgemeine Betriebswirtschaftslehre in programmierter Form, hrsg. von H. Jacob, Wiesbaden 1969, S. 287 ff, hier S. 294.

4 Siehe u.a. Dichtl, E., a.a.O., S. 39 ff; Nieschlag, R., Was bedeutet die Marketing-Konzeption für die Lehre von der Absatzwirtschaft?, in: ZfhF, 15. Jg., 1963, S. 549 ff, hier S. 554 f; Nieschlag, R., Dichtl, E., Hörschgen, H., Marketing - ein entscheidungstheoretischer Ansatz, 4. neubearb. u. erw. Aufl., Berlin 1971, S. 113 ff und 120 ff.

5 Vgl. Banse, K., Vertriebs-(Absatz-)politik, in: HdB, Bd. 4, 3. Aufl., Stuttgart 1962, Sp. 5983 ff, hier Sp. 5988 f.

fundierten absatzwirtschaftlichen Konzeption für Güter und Dienstleistungen ihren Ausdruck findet"[1]. Konkreter formuliert ist Marketing "Planung, Koordination und Kontrolle aller auf die aktuellen und potentiellen Märkte ausgerichteten Unternehmungsaktivitäten mit dem Zweck einer dauerhaften Befriedigung der Kundenbedürfnisse einerseits und der Erfüllung der Unternehmensziele andererseits"[2/3].

Mit dem Entwurf einer Marketing-Konzeption entstand zugleich eine umfassende Systematisierung der absatzpolitischen Instrumente oder Marketing-Aktivitäten. So unterscheidet Meffert vier Sub- oder Teilmix-Bereiche[4]:

(1) Produkt-Mix: Bestimmung der auf den Absatzmärkten anzubietenden Leistungen;

(2) Distributions-Mix: Wahl der Absatzkanäle und Marketing-Logistik;

(3) Kontrahierungs-Mix: Fixierung der Leistungsbedingungen;

(4) Kommunikations-Mix: Gestaltung der auf die Absatzmärkte gerichteten Informations- und Beeinflussungsmaßnahmen.

Jeder dieser vier Submix-Bereiche enthält eine Fülle von absatzpolitischen Aktivitäten[5], von denen in der folgenden Untersuchung nur einige Beachtung finden sollen und können.

---

1 Nieschlag, R., a.a.O., S. 551; vgl. auch Dichtl, E., a.a.O., S. 21 f und Nieschlag, R., Dichtl, E., Hörschgen, H., a.a.O., S. 30 ff.

2 Meffert, H., Marketing, Sonderdruck aus: Management-Enzyklopädie, Bd. 4, o.O., o.J., S. 383 ff, hier S. 383; vgl. auch Kotler, P., Marketing Management-Analysis, Planning and Control, Englewood Cliffs, N.J. 1967, S. 12.

3 Eine ausführliche Darstellung des Marketing-Begriffes in der absatzwirtschaftlichen Literatur findet sich bei Sommer, R., Die Marketing-Konzeption und ihr Einfluß auf das absatzwirtschaftliche Instrumentarium des Markenartikels, Diss. München 1968, S. 8 ff.

4 Vgl. Meffert, H., Marketing, a.a.O., S. 385 und 394 ff.

5 Siehe folgende Seite.

Im Rahmen der Produkt-Politik sollen die absatzwirtschaftlichen Aktionsparameter nur insoweit betrachtet werden, als sie innerhalb der Produktionsprogrammplanung berücksichtigt werden können. Somit lassen sich zwar Probleme der Produktdifferenzierung und Produkteliminierung behandeln, die Einführung neuer Produkte auf neuen Märkten (Diversifikation)[1] bleibt aber aus der Betrachtung ausgeschlossen. Die Distributionspolitik wird insofern berücksichtigt, als Fragen der Logistik, d.h. der physischen Distribution der Sachgüter,[2] mit in die Modellanalyse aufgenommen werden. Hierunter fallen Transportaufgaben und Lagervorgänge in den Unternehmensstandorten und Absatzmärkten. Preispolitik und Konditionenpolitik in der Form der Rabattgewährung sollen im folgenden die Kontrahierungspolitik repräsentieren. Schließlich wird aus der Kommunikationspolitik als wichtigstes Instrument das der Werbung herausgegriffen.

Im einzelnen geht es u.a. um die Beantwortung folgender Fragen: welche Preise sollen für die in das Absatzprogramm aufgenommenen Erzeugnisse gefordert werden bzw. welche Rabatte sollen gewährt werden; welche Werbekosten sollen zu welchen Zeitpunkten für das einzelne Produkt aufgewendet werden und

---

5 Vgl. zu der Aufzählung der Marketing-Instrumente u.a. die Beiträge folgender Autoren: Alderson, W., Green, P.E., a.a.O., S. 171 und 201 ff; Cundiff, E.W., Still, R.R., a.a.O., S. 54 ff und 412 ff; Fisk, G., Marketing Systems - An Introductory Analysis, New York, Evanston, London, Tokyo, 2nd ed., 1969, S. 422 f und 500 ff; Howard, J.A., Marketing Management, a.a.O., S. 5 und 293 ff; Kotler, P., Marketing Management, a.a.O., S. 264 ff und 288 ff; Staudt, T.A., Taylor, D.A., A Managerial Introduction to Marketing, 2nd ed., Englewood Cliffs, N.J. 1970, S. 31 ff, 46 f und 185 ff; Stern, M.E., Marketing-Planung - Eine Systemanalyse, 2. Aufl., Berlin 1969, S. 36 f und 76 ff.

1 Vgl. Meffert, H., Marketing, a.a.O., S. 394 f; siehe hierzu auch Ansoff, H.I., A Model for Diversification, in: MS, Vol. 4, 1958, S. 392 ff; Bartels, G., Diversifizierung - Die gezielte Ausweitung des Leistungsprogramms der Unternehmung, Stuttgart 1966; Grosche, K., Das Produktionsprogramm, seine Änderungen und Ergänzungen, Berlin 1967, S. 123 ff.

2 Vgl. Meffert, H., Marketing, a.a.O., S. 395.

welche Werbemittel können hierbei Verwendung finden; soll für das einzelne Erzeugnis oder für eine Gruppe von Erzeugnissen geworben werden; welche Absatzmärkte sollen in welchem Umfang zu welchen Zeitpunkten beliefert werden und welche der dezentralisierten Produktionsstätten haben diese Aufgabe zu übernehmen?

Diese bislang umrißartig skizzierten absatzwirtschaftlichen Aufgaben gilt es, mit den produktionswirtschaftlichen Aktivitäten unter verschiedenen betrieblichen und marktlichen Verhältnissen zu kombinieren und abzustimmen.

Die Einengung der Aufgabenstellung auf die ausgewählten Teilplanungsprobleme erlaubt es immer noch, die wesentlichen Voraussetzungen, Probleme und Konsequenzen einer integrierten Produktions- und Absatzplanung aufzuzeigen.

Besonderes Gewicht wird auf die Formulierung einer in sich geschlossenen Werbetheorie gelegt. Der gewählte Abstraktionsgrad ist hoch: gedacht ist an eine Verwendbarkeit auf einer relativ hohen organisatorischen Ebene eines Unternehmens.

4. Kap.:

Die Fixierung der zeitlichen Ausdehnung des Entscheidungsfeldes und die Formulierung der Zielsetzung

Bisher ist lediglich das Entscheidungsfeld in sachlicher Hinsicht beschrieben und eingegrenzt worden. Nun soll die zeitliche Ausdehnung des Entscheidungsfeldes fixiert werden. Hierbei geht es um die Frage, bis zu welchem Zeitpunkt die betrieblichen Aktionsparameter im Entscheidungsmodell explizit berücksichtigt werden sollen; der Dispositionsbereich ist zeitlich abzugrenzen[1]. Der Zeitraum, gemessen von dem Zeitpunkt an, in dem die Realisierung der gewählten Strategie beginnt, bis hin zum Planungshorizont, soll als Planungsperiode oder Planungszeitraum definiert werden[2]. Die Länge dieser Planungsperiode - und damit der Planungshorizont - ist zu bestimmen. Mit der Festlegung der Planungsperiode ist der zeitliche Bezug der Zielfunktion und der Nebenbedingungen determiniert.

Grundsätzlich hat der Planungszeitraum die gesamte, zumeist unbegrenzte Lebensdauer einer Unternehmung zu umfassen[3], denn erst dann lassen sich alle relevanten Ergebnisse aus dem Zusammenwirken von Strategien und Datenkonstellationen erfassen. Engels spricht daher auch von einem zeitlich unendlichen oder unsterblichen Entscheidungsfeld[4].

Eine erste Einengung auf ein zeitlich endliches und damit sterbliches Teil-Entscheidungsfeld[5] erfolgt zwangsläufig durch die mangelnde Prognostizierbar-

---

1 Vgl. Laux, H., Franke, G., a.a.O., S. 32.

2 In Anlehnung an Blumentrath, U., a.a.O., S. 218 und Meyhak, H., a.a.O., S. 38.

3 Vgl. Blumentrath, U., a.a.O., S. 69; Koch, H., Betriebliche Planung, a.a.O., S. 30.

4 Vgl. Engels, W., a.a.O., S. 98.

5 Vgl. zu diesen Begriffen ebenda.

keit der zukünftigen Daten und Handlungskonsequenzen: der ökonomische Horizont begrenzt die Planungsperiode nach oben hin[1/2]. Nun kommt es aber nicht allein darauf an, möglichst weit in die Zukunft zu planen; entscheidend ist vor allen Dingen, welche Maßnahmen im gegenwärtigen Zeitpunkt ergriffen werden sollen. Diese Maßnahmen in allen ihren Konsequenzen beurteilen zu können, muß Richtschnur für die Wahl der zeitlichen Ausdehnung des Entscheidungsfeldes sein. Inwieweit können zukünftige Maßnahmen auf die jetzt zu ergreifenden Maßnahmen Einfluß nehmen? Hier geht es also um die Erfassung der zeitlich vertikalen Interdependenzen im Entscheidungsmodell[3]. Existenz und Intensität der zeitlich vertikalen Interdependenzen hängen aber von der sachlichen Ausdehnung des Entscheidungsfeldes ab. Die Wahl eines Planungszeitraumes wird zum Entscheidungsproblem[4]: Sachprogramm und Planungszeitraum sind simultan zu planen[5/6].

Wird eine kurze Planungsperiode gewählt und damit eine kurzfristige Gewinnmaximierung betrie-

---

1 Vgl. Engels, W., a.a.O., S. 100. Der ökonomische Horizont kennzeichnet dabei diejenige zeitliche Grenze,"bis zu der die Firma die Entwicklung der für sie bedeutsamen Daten, ..., mit gerade noch hinreichender Sicherheit überblicken zu können glaubt"; Jacob, H., Preispolitik, a.a.O., S. 18.

2 Vgl. hierzu auch Koch, H., Betriebliche Planung, a.a.O., S. 30 f; Meyhak, H., a.a.O., S. 39 f; Schneider, D., Investition und Finanzierung, a.a.O., S. 38 ff; Wittmann, W., Unternehmung und unvollkommene Information, Köln und Opladen 1959, S. 137 ff und 172 ff.

3 Vgl. zu diesem Begriff Jacob, H., Neuere Entwicklungen, a.a.O., S. 26.

4 Vgl. Schweim, J., a.a.O., S. 27.

5 Vgl. die ausführlichen Diskussionen dieser Problematik bei Blumentrath, U., a.a.O., S. 218 ff, insbes. S. 231 ff; Schneider, D., Investition und Finanzierung, a.a.O., S. 39 ff; Waldmann, J., a.a.O., S. 64 ff.

6 Zu den Problemen einer zeitlichen Beschränkung des Entscheidungsfeldes vgl. Wagner, H., a.a.O., S.142 ff.

ben, kann es sinnvoll sein, längerfristige Ziele durch entsprechend zu formulierende Zielnebenbedingungen oder Horizontbewertungen zu beachten.

Neben der sachlichen Ausdehnung des Entscheidungsfeldes und seinem zeitlichen Ausmaß ist schließlich die Zielgröße festzulegen, die aus der Zielsetzung des Unternehmens abzuleiten ist. Als Ziel soll hier das Streben nach Gewinn angesehen werden: Zielinhalt ist somit der Gewinn als Differenz von Erlösen und Kosten; der zeitliche Bezug dieser Zielgröße ist durch die Fixierung der zeitlichen Ausdehnung des Entscheidungsfeldes gegeben; anzustrebendes Ausmaß der Zielerreichung ist es, einen möglichst hohen Gewinn zu erzielen[1]. Bei gegebener zeitlicher und sachlicher Ausdehnung des Entscheidungsfeldes ist somit die gewinnmaximale Strategie zu ermitteln[2].

Die Formulierung von Zielen innerhalb der Unternehmensorganisation ist wiederum Gegenstand eines Entscheidungsprozesses. Dieser Problemkreis soll hier nicht behandelt werden; es sei auf die umfangreiche Literatur verwiesen[3].

---

1 Vgl. zu diesen 'Dimensionen' der Ziele Heinen, E., Zielsystem, a.a.O., S. 59 ff.

2 Das Streben nach einem maximalen Gewinn wird somit relativiert: nur in bezug auf die abgegrenzten Aktionsparameter und Daten und den gegebenen Planungszeitraum soll die optimale Strategie gesucht werden. Vgl. zur Relativierung dieser Zielvorstellung Adam, D., Entscheidungsorientierte Kostenbewertung, Wiesbaden 1970, S. 59 ff; Bea, F.X., Kritische Untersuchungen über den Geltungsbereich des Prinzips der Gewinnmaximierung, Berlin 1968; Borch, K.H., Wirtschaftliches Verhalten bei Unsicherheit, Wien-München 1969, S. 254 ff; Engels, W., a.a.O., S. 57.

3 Vgl. Bidlingmaier, J., Die Ziele der Unternehmer, in: ZfB, 33. Jg., 1963, S. 409 ff und 519 ff; derselbe, Unternehmerziele und Unternehmerstrategien, Wiesbaden 1964; derselbe, Zur Zielbildung in Unternehmungsorganisationen, in: ZfbF, 19. Jg.,

5. Kap.:

Die Ursachen und Arten von Interdependenzen und ihre Konsequenzen für die Planung

Bei der sachlichen Eingrenzung des Untersuchungsgegenstandes und der Fixierung des Planungszeitraumes tauchte stets der Begriff der Interdependenz auf. Im folgenden sollen die Ursachen für das Auftreten von Interdependenzen sowie die Arten von Interdependenzen und deren Konsequenzen für den Planungsprozeß untersucht werden.

Interdependenzen können grundsätzlich nur zwischen den Aktionsparametern bzw. unabhängigen Variablen, über die eine Unternehmung verfügt, bestehen. Variablen sind dann interdependent, wenn das Niveau jeder dieser Variablen von der Festlegung des Niveaus der anderen Variablen abhängt. Die Fixierung der Aktivitätsniveaus hat sich dabei an der Zielfunktion zu orientieren.

Interdependenzen können bereits in der Zielfunktion vorhanden sein oder durch die Existenz von Nebenbedingungen hervorgerufen werden. Zunächst soll die Untersuchung der möglichen Ursachen, die zu Interdependenzen führen, auf die Zielfunktion beschränkt sein; Nebenbedingungen mögen nicht vorhanden sein.

1967, S. 246 ff; derselbe, Unternehmerische Zielkonflikte und Ansätze zu ihrer Lösung, in: ZfB, 38. Jg., 1968, S. 149 ff; derselbe, Zielkonflikte und Zielkompromisse im unternehmerischen Entscheidungsprozeß, Wiesbaden 1968; Chmielewicz, K., Die Formalstruktur der Entscheidung, in: ZfB, 40. Jg., 1970, S. 239 ff; Heinen, E., Die Zielfunktion der Unternehmung, in: Zur Theorie der Unternehmung, Festschrift zum 65. Geburtstag von E. Gutenberg, hrsg. von H. Koch, Wiesbaden 1962, S. 9 ff; derselbe, Zielsystem, a.a.O.; derselbe, Zielanalyse als Grundlage rationaler Unternehmungspolitik, in: SzU, Bd. 11, 1970, S. 7 ff; Kirsch, W., Die Unternehmungsziele in organisationstheoretischer Sicht, in: ZfbF, 21. Jg., 1969, S. 665 ff; Schmidt-Sudhoff, U., Unternehmerziele und unternehmerisches Zielsystem, Wiesbaden 1967; Strasser, H., Zielbildung und Steuerung der Unternehmung, Wiesbaden 1966; Wittstock, J., Elemente eines allgemeinen Zielsystems der Unternehmung, in: ZfB, 40. Jg., 1970, S. 833 ff.

Zu Interdependenzen in der Zielfunktion kommt es, wenn Variablen miteinander multiplikativ verknüpft sind, die Zielfunktion also nichtlinear und nichtseparabel ist[1]. Diese Form des Zusammenhangs kann die Variablen eines Funktionsbereiches oder verschiedener Planungsbereiche miteinander verknüpfen. Die Multiplikativität zwischen den Aktionsparametern führt dazu, daß die den Variablen zugeordneten Zielbeiträge vom Niveau der anderen Variablen abhängen.

Beispiele einer wechselseitigen Verflechtung von Variablen innerhalb eines Planungsbereiches sind die absatzmäßige Verflechtung zwischen Erzeugnissen und zeitlich verzögerte Anpassungsprozesse der Wirtschaftssubjekte im Rahmen der Werbeplanung, die zu einer Verkettung von Entscheidungen verschiedener Zeitpunkte führt.

Zu Interdependenzen von Variablen verschiedener Funktionsbereiche kommt es, wenn die Zielbeiträge der Variablen eines Planungsbereiches vom Niveau der Variablen anderer Planungsbereiche abhängen. So können die Variablen des Produktions- und Absatzbereiches mit den Aktionsparametern des Beschaffungs- und Finanzierungsbereiches auf folgende Art und Weise miteinander verbunden sein: wachsende Produktions- und Absatzmengen führen über

1 Eine Linearisierung solcher Zielfunktionen mit Hilfe bestimmter Approximationsverfahren- diese werden weiter unten noch näher zu behandeln sein - führt zu linearen und damit separablen Funktionen, in denen ursprüngliche Variablen zu Parametern transformiert sind. Da in einer Lösung des Entscheidungsproblems immer nur ein Parameterwert enthalten sein darf, die linear approximierte Zielfunktion aber mehrere Parameterwerte enthält, ist aus dem ursprünglich interdependenten Zusammenhang eine Enumeration alternativer Kalküle geworden. Gleichzeitig werden die Alternativen über zusätzlich zu definierende Restriktionen wert- und mengenmäßig limitiert.

zunehmende Bedarfsmengen an Produktionsfaktoren und Finanzmitteln, die nur zu steigenden Preisen erhältlich sind, zu sinkenden Zielbeiträgen.

Lineare sowie nichtlineare und zugleich separable Zielfunktionen führen - für sich allein betrachtet - nicht zu Interdependenzen zwischen den Variablen. Dies kann sich aber ändern, wenn man zusätzlich mögliche Restriktionen, denen die Variablen unterworfen sind, in die Betrachtung aufnimmt. In diesem Falle hängen die Zielbeiträge - wenn überhaupt - allein vom Niveau einer Variablen ab; das Niveau dieser Variablen wird aber dadurch beeinflußt, daß sie allein oder zusammen mit anderen Variablen einer Beschränkung unterworfen ist. Die Beschränkungen können im Absatz-, Produktions-, Lager-, Beschaffungs- oder Finanzbereich liegen.

Zu Interdependenzen zwischen Variablen kommt es also stets dann, wenn nichtlineare und zugleich nichtseparable Zielfunktionen existieren und/oder mengenmäßige Beschränkungen hinsichtlich der Aktivitätsniveaus bestehen[1]. Repräsentiert jede Variable mit den dazugehörigen Koeffizienten ein Teil-Entscheidungsfeld, kann man auch sagen, daß ein Entscheidungsfeld, bestehend aus allen betrachteten Variablen und Daten, nur dann in Teil-Entscheidungsfelder aufgeteilt werden kann, wenn diese Teilfelder voneinander unabhängig sind: die Höhe und der Zielbeitrag eines Aktionsparameters

1 Gäfgen faßt alle Ursachen für das Auftreten von Interdependenzen unter den Begriffen 'Technologische Zusammenhänge zeitlicher und sachlicher Art' und 'Wertbeziehungen zu einem Zeitpunkt und im Zeitablauf' zusammen; vgl. Gäfgen, G., a.a.O., S. 199 ff und 209 ff.

in einem Teilfeld werden nicht von den Aktionsparametern der übrigen Teilfelder beeinflußt[1].

Interdependenzen lassen sich nach verschiedenen Kriterien ordnen; die gebräuchlichsten Einteilungskriterien sind die der sachlichen Einordnung in das Planungssystem und des Zeitbezuges. Demnach unterscheidet man einerseits Interdependenzen innerhalb von Funktionsbereichen und zwischen Funktionsbereichen[2] und andererseits zeitlich horizontale oder sachliche Interdependenzen und zeitlich vertikale oder zeitliche Interdependenzen[3].

Diese beiden Gruppen von Interdependenzen schliessen sich nicht aus. In der Literatur wird eine Fülle von möglichen interdependenten Beziehungen zwischen den Aktionsparametern verschiedener Planungssysteme aufgeführt, worauf verwiesen werden soll[4].

---

1 Vgl. Engels, W., a.a.O., S. 84 f und 100; siehe hierzu auch Hax, H., Die Koordination von Entscheidungen, a.a.O., S. 104.

2 Bestehen lediglich Interdependenzen innerhalb eines Funktionsbereiches, spricht Hax von partiell unabhängigen Teilbereichen; vgl. Hax, H., a.a.O., S. 106.

3 Vgl. Adam, D., Das Interdependenzproblem in der Investitionsrechnung und die Möglichkeiten einer Zurechnung von Erträgen auf einzelne Investitionsobjekte, in: Der Betrieb, 19. Jg., 1966, S. 989 ff; Jacob, H., Neuere Entwicklungen, a.a.O., S. 24 ff; Schweim, J., a.a.O., S. 24 ff.

4 Vgl. hierzu u.a. Adam, D., Produktionsdurchführungsplanung, a.a.O., S. 4 ff; derselbe, Das Interdependenzproblem in der Investitionsrechnung ..., a.a.O., S. 989 ff; Beyeler, L., a.a.O., S. 35 ff; Hax, H., Die Koordination von Entscheidungen, a.a.O., S. 105 f, 109 f und 126; Jacob, H., Neuere Entwicklungen, a.a.O., S. 24 ff; Sommer, R., a.a.O., S. 196 ff; Swoboda, P., Die simultane Planung von Rationalisierungs- und Erweiterungsinvestitionen und von Produktionsprogrammen, in: ZfB, 35. Jg., 1965, S. 148 ff; Schweim, J., a.a.O., S. 24 ff.

Das Auftreten von Interdependenzen zwischen verschiedenen Aktivitäten einer Unternehmung führt stets zu einer Koordinationsaufgabe, die mit Hilfe des Instrumentes der Simultanplanung bewältigt werden kann[1]. Die Aktionsparameter sind simultan festzulegen, wenn eine optimale Zielerreichung sichergestellt sein soll; die Bewertung der Variablen hat nach der übergeordneten, unternehmensbezogenen Zielsetzung zu erfolgen.

Zu einem Suboptimum kommt es immer dann, wenn entweder die Optimierung von Entscheidungen auf der Basis von Teil- oder Bereichszielen erfolgt oder nur eine Teilmenge der unternehmerischen Aktivitäten im Hinblick auf das Unternehmensziel optimiert wird[2]. Beide Fälle werden in der Literatur zusammen dargestellt[3].

Diese Suboptimierung führt zu zwei nachteiligen Konsequenzen: im Vergleich zur simultanen Unternehmensplanung werden andere Strategien mit divergierenden Zielerreichungsgraden ermittelt[4]. Dabei muß aber hinzugefügt werden, daß durch die Nichtbeachtung eines Teilbereiches im Entscheidungsmo-

---

1 Vgl. zu diesen Ausführungen Adam, D., Koordinationsprobleme bei dezentralen Entscheidungen, in: ZfB, 39. Jg., 1969, S. 615 ff, insbes. S. 625 ff; derselbe, Entscheidungsorientierte Kostenbewertung, a.a.O., S. 169 ff; Vischer, P., a.a.O., S. 20 ff.

2 Vgl. Meyhak, H., a.a.O., S. 10.

3 Vgl. hierzu Adam, D., Koordinationsprobleme bei dezentralen Entscheidungen, a.a.O., S. 620 ff; Hax, H., a.a.O., S. 100 ff; derselbe, Die Koordination von Entscheidungen in der Unternehmung, in: Unternehmerische Planung und Entscheidung, hrsg. von W. Busse von Colbe und P. Meyer-Dohm, Bielefeld 1969, S. 39 ff; Heinen, E., Zielsystem, a.a.O., S. 105 f.

4 Vgl. zum Problem der Suboptimierung Adam, D., Entscheidungsorientierte Kostenbewertung, a.a.O., S. 169 f; Engels, W., a.a.O., S. 50 ff; Hitch,C., Sub-Optimization in Operations Problems, in: OR, Vol. 1, 1953, S. 87 ff; Lüder, K., Das Optimum in der Betriebswirtschaftslehre, a.a.O., S. 39 ff; Marshall, A.W., A Mathematical Note on Sub-Optimization, in: OR, Vol. 1, 1953, S. 100 ff.

dell auch tatsächlich Interdependenzen zerschnitten werden. Nicht die sachliche Vollständigkeit der Planung ist entscheidend, sondern einzig und allein die Erfassung sämtlicher existierenden Interdependenzen zwischen den Aktionsparametern einer Unternehmung.

6. Kap.:

Überblick über die mathematischen Programmierungsprobleme und deren Lösungsmöglichkeiten

Die Programmierungsprobleme stellen eine bestimmte Klasse von Optimierungsproblemen dar. Dabei ist ein Optimierungsproblem "any problem which seeks to maximize or minimize a numerical function of one or more variables (or functions) when the variables (or functions) can be independent or related in some way through the specification of certain constraints ..."[1]. Das Programmierungsproblem zur Optimierung einer numerischen Funktion von j_n Variablen x_j $(j=1,...,j_n)$ lautet: gesucht werden die Werte der Variablen x_j, die die i_n Nebenbedingungen

$$(1.1) \quad g_i(x_1,...,x_{j_n}) \{\leqq,=,\geqq\} b_i \quad \text{für alle } i=1,...,i_n$$

erfüllen und die Zielfunktion

$$(1.2) \quad z = z(x_1,...,x_{j_n})$$

maximieren oder minimieren[2/3]. Die Größen b_i stellen Konstanten dar.

---

1 Hadley, G., Nonlinear Programming, a.a.O., S. 1.

2 Vgl. ebenda, S. 1 f.

3 Es soll im folgenden bei Problembeschreibungen dieser Art von Maximierungsaufgaben ausgegangen werden, wobei ausschließlich Kleiner-Gleichungen zu berücksichtigen sind. Ferner soll die Vorschrift, daß Gleichungen oder Ungleichungen für eine bestimmte Menge eines Index zu definieren sind, folgendermaßen gekennzeichnet werden: statt z.B. zu schreiben: "für alle $i=1,...,i_n$" wird die Symbolik ((i)) gewählt.
Ausgeschlossen sind im folgenden: (1) Extremierungsprobleme ohne Restriktionen, (2) Entscheidungsprobleme mit einer als Anspruchsniveau formulierten Zielsetzung.

Dieses generelle Programmierungsproblem kann eine lineare oder nichtlineare Zielfunktion sowie ein lineares oder nichtlineares System von Nebenbedingungen repräsentieren[1]. Ein nichtlineares Programmierungsproblem ist immer dann gegeben, wenn eine oder mehrere Variablen dieses Problems nicht in der ersten Potenz erscheinen und/oder mindestens zwei Variablen multiplikativ miteinander verknüpft sind. Nichtlineare Funktionen erfüllen nicht die Eigenschaften der Additivität und Homogenität[2].

Ein lineares Programmierungsproblem lautet dann:

$$(1.3) \qquad z = \sum_{j=1}^{j_n} c_j x_j \rightarrow \max!$$

$$(1.4) \qquad \sum_{j=1}^{j_n} a_{ij} x_j \leqq b_i \qquad ((i))$$

$$(1.5) \qquad x_j \geqq 0 \qquad ((j)).$$

Die Größen a, b und c stellen Konstanten dar. Die Nichtnegativitätsbedingungen (1.5) sorgen für ökonomisch zulässige Lösungen[3/4].

---

1 Der folgende Überblick geschieht in Anlehnung an Hadley, G., Nonlinear Programming, a.a.O., S. 1 ff; vgl. hierzu auch Dinkelbach, W., Kloock, J., Mathematische Programmierung, in: Beiträge zur Unternehmensforschung, hrsg. von G. Menges, Würzburg-Wien 1969, S. 33 ff und Krelle, W., Gelöste und ungelöste Probleme der Unternehmensforschung, in: Arbeitsgemeinschaft für Forschung des Landes Nordrhein-Westfalen, Heft 105, Köln und Opladen 1962, S. 7 ff.

2 Vgl. hierzu Hadley, G., Linear Programming, a.a.O., S. 5; derselbe, Linear Algebra, Reading, Palo Alto, London 1965, S. 2 f.

3 Vgl. Hadley, G., Nonlinear Programming, a.a.O., S. 2.

4 Eine Summierung über die gesamte Indexmenge soll im folgenden nicht durch die Schreibweise $\sum_{j=1}^{j_n}$, sondern durch die Symbolik $\sum_j$ erfolgen.

Ein nichtlineares Programmierungsproblem ist dann gegeben bei[1]

(1) nichtlinearer Zielfunktion und linearen Nebenbedingungen,
(2) nichtlinearer Zielfunktion und nichtlinearen Nebenbedingungen und
(3) linearer Zielfunktion und nichtlinearen Nebenbedingungen.

Zu den nichtlinearen Programmierungsproblemen zählt Hadley ferner diejenigen linearen Programme, deren Variablen nur ganzzahlige Werte annehmen dürfen oder deren 'Konstanten' stochastische Terme darstellen[2].

Die stärkste Beachtung haben in der Forschung über nichtlineare Programmierungsprobleme bislang Ansätze mit nichtlinearer Zielfunktion und linearen Nebenbedingungen gefunden:[3]

---

1 Vgl. Hadley, G., Nonlinear Programming, a.a.O., S. 3 ff.

2 Vgl. ebenda, S. 6.

3 Die im folgenden zu entwickelnden Entscheidungsmodelle lassen sich grundsätzlich auf diese Programmstruktur zurückführen. Zu den Programmierungsansätzen mit nichtlinearen Nebenbedingungen und linearer oder nichtlinearer Zielfunktion und deren Lösungsmöglichkeiten vgl. u.a. Kleibohm, K., Ein Verfahren zur approximativen Lösung von konvexen Programmen, Diss. Zürich 1966; Künzi, H.P., Zum heutigen Stand der nichtlinearen Optimierungstheorie, in: Ufo, Bd. 12, 1968, S. 1 ff; Künzi, H.P., Oettli, W., Nichtlineare Optimierung: Neuere Verfahren und Bibliographie, Berlin, Heidelberg, New York 1969; Lasdon, L.S., Optimizations Theory for Large Systems, London 1970, S. 91 ff; Saaty, T.L., Bram, J., Nonlinear Mathematics, New York etc. 1964, S. 126 ff; Wolfe, P., Methods of Nonlinear Programming, in: Recent Advances in Mathematical Programming, ed. by R.L. Graves and P. Wolfe, New York etc. 1963, S. 67 ff.

$$(1.6) \quad z = z(x_1, \ldots, x_{j_n}) \rightarrow \max!$$

$$(1.7) \quad \sum_j a_{ij} x_j \leqq b_i \qquad ((i))$$

$$(1.8) \quad x_j \geqq 0 \qquad ((j)).$$

Programmierungsansätze dieser Art sollen im folgenden als nichtseparable und nichtquadratische Problemformulierungen gelten. Diese Klasse von Programmen stellt aber nur eine von drei möglichen Formen dar. Die beiden anderen Formen sind die separablen und die quadratischen Programmierungsprobleme. Dabei beziehen sich die Termini "separabel" und "quadratisch" auf die Formulierung der Zielfunktion.

Eine Zielfunktion von j_n Variablen x_j ist dann separabel, wenn sie als Summe von j_n Funktionen geschrieben werden kann, wobei jede dieser Funktionen von einer einzigen Variablen abhängt:[1]

$$(1.9) \quad z = z(x_1, \ldots, x_{j_n}) = z_1(x_1) + \ldots + z_{j_n}(x_{j_n})$$

$$= \sum_j z_j(x_j).$$

Dagegen spricht man von einem quadratischen Programmierungsproblem, wenn die Zielfunktion als Summe von linearen und quadratischen Termen formuliert werden kann:[2]

$$(1.10) \quad z = z(x_1, \ldots, x_{j_n}) = \sum_j c_j x_j + \sum_{j_1} \sum_{j_2} d_{j_1 j_2} x_{j_1} x_{j_2}$$

$$j = 1, \ldots, j_n \; ; \; j_1 = 1, \ldots, j_n \; ; \; j_2 = 1, \ldots, j_n.$$

1 Vgl. Hadley, G., Nonlinear Programming, a.a.O., S. 4.

2 Vgl. ebenda, S. 4 f.

Hierbei ist es unerheblich, ob Separabilität gegeben ist oder nicht.

Die für diese in groben Zügen skizzierten Programmierungsprobleme existierenden Lösungsverfahren oder Algorithmen lassen sich nach Hadley zu vier großen Gruppen zusammenfassen:[1]

(1) der Simplex-Algorithmus und seine vielfältigen Varianten zur Lösung der linearen Programmierungsprobleme;

(2) Simplex-ähnliche Algorithmen zur Behandlung nichtlinearer Programmierungsprobleme. Der Simplex-Algorithmus, so kann man mit Hadley feststellen, "turns out to be one of the most powerful computational devices for solving nonlinear programming problems as well as for solving linear programming problems"[2];

(3) die Gradienten-Methoden, die vor allem für nichtlineare Programmierungsansätze entwickelt wurden und

(4) die dynamische Programmierung als Lösungsmethode auf der Grundlage rekursiver Beziehungen; sie kann bei nichtlinearen Problemen Verwendung finden, soweit diese sich in rekursive Gleichungssysteme transformieren lassen.

Abschließend sollen in wenigen Sätzen die grundlegenden Unterschiede zwischen einem linearen und einem nichtlinearen Programmierungsproblem herausgestellt werden[3].

---

1 Vgl. Hadley, G., Nonlinear Programming, a.a.O., S. 7 f.

2 Ebenda, S. 7.

3 Die nachstehenden Ausführungen erfolgen in Anlehnung an Hadley, G., Nonlinear Programming, a.a.O., S. 8 ff.

Ein lineares Programmierungsproblem besitzt folgende Eigenschaften:

(1) die Menge der durch die Nebenbedingungen festgelegten zulässigen Lösungen ist konvex; diese konvexe Menge besitzt eine endliche Anzahl von Eckpunkten oder Extrempunkten;

(2) die Mengen aller Werte der Variablen, die zum gleichen Zielfunktionswert führen, bilden eine Hyperebene; die Hyperebenen für verschiedene Zielfunktionswerte verlaufen parallel zueinander;

(3) in bezug auf die Menge der zulässigen Lösungen ist ein gefundenes lokales Maximum zugleich auch immer das absolute oder globale Maximum der Zielfunktion;

(4) in bezug auf die Menge der zulässigen Lösungen befindet sich die optimale Lösung stets in mindestens einem der Eckpunkte.

Betrachtet man ein nichtlineares Programmierungsproblem, sind die Aussagen in den Punkten (1) bis (4) nicht mehr zwingend gültig:

(5) Zunächst ist nicht mehr gesichert, daß sich die optimale Lösung und damit das globale Maximum in mindestens einem Eckpunkt befindet. Vielmehr kann das Optimum jetzt irgendwo auf dem Rande oder sogar innerhalb des zulässigen Lösungsbereiches liegen.

(6) Ein in bezug auf die Menge der zulässigen Lösungen gefundenes lokales Maximum ist nicht notwendigerweise zugleich auch das globale Maximum; vielmehr können neben dem globalen Optimum auch noch ein oder mehrere lokale Optima existieren.

Teil 2

Modelle zur simultanen Produktions- und Absatzplanung im Rahmen einer deterministischen Modellanalyse

1. Kap.:

Die Konzipierung statischer Modellansätze zur Werbe- und Preispolitik ohne Berücksichtigung einer absatzmäßigen Verflechtung zwischen den Erzeugnissen

Der Teil 2 beschäftigt sich zunächst einmal mit deterministischen und zugleich statischen Modellansätzen zur gewinnmaximalen simultanen Planung der Leistungserstellung und -verwertung einer Unternehmung. Deterministisch ist ein Modell dann, wenn die Menge der relevanten Daten und Variablen sowie deren Form der Verknüpfung zu Erklärungsmodellen und Nebenbedingungen mit Sicherheit bekannt sind. Statisch ist diese Modellanalyse in dem Sinne, daß Zielfunktion und Nebenbedingungen nur solche Variablen enthalten, deren Werte sich auf den gleichen Zeitabschnitt beziehen[1]. Schließlich möge zunächst die Prämisse gelten, daß zwischen den betrachteten Erzeugnissen keine absatzmäßigen Verflechtungen bestehen.

Die Determiniertheit der Modellkomponenten eliminiert folglich aus dem Entscheidungsprozeß die Teilaufgaben der Abweichungsanalyse und Revision und erlaubt eine nicht durch Sicherheits- oder Risikoüberlegungen eingeschränkte Gewinnmaximierung. Der statische Charakter der Modellanalyse bietet einen Freiheitsgrad hin-

1 Zum Begriff der deterministisch-statischen Modellanalyse vgl. Angermann, A., a.a.O., S. 35 ff; Frenckner, T.P., Betriebswirtschaftslehre und Verfahrensforschung, in: ZfhF, 9. Jg., 1957, S. 65 ff, hier S. 74 f; Henn, R., Über dynamische Wirtschaftsmodelle, Stuttgart 1957, S. 29 f; Krelle, W., Preistheorie, Tübingen-Zürich 1961, S. 536; Schneider, E., Statik und Dynamik, in: HdSW, Bd. 10, 1959, S. 23 ff, hier S. 23.

sichtlich der Bestimmung des Planungszeitraumes; da die Werte der Variablen in jedem Zeitabschnitt gleich sind - stationäres Verhalten der Variablen[1] -, kann die Planungsperiode länger oder kürzer gewählt werden[2]. Eine statische Analyse abstrahiert von der zeitlichen Entwicklung: von Interesse sind allein die Bedingungen, von denen der Zustand eines ökonomischen Systems abhängt[3].

In diesem Kapitel sollen drei Entscheidungsmodelle konzipiert werden. Der erste Modellansatz stellt eine Formulierung der Werbepolitik einer Unternehmung dar, bei der es um die Aufstellung eines Werbebudgets und dessen Verteilung auf Erzeugnisse und Werbemittel für eine bestimmte Planungsperiode geht. Das zweite Entscheidungsmodell enthält den Entwurf einer unternehmensbezogenen Preis- und Rabattpolitik für die Erzeugnisse. Im dritten Entscheidungsmodell schließlich wird eine simultane Preis- und Werbeplanung entworfen. Alle drei absatzorientierten Aufgaben werden jeweils mit den produktionswirtschaftlichen Belangen abgestimmt.

---

1 Vgl. Schneider, E., Einführung in die Wirtschaftstheorie, 2. Teil, 10. verb. Aufl., Tübingen 1965, S. 263 (im folgenden zitiert als "Einführung").

2 Bei dieser Aussage wird das Bewertungsproblem der am Ende des Planungszeitraums noch vorhandenen Vermögensteile vernachlässigt. Vgl. hierzu die Beiträge von Adam, D., Die Bedeutung der Restwerte von Investitionsobjekten für die Investitionsplanung in Teilperioden, in: ZfB, 38. Jg., 1968, S. 391 ff und Hax, H., Bewertungsprobleme bei der Formulierung von Zielfunktionen für Entscheidungsmodelle, in: ZfbF, 19. Jg., 1967, S. 749 ff; Wagner, H., a.a.O., S. 152 ff.

3 Vgl. Brandt, K., Struktur der Wirtschaftsdynamik, Frankfurt a.M. 1952, S. 38.

A. Die Planung des zielsetzungsgerechten Werbebudgets und dessen Verteilung auf Werbemittel und Erzeugnisse

Die Planung von zielsetzungsgerechten Werbebudgets und deren Verteilung auf Werbemittel und Erzeugnisse setzt eine entsprechend formulierte Werbetheorie voraus. In den folgenden zwei Abschnitten soll zunächst ein Ansatz für eine Werbetheorie entwickelt werden. Dieses Konzept ist zweistufig aufgebaut: zuerst ist eine Werbemitteltheorie zu formulieren, von der man anschließend über eine entsprechende Bewertung zur Werbekostentheorie gelangt. Ziel ist es, ein System von Erklärungsmodellen für den Werbemitteleinsatz aufzustellen.

I. Der Entwurf einer Werbemitteltheorie

a) Die Ableitung von Werbemittel-Absatzfunktionen

Von einer Werbung als einem absatzpolitischen Instrument soll in Anlehnung an Gutenberg im folgenden nur gesprochen werden, "wenn von Werbemitteln Gebrauch gemacht wird, um bestimmte Absatzleistungen zu erzielen"[1]. Die für den Einsatz der Werbemittel erforderlichen Ausgaben bzw. Kosten werden unter dem Begriff des Werbebudgets oder Werbeetats zusammengefaßt[2]. Der so definierte Begriff der Werbung[3] bezieht sich folglich auf eine wirtschaftliche Werbung für den Absatzsektor eines Unternehmens unter Einsatz speziel-

1 Gutenberg, E., Der Absatz, a.a.O., S. 409; vgl. auch Edler, F., a.a.O., S. 20.

2 Vgl. Korndörfer, W., a.a.O., S. 45.

3 Vgl. hierzu auch die Ausführungen auf S. 42 (Fußnote 1) u. S. 50.

ler Kommunikationsmittel (Werbemittel)[1]. Die Werbemittel sind diejenigen Instrumente, deren Wirkung dazu dienen soll, die Absatzsituation eines Unternehmens zu beeinflussen[2].

Zur genaueren Kennzeichnung dieses absatzpolitischen Instrumentes ist der Begriff des Werbemittels zu erläutern. Jedes Werbemittel ist durch folgende Bestimmungsgrößen festgelegt[3]: die Werbeobjekte, Werbesubjekte, Werbeträger und Werbebotschaften. Die Werbeobjekte sind die Sachgüter oder Dienstleistungen, für die geworben werden soll. Werbesubjekte sind alle diejenigen Personen, die geworben werden sollen, an die sich die Werbebotschaften richten. Werbeträger sind diejenigen Instrumente, die die in den Werbemitteln enthaltenen Werbebotschaften an die Werbesubjekte heranführen sollen; sie sind die Medien der Streuung[4/5]. Schließlich ist die Werbebotschaft zu nennen, die hinsichtlich ihres Inhalts und ihrer Gestaltung variiert werden kann.

---

1 Vgl. Behrens, K.C., Absatzwerbung, Wiesbaden 1963, S. 12 ff; derselbe, Absatzwerbung in betriebswirtschaftlicher Sicht, in: ZfB, 33. Jg., 1963, S. 257 ff, hier S. 257 f; derselbe, Begrifflich-systematische Grundlagen der Werbung - Erscheinungsformen der Werbung, in: HdW, hrsg. von K.C. Behrens, Wiesbaden 1970, S. 3 ff, hier S. 4 f; Korndörfer, W., a.a.O., S. 13.

2 Vgl. Behrens, K.C., Absatzwerbung, a.a.O., S. 70; derselbe, Absatzwerbung in betriebswirtschaftlicher Sicht, a.a.O., S. 266; vgl. auch Edler, F., a.a.O., S. 57; Korndörfer, W., a.a.O., S. 33 f.

3 Vgl. Behrens, K.C., Absatzwerbung, a.a.O., S. 55 ff; derselbe, Begrifflich-systematische Grundlagen der Werbung ..., a.a.O., S. 5 ff; derselbe, Absatzwerbung in betriebswirtschaftlicher Sicht, a.a.O., S. 264 ff; Edler, F., a.a.O., S. 46 ff und S. 51 ff; Gutenberg, E., Der Absatz, a.a.O., S. 443 ff; Korndörfer, W., a.a.O., S. 28 ff.

4 Vgl. Behrens, K.C., Absatzwerbung, a.a.O., S. 92.

5 Gutenberg verwendet den Begriff des Werbeträgers überhaupt nicht; er verbindet den Begriff der Streuung der Werbebotschaft direkt mit dem Werbemittel; vgl. Gutenberg, E., Der Absatz, a.a.O., S. 447.

Ein Werbemittel als selbständige absatzpolitische Variable ist ein bestimmtes Werbeverfahren, das bei gegebenen Werbeobjekten eine spezifisch formulierte und gestaltete Werbebotschaft enthält und sich mit einem bestimmten Werbeträger an eine fixierte Gruppe von Werbesubjekten wendet[1]. Erst die Fixierung von Werbeobjekt, Werbebotschaft, Werbeträger und Werbesubjekt sowie deren Kombination läßt ein Werbemittel entstehen.

Da eine absatzmäßige Verflechtung der Erzeugnisse zunächst ausgeschlossen sein soll, können wir als Werbeobjekte die einzelnen Erzeugnisse des potentiellen Produktions- und Absatzprogramms betrachten; die Erzeugnisse seien durch den Index e $(e=1,\dots,e_n)$ gekennzeichnet. Jede Kombination einer Werbebotschaft mit einem Werbeträger und einer Werbesubjektgruppe soll durch den Index w $(w=1,\dots,w_n)$ repräsentiert werden. Jedes Werbemittel ist also hinsichtlich der Erzeugnisart e und der Kombination der übrigen Werbemittelelemente w zu charakterisieren. Gemessen wird jedes Werbemittel in Werbemitteleinheiten (WE). Das Werbemittel als absatzpolitische Variable, gemessen in Werbemitteleinheiten, soll als Werbemittelmenge $WMITME_{ew}$ bezeichnet werden. Die Zahl der Werbemitteleinheiten, die für die Werbung eines bestimmten Erzeugnisses e und einer fixierten Kombination der übrigen Werbemittelelemente w eingesetzt werden kann, hängt ab von der Werbemittelintensität $WMITINT_{ew}$ und der Zahl der Werbemittelaktionen $WMITAKT_{ew}$.

Die Variable WMITINT, gemessen in Werbemitteleinheiten (WE) je Werbemittelaktion (AKT), bezeichnet die Zahl der Werbemitteleinheiten, die im Zuge

1 Vgl. hierzu auch Edler, F., a.a.O., S. 51.

einer Werbemittelaktion eingesetzt werden. Die Variable WMITAKT gibt die Häufigkeit oder Frequenz an, mit der die Werbemittelaktion durchgeführt wird. Als Beispiel sei eine Postwurfsendung genannt, bei der sowohl der Umfang der Sendung als auch die Häufigkeit, mit der die Aktion wiederholt wird, zu bestimmen sind. Es gilt folglich:

$$(2.1) \quad WMITME_{ew} = WMITINT_{ew} \cdot WMITAKT_{ew} \quad ((e,w)).$$

Die Werbemittelmenge für eine bestimmte Periode (PER) ist das Produkt aus Werbemittelintensität und Werbemittelaktionen. Die Werbemittelintensität legt die Auswahl der Umworbenen einer vorab fixierten Werbesubjektgruppe fest. Sie ist in der Planungsperiode für jede Werbemittelaktion konstant.

Nun ist es durchaus vorstellbar, daß die Intensität einer Werbeaktion nur den Wert Null oder Eins annehmen kann und lediglich die Frequenz variierbar ist. Dies kann z.B. bei der Anzeigen-, Radio- und Fernsehwerbung der Fall sein. Andererseits kann es auch vorkommen, daß eine Werbeaktion zwar hinsichtlich ihrer Intensität variiert werden kann, ihre Frequenz aber auf die Werte Null oder Eins beschränkt bleibt. Dieser Fall dürfte bei der Leuchtreklame oder den Daueranschlägen gegeben sein.

Die Werbemittel-Absatzfunktion stellt eine Beziehung her zwischen der gesamten Absatzleistung und der Werbemittelmenge. Mißt man die Absatzleistung in absetzbaren Mengen[1] - es soll dann von der Absatz-

---

1 Die durch den Werbemitteleinsatz erzielbare Absatzmenge soll als Werbeerfolg bezeichnet werden. Daß diese Erfolgskategorie nur eine von mehreren möglichen Formen darstellt, zeigen Behrens, K.C., Absatzwerbung, a.a.O., S. 106 ff; Edler, F., a.a.O., S. 69 ff; Gutenberg, E., Der Absatz, a.a.O., S. 423 ff; Korndörfer, W., a.a.O., S. 97 ff.

menge ABSME gesprochen werden -, gilt die grundsätzliche Beziehung:

$$(2.2) \quad ABSME = ABSME\ (WMITME).$$

Diese Werbemittel-Absatzfunktion stellt ein absatzwirtschaftliches Erklärungsmodell dar, dessen Ausgestaltung im folgenden zu spezifizieren ist[1/2].

Die allgemeine Werbemittel-Absatzfunktion für ein bestimmtes Erzeugnis e und mehrere mögliche Werbemittelarten w lautet:

$$(2.3) \quad ABSME_e = ABSME_e\ (WMITINT_{ew=1}, WMITAKT_{ew=1}; \ldots; WMITINT_{ew=w_n}, WMITAKT_{ew=w_n}) \qquad ((e)).$$

Die unabhängigen Variablen Werbemittelintensität und -aktion können absoluten Beschränkungen[3] unterliegen:

$$(2.4) \quad WMITINT_{ew} \lesseqqgtr WMITINT^o_{ew} \qquad ((e,w))$$

$$WMITAKT_{ew} \lesseqqgtr WMITAKT^o_{ew} \qquad ((e,w)).$$

---

1 Die Einflußnahme auf die Absatzmenge durch den Einsatz von Werbemitteln muß als das eigentliche Ziel jeder werbepolitischen Aktivität angesehen werden. So betonen Cundiff/Still: "No superficial measure of advertising effectiveness can possibly substitute for the real measure-sales and net profits". Ebenso fordert Stanton: "We should remember, however, that the basic goal of advertising is to sell something - to modify consumer attitudes or behavior". Auch Staudt/Taylor stellen fest: "The overall objective of advertising is to increase the profits of the advertiser or to prevent their reduction by influencing the level of product sales". Cundiff, E.W., Still, R.R., a.a.O., S. 510; Stanton, W.J., a.a.O., S. 550; Staudt, T.A., Taylor, D.A., a.a.O., S. 423.

2 Die folgenden Analysen basieren auf der Prämisse, daß alle übrigen, den Absatz eines Erzeugnisses beeinflussenden Aktivitäten vorab fixiert wurden.

3 Zum Problem der Beschränkungen, denen eine Werbepolitik unterworfen sein kann, vgl. die ausführliche Darstellung von Jagberger, R., Die Grenzen der wirtschaftlichen Werbung, Stuttgart 1967.

Die Konstanten $WMITINT^{o}$ und $WMITAKT^{o}$ lassen sich als Mindest- oder Höchsteinsatzmengen für die Werbemittel interpretieren. Ist die Werbemittel-Absatzfunktion (2.3) hinsichtlich der Werbemittel separabel, gilt folgendes Erklärungsmodell:

$$(2.5)\quad ABSME_{e} = \sum_{w} ABSME_{ew}(WMITINT_{ew}, WMITAKT_{ew}) \qquad ((e)).$$

b) <u>Die Konkretisierung der funktionalen Verknüpfung zwischen Absatzmenge und Werbemitteleinsatz</u>

Die allgemeine Werbemittel-Absatzfunktion (2.3) ist hinsichtlich ihres möglichen Verlaufes näher zu beschreiben. Dabei geht es um die Beantwortung zweier Fragen:

(1) in welcher Beziehung stehen die Variablen ABSME und WMITME - differenziert nach WMITINT und WMITAKT - zueinander und

(2) wie sind die verschiedenen Werbemittel miteinander verknüpft?

Für die Form der Beziehung zwischen ABSME und WMITME möge folgende Hypothese gelten: die funktionale Verknüpfung zwischen

(a) ABSME und WMITINT,

(b) ABSME und WMITAKT und

(c) ABSME und WMITINT sowie WMITAKT

führt grundsätzlich zu einer konkaven[1] Werbemittel-Absatzfunktion:

---

1 Eine Funktion f(x) ist konkav innerhalb einer konvexen Menge X in E^{n}, wenn für jede Kombination von zwei Punkten x_1 und x_2 in X und für alle λ , $0 \leqq \lambda \leqq 1$, gilt:
$$(2.6)\quad f[\lambda x_2 + (1-\lambda)x_1] \geqq \lambda f(x_2) + (1-\lambda) f(x_1);$$
<u>Hadley, G.</u>, Nonlinear Programming, a.a.O., S. 83.

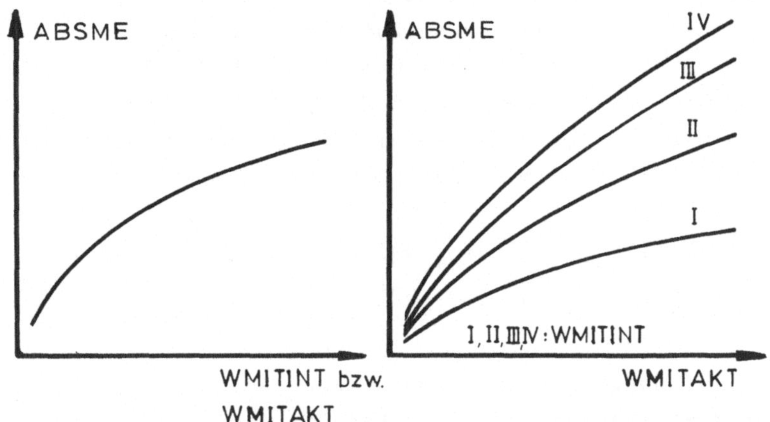

Abb. 1: Darstellung der funktionalen Verknüpfung zwischen Absatzmenge und Werbemitteleinsatz

Unterstellt wird in der Abbildung 1 ein mit wachsender Intensität und/oder steigender Frequenz abnehmender Grenzwerbeerfolg[1]; die Funktionen sind homogen vom Grade α , $0 < \alpha < 1$.[2] Dies bedeutet, daß z.B. eine Verdopplung der Werbemittelmenge nicht zu einer Verdopplung des Werbeerfolgs führt.

1 Vorherrschend sind zwei Formen von Werbemittel-Absatzfunktionen; eine konkave Funktion wird vor allem von folgenden Autoren angenommen: Benjamin, B., Jolly, W.P., Maitland, J., Operational Research and Advertising: Theories of Response, in: ORQ, Vol. 11, 1960, S. 205 ff; Benjamin, B., Maitland, J., Operational Research and Advertising: Some Experiments in the Use of Analogies, in: ORQ, Vol. 9, 1958, S. 207 ff; Gupta, S.K., Krishnan, K.S., Differential Equation Approach to Marketing, in: OR, Vol. 15, 1967, S. 1030 ff, hier S. 1030 f; Hilse, H., Die Messung des Werbeerfolgs, Tübingen 1970, S. 6; Jaensch, G., Die Anpassung des gewinnmaximalen Werbebudgets an veränderte Marktbedingungen, in: ZfbF, 19. Jg., 1967, S. 421 ff, hier S. 423; Jaensch, G., Korndörfer, W., Ansätze zur Theorie des optimalen Werbebudgets, in: ZfB, 37. Jg., 1967, S. 437 ff, hier S. 450; Little, J.D.C., A Model of Adaptive Control of Promotional Spending, in: OR, Vol. 14, 1966, S. 1075 ff, hier S. 1077; Montgomery, D.B., Urban, G.L., a.a.O., S. 102; Vidale, M.L., Wolfe, H.B., An Operations-Research Study of Sales Response to Advertising, in: OR, Vol. 5, 1957, S. 370 ff. Einen Verlauf der Werbeerfolgsfunktion mit zunächst zunehmenden,

Zwischen der Werbemittelintensität und den Werbemittelaktionen mögen substitutionale Beziehungen bestehen. Von einer Substitutionsbeziehung[1] ist immer dann zu sprechen, wenn die gleiche Absatzmenge mit verschiedenen Kombinationen von WMITINT und WMITAKT erzielt werden kann. Es gilt:

$$(2.8)\quad WMITINT_{ew}=WMITINT_{ew}(WMITAKT_{ew},ABSME_{e}=const.) \quad ((e,w)).$$

Die Gleichung (2.8) beschreibt eine Absatzisoquante (Werbeerfolgs-Isoquante), wobei die Absatzmenge eine Funktion des Werbemitteleinsatzes ist.

---

dann abnehmenden Grenzwerbeerfolgen unterstellen dagegen folgende Autoren: Cundiff, E.W., Still, R.R., a.a.O., S. 504 f; Howard, J.A., a.a.O., S. 403 f; Webb, M.H.J., Advertising Response Functions and Media Planning, in: ORQ, Vol. 19, 1968, S. 43 ff, hier S. 45 f; Parthey formuliert ein sog. Werbeertragsgesetz, um die Beziehungen zwischen Werbeerfolg und Werbemitteln bzw. Werbekosten abzuleiten; vgl. Parthey, H.-G., Der Verlauf der Werbekosten und die Planung des Werbekosteneinsatzes in betriebswirtschaftlicher und preistheoretischer Sicht, Diss. Frankfurt a.M. 1959, S. 114 ff.

2 Eine Funktion f(x) ist homogen vom Grade α, wenn für jeden Punkt x und jedes λ gilt:

$$(2.7)\quad f(\lambda,x) = \lambda^{\alpha} f(x);$$

vgl. Allen, R.G.D., Mathematical Analysis for Economists, London 1964, S. 316 f; Schneider, E., Einführung, a.a.O., S. 176.

1 Vgl. hierzu Pressmar, D.B., Kosten- und Leistungsanalyse im Industriebetrieb, Wiesbaden 1971, S. 72; Schneider, E., Einführung, a.a.O., S. 169 ff.

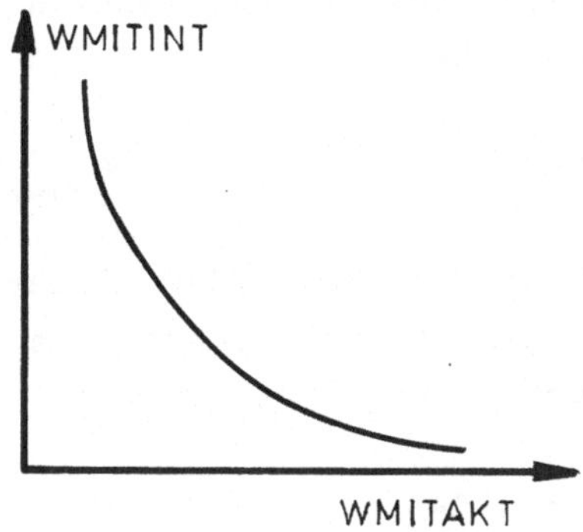

Abb. 2: Darstellung einer Werbeerfolgs-Isoquante bei Einsatz eines Werbemittels

Diese Werbeerfolgs-Isoquante ist eine konvexe Funktion[1]. Die Substitutionsmöglichkeiten sind peripherer Natur[2]: die Werbemittelintensität kann nicht vollständig durch die Werbemittelaktionen ersetzt werden (vice versa); erst ihre Kombination erbringt einen Werbeerfolg.

Neben der Beziehung zwischen der Absatzmenge eines Erzeugnisses und der zugehörigen Werbemitteleinsatzmenge ist die Art der Verknüpfung zwischen verschiedenen Werbemittelarten zu untersuchen, die für ein bestimmtes Erzeugnis eingesetzt werden können. Die folgende Darstellung soll sich auf zwei Werbemittelarten beschränken, wobei die Differenzierung nach Intensität und Frequenz entfällt. Die Unter-

1 Eine Funktion $f(x)$ ist konvex innerhalb einer konvexen Menge X in E^n, wenn für jede Kombination von zwei Punkten x_1 und x_2 in X und für alle λ, $0 \leqq \lambda \leqq 1$ gilt:

(2.9) $f[\lambda x_2 + (1-\lambda)x_1] \leqq \lambda f(x_2) + (1-\lambda) f(x_1)$;

Hadley, G., Nonlinear Programming, a.a.O., S. 83.

2 Vgl. zu diesem Begriff Pressmar, D.B., a.a.O., S. 75.

suchungsergebnisse gelten auch für den allgemeinen Fall von w_n Werbemittelarten, unterschieden nach Umfang und Frequenz. Es gilt:

$$(2.10)\quad ABSME_e = ABSME_e(WMITME_{ew=1}, WMITME_{ew=2}) \quad ((e)).$$

Zwischen den Werbemittelmengen möge wiederum ein substitutionales Verhältnis bestehen, das durch folgende Formulierung ausgedrückt wird:

$$(2.11)\quad WMITME_{ew=1} = WMITME_{ew=1}(WMITME_{ew=2}; ABSME_e = const.) \quad ((e)).$$

Als weitere Hypothese soll gelten, daß zwischen den Werbemitteln eine alternative Substitution[1] möglich ist, d.h. ein Werbemittel kann völlig durch ein oder mehrere andere Werbemittel ersetzt werden. Die Werbeerfolgs-Isoquante kann z.B. dann den in Abbildung 3 skizzierten Verlauf annehmen:

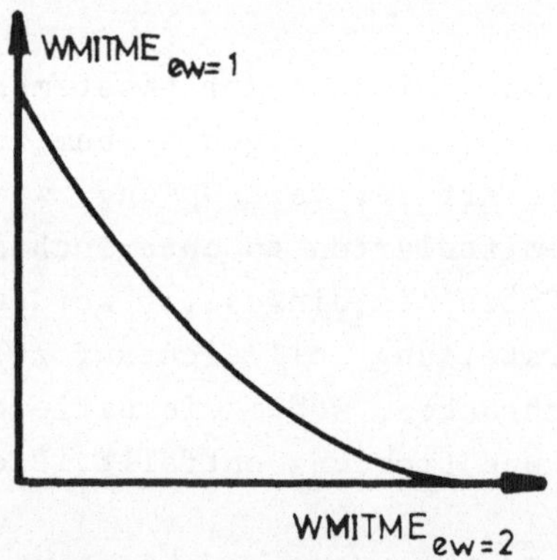

Abb. 3: Darstellung einer Werbeerfolgs-Isoquante bei Einsatz mehrerer Werbemittel

1 Vgl. zu diesem Begriff Pressmar, D.B., a.a.O., S. 74.

Beim Einsatz mehrerer Werbemittel für ein Erzeugnis kann sich der gesamte Werbeerfolg entweder additiv oder nicht-additiv aus den Teil-Werbeerfolgen je Werbemittelart zusammensetzen[1]. Im ersten Falle liegen separable, im zweiten Falle nichtseparable Werbemittel-Absatzfunktionen vor. Die Nichtseparabilität kann dabei zu einer Verstärkung oder Verminderung des Werbeerfolgs im Vergleich zu separablen Werbemittel-Absatzfunktionen führen[2]: der Teilerfolg eines Werbemittels hängt von der Intensität und Frequenz des Einsatzes der übrigen Werbemittel ab. Es liegt somit eine Interdependenz zwischen den Werbemitteln vor[3].

Schließlich ist noch auf einen Tatbestand hinzuweisen: bisher wurden die Werbemittel-Absatzfunktionen als homogene Funktionen dargestellt, d.h. jede eingesetzte Werbemitteleinheit erzielte einen Werbeerfolg, und nur durch den Einsatz von Werbemitteln konnte ein Werbeerfolg erreicht werden. Nun sind aber auch inhomogene Werbemittel-Absatzfunktionen denkbar, von denen zwei Arten existieren:

(1) entweder wird erst ab einer bestimmten Werbemittelmenge überhaupt ein Werbeerfolg erzielt (Typ A) oder

(2) eine bestimmte Absatzmenge ist auch ohne den Einsatz von Werbemitteln zu erreichen (Typ B)[4/5].

---

1 Vgl. Edler, F., a.a.O., S. 99 ff und King, W.R., Quantitative Analysis for Marketing-Management, New York etc. 1967, S. 394 ff.

2 Vgl. Edler, F., a.a.O., S. 100 ff und King, W.R., a.a.O., S. 395 f.

3 Edler spricht in diesem Zusammenhang von einer horizontalen Wirkungsinterdependenz; vgl. Edler, F., a.a.O., S. 99.

4 Vgl. Gutenberg, E., Der Absatz, a.a.O., S. 458.

5 Eine werbemittelfreie Absatzmenge kann sich sinnvoll nur für jedes Erzeugnis angeben und ist unabhängig von der Art, Intensität und Zahl der eingesetzten Werbemittel.

Auf die verschiedenen Werbewirkungsbegriffe und die aus ihnen abgeleiteten Werbeteilziele sowie auf die Ermittlung der Werbewirkungen im Rahmen einer Werbeerfolgsprognose und -kontrolle soll nicht eingegangen werden. Es sei auf die umfangreiche Literatur zu diesem Problemkreis hingewiesen[1].

---

1 Neben den bereits zitierten Werken zur Werbepolitik seien zusätzlich genannt: Bidlingmaier,J., Festlegung der Werbeziele, in: HdW, S. 403 ff; derselbe, Kategorien des Werbeerfolgs, in: HdW, S. 699 ff; derselbe, Die Kontrolle des wirtschaftlichen Werbeerfolgs, in: HdW, S. 773 ff; Brückner, P., Psychologische Methoden der Werbeforschung und Markterkundung, in: HdW, S. 731 ff; Edler, F., Zur Literatur über die Werbewirkungsanalyse, in: ZfB, 35. Jg., 1965, S. 443 ff; Fischerkoesen, H.M., Experimentelle Werbeerfolgsprognose, Wiesbaden 1967; Freeman, C., How to Evaluate Advertising's Contribution, in: HBR, Vol. 40, July/Aug. 1962, S. 137 ff; Gerth, E., Die Probleme der Erfolgskontrolle der Werbung für Konsumgüter in absatzwirtschaftlicher Sicht, in: ZfbF, 20. Jg., 1968, S. 275 ff; Green, P.E., Tull, D.S., Research for Marketing Decisions, Englewood Cliffs, N.J., 2nd ed., 1970; Hilse, H., a.a.O., S. 17 ff; Jaspert, F., Methoden zur Erforschung der Werbewirkung, Stuttgart 1963; Johannsen, U., Methoden der Werbeerfolgskontrolle in psychologischer Sicht, in: HdW, S. 753 ff; Levinson, H.C., Experiences in Commercial Operations Research, in: OR, Vol. 1, 1953, S. 220 ff; Lucas, D.B., Britt, S.H., Messung der Werbewirkung, Essen 1966; Luck, D.J., Wales, H.G., Taylor, D.A., Marketing Research, 3rd ed., Englewood Cliffs, N.J. 1970, insbes. S. 480 ff; Möbius, G., Demoskopische Verfahren zur Messung des außerwirtschaftlichen Werbeerfolgs, in: HdW, S. 743 ff; Opitz, L., Demoskopische Methoden der Werbeerfolgsprognose, in: HdW, S. 713 ff; Schnötzinger, P., Über den Werbeerfolg, seine Abhängigkeit vom Werbeziel und die Problematik seiner Ermittlung, Berlin 1970; Spiegel,B., Werbepsychologische Untersuchungsmethoden, Berlin 1958; derselbe, Die Struktur der Meinungsverteilung im sozialen Feld, Stuttgart-Bern 1961; Suter, F., Feststellung und Analyse des Werbeerfolges, Winterthur 1962; Strauss, G., Grundlagen und Möglichkeiten der Werbeerfolgskontrolle, Berlin 1959.

II. Der Übergang von der Werbemitteltheorie zur Werbekostentheorie

a) Die Einführung der Bewertungskomponente in die Werbemitteltheorie

Bisher ist die rein mengenmäßige Beziehung zwischen der Absatzmenge eines Erzeugnisses und dem Werbemitteleinsatz untersucht worden. Die Werbemittel haben aber nicht nur einen Einfluß auf die Absatzmöglichkeiten; ihr Einsatz läßt zugleich auch Ausgaben und Kosten entstehen, die als Werbemittelkosten bezeichnet werden sollen. Die Art dieser Werbemittelkosten und ihr Verhältnis zu den Werbemitteln soll im folgenden analysiert werden.

Werbemittelkosten sind der für die Werbemittel aufgewendete, bewertete Güterverzehr[1]. Abzustellen ist die Kostenbetrachtung daher auf die Werbemittelmenge und deren Komponenten WMITINT und WMITAKT. In bezug auf die Werbemittel lassen sich werbemittelfixe Kosten WMFIXKO und werbemittelvariable Kosten unterscheiden. Diese müssen wiederum getrennt werden in variable Kosten je Werbemitteleinheit (Werbemittelintensitätskosten WMINTKO (GE/WE))[2] und variable Kosten je Einheit in bezug auf die Werbemittelaktionen (Werbemittelaktionskosten WMAKTKO (GE/AKT))[3].

Für ein bestimmtes Erzeugnis e und eine spezielle Werbemittelart w sind somit die Werbemittelkosten WMITKO folgendermaßen definiert:

---

1 Vgl. hierzu Behrens, K.C., Absatzwerbung, a.a.O., S. 123; Edler, F., a.a.O., S. 61; Gutenberg, E., Der Absatz, a.a.O., S. 457.

2 Diese Stück-Kosten beziehen sich auf die gesamte Menge an Werbemitteleinheiten, sind also mit dem Produkt aus Werbemittelintensität und -aktion zu multiplizieren.

3 Es wird im folgenden zunächst angenommen, daß die variablen Kosten pro Werbemitteleinheit und Werbemittelaktion unabhängig von der Zahl der eingesetzten Einheiten sind.

$$(2.12)\quad WMITKO_{ew}=WMINTKO_{ew}\cdot WMITINT_{ew}\cdot WMITAKT_{ew} +WMAKTKO_{ew}\cdot WMITAKT_{ew}+WMFIXKO_{ew} \quad ((e,w)).$$

Diese allgemeine Werbekostenfunktion nichtlinearer und nichtseparabler Art kann linearisiert werden. Für diskret angenommene Werbemittelintensitäten - der unterschiedliche Umfang einer Werbeaktion soll durch den Index u $(u=1,\dots,u_n)$ gekennzeichnet werden - erhalten wir eine lineare und separable Werbemittelkostenfunktion[1].

$$(2.13)\quad WMITKO_{ew}=WMINTKO_{ew}\cdot\sum_{u} WMITINT_{ewu}\cdot WMITAKT_{ewu} +WMAKTKO_{ew}\cdot\sum_{u} WMITAKT_{ewu}+WMFIXKO_{ew} \quad ((e,w)).$$

Die Größe $WMITINT_{ewu}$ stellt einen Parameter innerhalb der Kostenfunktion dar, ist also keine Variable mehr.

Diese allgemeine Werbemittelkostenfunktion vereinfacht sich, wenn der Umfang oder die Zahl der Werbeaktionen nur die Werte Null oder Eins annehmen kann. Ist nur eine Werbeaktion möglich, lautet die Werbemittelkostenfunktion:

$$(2.14)\quad WMITKO_{ew} = WMINTKO_{ew} \cdot WMITINT_{ew} + WMAKTKO_{ew} + WMFIXKO_{ew} \quad ((e,w)).$$

Die WMAKTKO lassen sich den WMFIXKO zuschlagen. Ist andererseits der Umfang einer Werbeaktion auf die Werte Null oder Eins beschränkt, gilt folgende Werbemittelkostenfunktion:

1 In einer zulässigen Lösung darf immer nur eine Werbemittelintensität oder eine Linearkombination zweier benachbarter Intensitäten enthalten sein.

$$(2.15)\quad WMITKO_{ew} = (WMINTKO_{ew} + WMAKTKO_{ew})\,WMITAKT_{ew} + WMFIXKO_{ew} \qquad ((e,w))\,.$$

Hier können die WMINTKO und WMAKTKO zu einem Kostenwert zusammengefaßt werden.

Die Literatur zur Werbekostentheorie ist hinsichtlich der Frage, inwieweit die Werbekosten variable und fixe Kostenbestandteile in bezug auf die Werbemittel enthalten, nicht einheitlich[1]. Zweifellos muß bei der Kostenanalyse stets auf das einzelne, genau spezifizierte Werbemittel abgestellt werden.

Die abgeleiteten Werbemittelkostenfunktionen stellen wiederum verschiedene Erklärungsmodelle dar, deren Geltungsbereich durch absolute Beschränkungen der unabhängigen Variablen WMITINT und WMITAKT eingegrenzt sein kann.

1 Vgl. hierzu die modelltheoretischen Planungsansätze zur Werbemittelplanung auf der Basis der linearen Programmierung von Cordes, H., a.a.O., S. 72 ff; Edler, F., a.a.O., S. 135 ff; Gutenberg, E., Der Absatz, a.a.O., S. 473 ff; Jaensch, G., Korndörfer, W., a.a.O., S. 448 ff; Korndörfer, W., a.a.O., S. 170 ff und 199 ff. Alle genannten Autoren arbeiten ausschließlich in ihren Planungsmodellen mit variablen Werbemittelkosten. Andererseits werden die gesamten Werbemittelkosten in Abhängigkeit von der Werbemittel- oder Absatzmenge zumeist als Summe aus fixen und variablen Kostenbestandteilen angesehen; vgl. hierzu Behrens, K.C., Absatzwerbung, a.a.O., S. 126 ff; Edler, F., a.a.O., S. 147 ff; Gutenberg, E., Der Absatz, a.a.O., S. 456 f und 459 ff.

b) Die Ermittlung von Werbekosten-Absatzfunktionen

1. ... bei Einsatz eines Werbemittels

In den vorangegangenen Abschnitten wurden zwei Arten von Erklärungsmodellen entwickelt: die Werbemittel-Absatzfunktionen und die Werbemittelkostenfunktionen. Das erste Modell stellte eine Beziehung her zwischen der Werbemittelmenge und der Absatzmenge; das zweite Modell verknüpfte die Werbemittelmenge mit den Werbemittelkosten. Nun gilt es, beide Erklärungsmodelle zu einem aggregierten und umfassenderen Modell zusammenzufassen, nämlich zum Erklärungsmodell der Werbekosten-Absatzfunktion. Sie stellt die Beziehung her zwischen der Absatzmenge eines Erzeugnisses und den Werbemittelkosten. Zur Ableitung der Werbekosten-Absatzfunktion lassen sich grundsätzlich folgende fünf Gruppen von Merkmalen heranziehen:

(1) Einsatz eines Werbemittels (I) oder mehrerer Werbemittel (II);

(2) Variable des Werbemitteleinsatzes ist die Werbemittelintensität oder die Werbemittelaktion (III)[1] einerseits oder die Kombination beider Größen (IV);

(3) werbemittelfixe Kosten finden keine Beachtung (V) oder müssen Berücksichtigung finden (VI);

(4) die Werbemittel-Absatzfunktionen sind hinsichtlich der Werbemittel separabel (VII) oder nichtseparabel (VIII);

(5) die Werbemittel-Absatzfunktionen sind homogen (IX) oder inhomogen vom Typ A (X) oder inhomogen vom Typ B (XI).

Zur Ableitung einer Werbekosten-Absatzfunktion für ein bestimmtes Erzeugnis bei Einsatz nur eines Werbemittels sind die Merkmalsgruppen (1), (2), (3)

1 Hier genügt es, eine der beiden Variablen zu betrachten, da die abzuleitenden Aussagen für beide Fälle gültig sind.

und (5) heranzuziehen. Im folgenden sollen die wesentlichen Kombinationen dieser Merkmale betrachtet werden. Die erste Gruppe von sechs Werbekosten-Absatzfunktionen basiert auf den Merkmalen bzw. Merkmalsgruppen I, III, (V,VI) und (IX, X, XI). Sie sind in der Abbildung 4 dargestellt[1]:

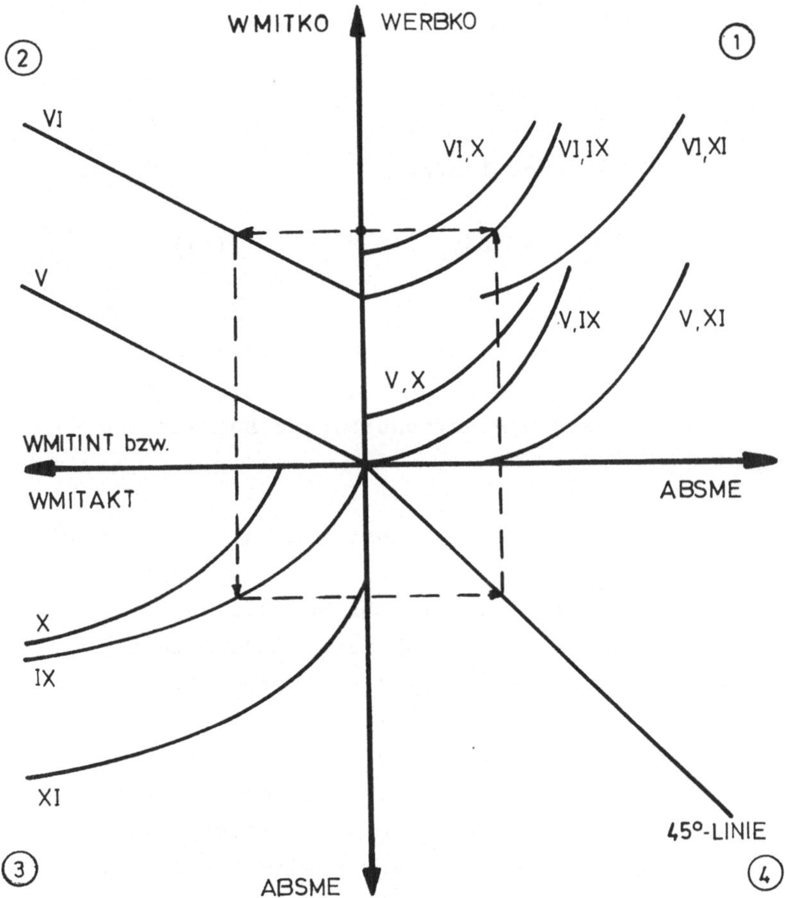

Abb. 4: Ableitung von Werbekosten-Absatzfunktionen für ein Erzeugnis bei Einsatz eines Werbemittels unter Beachtung nur der Werbemittelintensität bzw. Werbemittelaktionen

1 Vgl. zu dieser Art des Vorgehens auch Edler, F., a.a.O., S. 118 f.

Für alternative Werbemittelkostenbeträge sind die zugehörigen Werte für die Werbemittelintensitäten bzw. -aktionen aufzusuchen (2. Quadrant). Diesen werden über die Werbewirkungsfunktionen bestimmte Absatzmengen zugeordnet (3. Quadrant), so daß eine Beziehung zwischen den Werbemittelkosten und den Absatzmengen hergestellt ist (1. Quadrant). Die im ersten Quadranten der Abbildung 4 gezeigten konvexen Werbekosten-Absatzfunktionen lauten:

$$(2.16) \quad ABSME_e = ABSME_e\ (WERBKO_e) \qquad ((e)).$$

Die Umkehrfunktionen lauten:

$$(2.17) \quad WERBKO_e = WERBKO_e\ (ABSME_e) \qquad ((e)).$$

Als Variable werden in diesen Funktionen die Werbekosten WERBKO und nicht die Werbemittelkosten WMITKO betrachtet; dadurch soll zum Ausdruck kommen, daß eine erzeugnisartenbezogene Betrachtung angestellt wird.

Die zweite Gruppe von Werbekosten-Absatzfunktionen basiert auf den Merkmalen bzw. Merkmalsgruppen I, IV, (V, VI) und (IX, X, XI). Da bei diesen Kombinationen eine weitgehende Übereinstimmung zu der soeben durchgeführten Analyse besteht, soll im folgenden nur die Kombination der Merkmale (I, IV, V, IX) betrachtet werden. Der wesentliche Unterschied zur obigen Analyse liegt darin, daß Werbemittelintensität und Werbemittelaktionen zugleich variiert werden können. Wieder wird nur ein Werbemittel eingesetzt; werbemittelfixe Kosten fallen nicht an; die Werbemittel-Absatzfunktion ist homogen. Die Abbildung 5 demonstriert das Vorgehen zur Ableitung der Werbekosten-Absatzfunktion, wobei die Werbemittelintensität diskret variiert wird. Dabei sollen zwei verschiedene Werbemittelintensitätsgrade u=1 und u=2 für die graphische Analyse genügen.

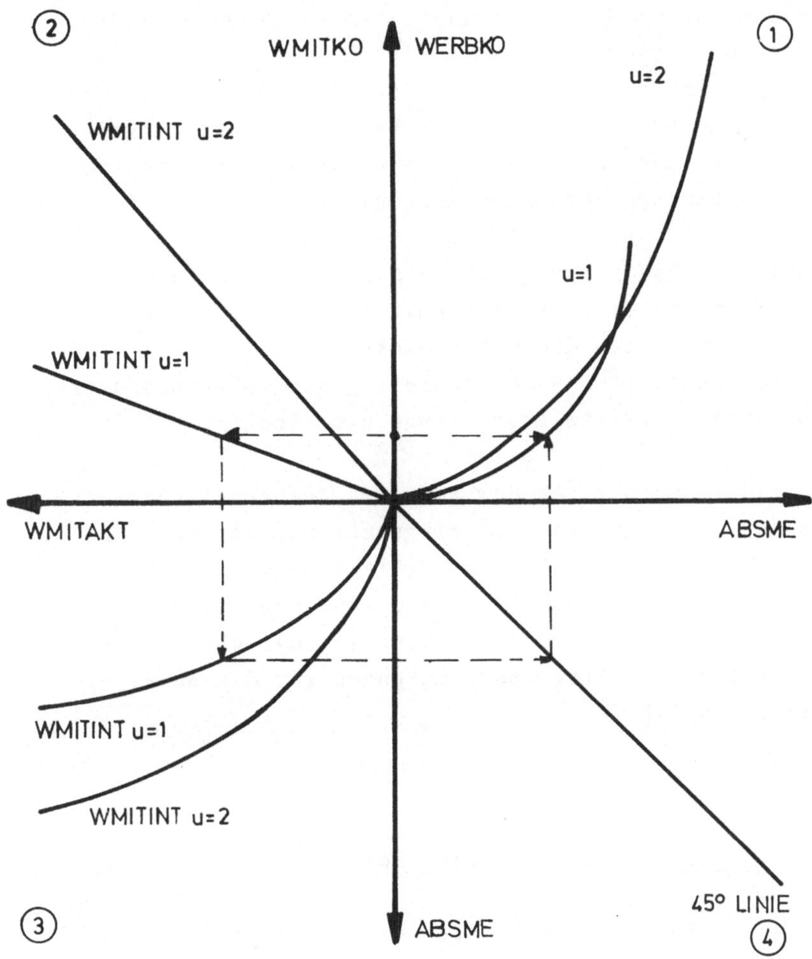

Abb. 5: Ableitung der Werbekosten-Absatzfunktion für ein Erzeugnis bei Einsatz eines Werbemittels und kombinierter Variation von Werbemittelintensität und Werbemittelaktionen

Wie die Abbildung 5 im ersten Quadranten zeigt, ist eine bestimmte Werbemittelintensität bei Variation der Zahl der Werbeaktionen nur in einem bestimmten Absatzmengenbereich die kostengünstigste Intensität.

Bei diskreter Betrachtungsweise ist die Werbekosten-Absatzfunktion die Umhüllungskurve der verschiedenen Kostenfunktionen bei wechselnden Werbemittelintensitäten. Ist diese Intensität stetig variierbar, erhält man eine kontinuierliche Werbekosten-Absatzfunktion, auf der jeder Punkt eine kostenminimale Kombination von Intensität und Frequenz darstellt.

Bei Berücksichtigung von werbemittelfixen Kosten und/oder inhomogenen Werbemittel-Absatzfunktionen verschiebt sich diese Werbekosten-Absatzfunktion um einen bestimmten Fixkostenbetrag nach oben und/oder um eine bestimmte Absatzmenge nach rechts.

Der Geltungsbereich der konvexen Werbekosten-Absatzfunktionen kann dadurch eingeschränkt werden, daß die Variablen WMITINT und WMITAKT bestimmten Beschränkungen unterworfen sind. Aus den Begrenzungen für diese Variablen werden im Zuge der Transformationsschritte Beschränkungen für die Absatzmengen ABSME.

2. ... bei Einsatz mehrerer Werbemittel

Bisher sind die Werbekosten-Absatzfunktionen unter der Annahme abgeleitet worden, daß nur ein Werbemittel für die Absatzbeeinflussung eines bestimmten Erzeugnisses eingesetzt wurde. Diese Annahme soll aufgehoben werden: wie lassen sich Werbekosten-Absatzfunktionen ermitteln, wenn mehrere Werbemittel für ein Erzeugnis einsetzbar sind?

Es sollen zunächst diejenigen Merkmalskombinationen betrachtet werden, die separable Werbemittel-Absatzfunktionen unterstellen und keine werbemittelfixen Kosten enthalten. Übrig bleiben somit die Merkmale bzw. Merkmalsgruppen II, (III, IV), V, VII und IX[1/2]. Hier galten Werbemittel-Absatzfunktionen der Form

$$(2.18) \quad ABSME_e = \sum_w ABSME_{ew} \; (WMITME_{ew}) \qquad ((e)).$$

Jeder Teilabsatzmenge $ABSME_{ew}$ lassen sich die entsprechenden Werbemittelmengen $WMITME_{ew}$ und daher auch die zugehörigen Werbekosten $WERBKO_{ew}$ zuordnen. Diese Zuordnung führte zu den bereits oben abgeleiteten Werbekosten-Absatzfunktionen, die hier nur Werbekosten-Teilabsatzfunktionen darstellen. Um zu einer Werbekosten-Absatzfunktion für das Erzeugnis e zu gelangen, ist für jede mögliche Absatzmenge die optimale Werbemittelkombination zu ermitteln. Dies geschieht durch den folgenden Programmierungsansatz:

$$(2.19) \quad WERBKO_e = \sum_w WERBKO_{ew} \; (ABSME_{ew}) \rightarrow \text{min!}$$

$$(2.20) \quad ABSME_e = \sum_w ABSME_{ew} \qquad ((e)).$$

Die Zielfunktion (2.19) ist unter Beachtung der Bedingung (2.20) für parametrisch zu variierende Absatzmengen $ABSME_e$ zu minimieren. Als Lösungsverfahren bietet sich die dynamische Programmierung an[3]. Die zu minimierende Zielfunktion lautet dann:

1 Das Merkmal X (inhomogene Werbemittel-Absatzfunktion vom Typ A) führt stets zu werbemittelfixen Kosten.

2 Sobald mehrere Werbemittel eingesetzt werden, lassen sich werbemittelfreie Absatzmengen nur noch für die einzelnen Erzeugnisse angeben, nicht aber für die verschiedenen Werbemittel. Das Merkmal XI kann somit entfallen.

3 Zur dynamischen Programmierung vgl. u.a. Bellman, R.E., Dynamic Programming, Princeton, N.J. 1957; derselbe, Some Applications of the Theory of Dynamic Programming - A Review, in: OR, Vol. 2, 1954, S. 275 ff; Bellman, R.E., Dreyfus, S.E., Applied Dynamic Programming, Princeton, N.J. 1962.

$$(2.21) \quad F_{ew}(ABSME_e) = \text{Min}\left\{ WERBKO_{ew}(ABSME_{ew}) + F_{ew-1}(ABSME_e - ABSME_{ew}) \right\} \qquad ((e)),$$

wobei das Minimum der Funktion über den Bereich

$$(2.22) \quad 0 \leqq ABSME_{ew} \leqq ABSME_e \qquad ((e,w))$$

zu suchen ist[1/2].

Dabei sind Beschränkungen der Teilabsatzmengen $ABSME_{ew}$, bedingt durch nur im beschränkten Umfang mögliche Variationen der Werbemittelintensitäten und -aktionen sowie die Identitätsgleichung für die Absatzmenge $ABSME_e$ zu beachten:

$$(2.23) \quad ABSME_{ew} \lesseqgtr ABSME^{o}_{ew} \qquad ((e,w))$$

$$(2.24) \quad ABSME_e = \sum_{w} ABSME_{ew} \qquad ((e)).$$

---

1 Vgl. zu diesem und anderen Lösungsverfahren zur Minimierung der Werbekosten bei alternativen Werbeerfolgsgrößen bzw. zur Maximierung des Werbeerfolgs bei alternativen Werbekostenbeträgen die Beiträge von Alderson, W., Green, P.E., a.a.O., S. 276 ff; André, J., Matthies, H., Anwendung der linearen Planungsrechnung auf die Verteilung eines Anzeigenetats, in: ZfhF, 13. Jg., 1961, S. 450 ff; Bohmer, R., Die Anwendbarkeit der linearen Programmierung auf betriebswirtschaftliche Planungsprobleme, Diss. Köln 1963, S. 377 ff; Cordes, H., a.a.O., S. 77 ff; Edler, F., a.a.O., S. 135 ff; Korndörfer, W., a.a.O., S. 77 ff; Parthey, H.-G., a.a.O., S. 216 ff.

2 Eine generalisierende Betrachtung dieser Art von Problemstellungen findet sich bei Koopman, B.O., The Optimum Distribution of Effort, in: OR, Vol. 1, 1953, S. 52 ff und Miehle, W., Numerical Solution of the Problem of Optimum Distribution of Effort, in: OR, Vol. 2, 1954, S. 433 ff.

Als Ergebnis dieser Rechnung erhält man wiederum eine konvexe Werbekosten-Absatzfunktion.

Die nächste Kombination von Merkmalen bzw. Merkmalsgruppen enthält die Elemente II (III, IV), VI, VII und (IX, X). Gegenüber der eben durchgeführten Analyse sollen zusätzlich werbemittelfixe Kosten berücksichtigt werden[1]. Da immer noch separable Werbemittel-Absatzfunktionen unterstellt werden, kann die Ermittlung der Werbekosten-Absatzfunktion mit Hilfe der dynamischen Programmierung erfolgen. Die optimale Lösung kann zu Werbekosten-Absatzfunktionen führen, die in bestimmten zulässigen Bereichen konvex, in anderen zulässigen Zonen wiederum konkav verlaufen. Der Grund hierfür liegt darin, daß die Höhe der werbemittelfixen Kosten einen Einfluß auf die kostenminimale Wahl der Werbemittel nimmt[2]. Möglich ist auch, daß die ermittelten Werbekosten-Absatzfunktionen Unstetigkeiten aufweisen. Diese können auftreten, wenn die Werbemittelmengen für die einzelnen Werbemittel nach oben hin limitiert sind.

Übrig bleibt noch eine letzte Kombination der Merkmale bzw. Merkmalsgruppen II (III, IV), (V, VI), VIII und (IX, X). Die entscheidende Änderung gegenüber der vorherigen Kombination liegt in der Nichtseparabilität der Werbemittel-Absatzfunktionen begründet. Vernachlässigt man zunächst die mögliche Existenz von werbemittelfixen Kosten (Merkmal VI), können Werbekosten-Absatzfunktionen mit Hilfe der Differentialrechnung unter Anwendung der Methode der Lagrange'schen Multipli-

---

1 Diese Situation erlaubt es auch, inhomogene Werbemittel-Absatzfunktionen vom Typ A mit in die Betrachtung aufzunehmen.

2 Vgl. hierzu auch die ausführliche Analyse dieses Problems bei Edler, F., a.a.O., S. 147 ff.

katoren[1] abgeleitet werden. Es gilt folgender Modellansatz: die Zielfunktion

$$(2.25)\quad WERBKO_e=\sum_w WMINTKO_{ew}\cdot WMITINT_{ew}\cdot WMITAKT_{ew} + \sum_w WMAKTKO_{ew}\cdot WMITAKT_{ew}$$

ist unter Beachtung der Nebenbedingung

$$(2.26)\quad ABSME_e=ABSME_e(WMITINT_{ew=1},WMITAKT_{ew=1},\ldots, WMITINT_{ew=w_n},WMITAKT_{ew=w_n})$$

bei parametrischer Variation der Absatzmenge für jedes Erzeugnis e zu minimieren.

Die Berücksichtigung von werbemittelfixen Kosten schließlich erweitert die Zielfunktion (2.25) lediglich um den Term $\sum_w WMFIXKO_{ew}$ und läßt damit einen Planungsansatz entstehen, der zur Gruppe der nichtlinearen, ganzzahligen Programmierungsfälle zu zählen ist.

Die Ableitung von Werbekosten-Absatzfunktionen bei nichtlinearen und nichtseparablen Zielfunktionen (2.25) und Nebenbedingungen (2.26) sowie möglichen Beschränkungen hinsichtlich der Variablen WMITINT und WMITAKT soll nicht fortgeführt werden. Vielmehr soll weiter unten gezeigt werden, wie mit Hilfe bestimmter Approximationsmethoden diese Ansätze auf eine lineare Struktur zurückgeführt werden können.

---

1 Vgl. hierzu Allen, R.G.D., a.a.O., S. 366 f und Hadley, G., Nonlinear Programming, a.a.O., S. 60 ff.

Zusammenfassend läßt sich feststellen: die Ableitung von Werbekosten-Absatzfunktionen der Art

$$(2.27) \quad ABSME_e = ABSME_e\ (WERBKO_e) \qquad ((e))$$

bzw. ihrer Umkehrfunktionen

$$(2.28) \quad WERBKO_e = WERBKO_e\ (ABSME_e) \qquad ((e))$$

vollzog sich innerhalb einer Voroptimierungsrechnung. Diese hat die Aufgabe, im Rahmen der übergeordneten Zielsetzung der Unternehmung oder auf der Basis von abgeleiteten Teil- oder Unterzielen Teilbereiche des gesamten Planungsproblems zu komprimieren, ohne eine Entscheidung vorwegzunehmen, die nur auf der Grundlage des gesamten Planungsmodells getroffen werden kann.

Im Rahmen der Werbetheorie sind unter Heranziehung des Teilzieles der Kostenminimierung Werbekosten-Absatzfunktionen abgeleitet worden, die explizit keine Variablen aus dem Werbebereich ($WMITINT_{ew}$ und $WMITAKT_{ew}$) mehr enthalten. Um aber nicht gegen die der Kostenminimierung übergeordnete Zielsetzung der Gewinnmaximierung zu verstoßen, wurden stets parametrische Lösungsansätze verwendet: für jede nur denkbare und zulässige Absatzmenge wurden die kostenminimalen Werbemittelkombinationen ermittelt.

Die Voroptimierung erlaubt es damit, Teilbereiche eines Planungsproblems parametrisch zu optimieren und das Ergebnis dieser Optimierungsrechnung als Erklärungsmodell in den umfassenderen Planungsansatz einfließen zu lassen. Der Vorteil einer solchen Voroptimierungsrechnung besteht darin, daß der ursprüngliche Umfang des Entscheidungsmodells erheblich reduziert werden kann, da die Variablen und z.T. auch die Restriktionen der voroptimierten Teilbereiche fortfallen.

Die Modellansätze und Lösungsverfahren zur Ableitung von Werbekosten-Absatzfunktionen sind auch dann noch gültig, wenn die Werbemittel-Absatzfunktionen bereits gemischt konvex-konkave Funktionen sind und die Werbemittelintensitätskosten sowie Werbemittelaktionskosten funktional mit der Intensität bzw. den Aktionen verknüpft ist, wie es z.B. bei der Gewährung von Rabatten in Abhängigkeit vom Werbemittelmengeneinsatz der Fall ist.

III. Ein Modell zur simultanen Produktionsprogramm- und Werbebudgetplanung bei konstanten Absatzpreisen

a) Die Beschreibung der Aufgabenstellung

Der folgende mathematische Programmierungsansatz soll eine simultane Produktionsprogramm- und Werbebudgetplanung für eine Mehrproduktunternehmung ermöglichen. Der Bereich der Produktionsplanung soll durch die kurzfristige qualitative und quantitative Programmplanung vertreten sein. Die Bestimmung des zielsetzungsgerechten Werbebudgets umfaßt folgende Teilaufgaben: einmal ist die Höhe des Budgets festzulegen, zum anderen ist dieses Budget auf die Erzeugnisse und die Werbemittel zu verteilen; Höhe und Aufteilung des Werbebudgets sind simultan zu bestimmen[1]. Durch die bereits erfolgte Voroptimierung ist mit der Festlegung der optimalen Werbekosten je Erzeugnisart zugleich auch die optimale Werbemittelauswahl getroffen[2].

---

1 Vgl. Jaensch, G., Korndörfer, W., a.a.O., S. 437 f.

2 Die simultane Produktionsprogramm- und Werbemittelplanung ist auch in den Beiträgen von Gutenberg, Jacob und Jaensch/Korndörfer enthalten. Die Autoren verwenden als unabhängige Variablen jedoch die Werbemittel bzw. Werbemittelkosten, führen also keine Voroptimierung durch. Gutenberg und Jacob unterstellen darüber hinaus lineare Werbewirkungsfunktionen; vgl. Gutenberg, E., Der Absatz, a.a.O., S. 476 ff; Jacob, H., Der Absatz, a.a.O., S. 481 ff; Jaensch, G., Korndörfer, W., a.a.O., S. 449 ff.

Als mögliche Marktformen kommen - unter Ausschaltung oligopolistischer Konkurrenzbeziehungen - das Monopol und das Polypol auf unvollkommenem Markt infrage[1/2]. Auch soll erst einmal angenommen werden, daß die Unternehmung keine aktive Preispolitik betreibt. Zwischen den Erzeugnissen mögen ferner keine absatzmäßigen Verflechtungen bestehen. Bei konstantem Preis für jedes Erzeugnis sind die optimale Produktions- und Absatzmenge und die optimalen Werbekosten zu bestimmen[3]. Schließlich soll für diese so skizzierte Entscheidungssituation ein lineares, und unter bestimmten Voraussetzungen auch ganzzahliges Programmierungsproblem formuliert werden[4].

---

1 Zu den Marktformen vgl. Jacob, H., Preispolitik, a.a.O., S. 32 ff und Krelle, W., Preistheorie, a.a.O., S. 38 ff.

2 Zur Frage der Beziehung zwischen Marktform und Werbepolitik vgl. Behrens, K.C., Absatzwerbung, a.a.O., S. 124 f; Edler, F., a.a.O., S. 108 ff; Wilhelm, H., Marktformen und Werbung, in: HdW, S. 39 ff.

3 Auf die explizit marginalanalytischen Lösungen dieser Aufgabenstellung soll nicht eingegangen werden; vgl. hierzu Alderson, W., Green, P.E., a.a.O., S. 273 ff; Behrens, K.C., Absatzwerbung, a.a.O., S. 141 ff; Cundiff, E.W., Still, R.R., a.a.O., S. 504 ff; Howard, J.A., a.a.O., S. 403ff; King, W.R., a.a.O., S. 366 ff und 374 ff; Korndörfer, W., a.a.O., S. 65 ff und 113 ff; Uherek, E.W., Die Planung des Werbebudgets, in: HdW, S. 417 ff, hier S. 423 ff.

4 Zu den Verfahren der linearen Programmierung vgl. Dantzig, G.B., Linear Programming and Extensions, Princeton, N.J. 1963; Hadley, G., Linear Programming, a.a.O.; Krekó, B., Lehrbuch der linearen Optimierung, 3. überarb. u. erw. Aufl., Berlin 1968; Krelle, W., Künzi, H.P., Lineare Programmierung, Zürich 1958; Künzi, H.P., Krelle, W., Einführung in die mathematische Optimierung, Zürich 1969; Müller-Merbach, H., Operations Research, Methoden und Modelle der Optimalplanung, Berlin und Frankfurt 1970; Simonnard, M., Linear Programming, Englewood Cliffs, N.J. 1966; Suchowitzki, S.I., Awdejewa, L.I., Lineare und konvexe Programmierung, München-Wien 1969.

b) Die Formulierung der Zielfunktion

Angestrebtes Ziel ist es, einen möglichst hohen Gewinn GEW zu erwirtschaften. Dieser Gewinn setzt sich zusammen aus den Umsatzerlösen, den Produktionskosten und den Werbekosten[1]. Der Umsatzerlös ist das Produkt aus Absatzpreisen $ABSPR_e$ und Absatzmengen $ABSME_e$ der einzelnen Erzeugnisse e. Die Produktionskosten ergeben sich aus der Multiplikation von variablen Produktionsstückkosten $PRODKO_e$ und Absatzmenge $ABSME_e$ der Produkte e[2]. Die Werbekosten-Absatzfunktion je Erzeugnis stellt, so sei zunächst angenommen, eine konvexe Funktion in Abhängigkeit von der Absatzmenge dar, wobei eine gewisse Absatzmenge auch ohne Werbemitteleinsatz bei gegebenem Absatzpreis erreichbar ist (vgl. Abbildung 6). Auf der Werbekosten-Absatzfunktion werden in bestimmten, frei wählbaren Abständen Punkte festgelegt und linear miteinander verbunden. Innerhalb der so gebildeten k ($k=1,\ldots,k_n$) Intervalle verlaufen die Werbekosten in Abhängigkeit von der Absatzmenge linear, die Werbestückkosten $WERBSTKO_{ek}$ für die Absatzmenge $ABSME_{ek}$ je Erzeugnis e und Intervall k sind konstant[3].

---

1 Mit den Problemen und Möglichkeiten zur Erfassung der Umsatzerlöse und Produktionskosten im Rahmen des betrieblichen Rechnungswesens und deren Berücksichtigung in linearen Programmierungsansätzen zur Optimierung der Produktions- und Absatzplanung beschäftigt sich Falk, J., Lineare Programmierung im System des betrieblichen Rechnungswesens, Diss. Mainz 1963, S. 56 ff. Zu den Voraussetzungen und betriebswirtschaftlichen Anwendungsmöglichkeiten der linearen Programmierung vgl. vor allem Bohmer, R., a.a.O., S. 95 ff und S. 210 ff.

2 Produktionsmengen und Absatzmengen sind in diesem Entscheidungsmodell identisch. Die Höhe der variablen Produktionsstückkosten ist unabhängig von der produzierten Menge.

3 Vgl. zu dieser Art des Vorgehens die Beiträge von Bohmer, R., a.a.O., S. 82 ff und 150 ff; Dantzig, G.B., On the Significance of Solving Linear Programming Problems with some Integer Variables, in: EC, Vol. 28, 1960, S. 30 ff, hier S. 35 ff; derselbe, Linear Programming and Extensions, a.a.O., S. 484 ff; derselbe, Recent Advances in Linear Programming, in: MS, Vol. 2, 1956, S. 131 ff,

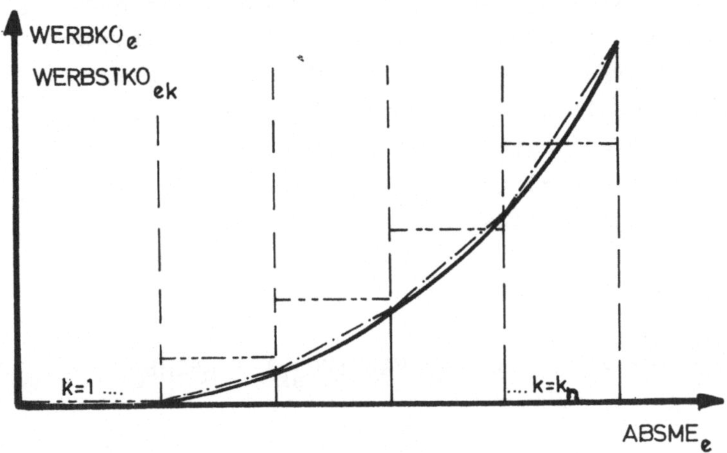

Abb. 6: Linearisierung einer Werbekosten-Absatzfunktion

Bezeichnet man schließlich die Differenz von $ABSPR_e$ und $PRODKO_e$ als Deckungsspanne DSP_e, dann lautet die zu maximierende Zielfunktion:

$$(2.29) \quad GEW = \sum_{ek} (DSP_e - WERBSTKO_{ek}) \cdot ABSME_{ek} \quad .$$

Diese Formulierung der Zielfunktion gilt auch dann noch, wenn gemischt konvex-konkave Werbekosten-Absatzfunktionen angenommen werden[1].

hier S. 134 ff; derselbe, Linear Programming under Uncertainty, in: MS, Vol. 1, 1955, S. 197 ff, hier S. 201 f; Jacob, H., Zur Standortwahl der Unternehmungen, a.a.O., S. 256 ff; Markowitz, H.M., Manne, A.S., On the Solution of Discrete Programming Problems, in: EC, Vol. 25, 1957, S. 84 ff, hier S. 85; Piesch, W., Über einige Modelle der Absatzplanung, in: Ufo, Bd. 3, 1959, S. 51 ff, hier S. 63 ff; Seelbach, H., a.a.O., S. 69 ff; Vazsonyi, A., Scientific Programming in Business and Industry, New York 1958, S. 194 ff.

1 Für den Fall, daß Werbemittel hinsichtlich ihres Einsatzes nur beschränkt verfügbar sind, ist die Absatzausdehnung für die Erzeugnisse, die von diesen Werbemitteln Gebrauch machen, ebenfalls limitiert. Diese Art der Beschränkung wird bei der Bildung der Absatzintervalle berücksichtigt.

Für den Fall, daß mit dem Einsatz eines bestimmten Werbemittels fixe Kosten verbunden sind, die Werbung für ein Erzeugnis somit zusätzlich absatzmengenunabhängige Kosten verursacht[1], ist die Zielfunktion um diese Kostenkomponente zu erweitern: die werbefixen Kosten $WERBFKO_e$ je Erzeugnis e sind mit einer ganzzahligen 0,1-Variablen GV_e je Produkt e zu multiplizieren.

Die Zielfunktion lautet dann:

$$(2.30) \quad GEW = \sum_{ek} (DSP_e - WERBSTKO_{ek}) \cdot ABSME_{ek} - \sum_{e} WERBFKO_e \cdot GV_e .$$

c) Die Entwicklung der Nebenbedingungen

Die in der Zielfunktion enthaltenen Variablen $ABSME_{ek}$ unterliegen bestimmten Beschränkungen. Ferner ist durch besondere Bedingungen Sorge zu tragen, daß in diesem Programmierungsansatz die Fixkosten und die gemischt-konvex-konkaven Werbekosten-Absatzfunktionen bei der Lösung auch berücksichtigt werden. Die Produktion der verschiedenen Erzeugnisse erfordert Zeit: die maximal zur Verfügung stehende Produktionszeit $PRODZE_g^o$ je Produktionsabteilung oder Betriebsmittel g $(g=1,...,g_n)$ in der Planungsperiode darf nicht überschritten werden. Wird die Produktionszeit je Erzeugnisein-

1 Dabei kann es sich sowohl um fixe Kosten für die Werbemittel als auch um den Werbekostenbetrag handeln, der zunächst einmal eingesetzt werden muß, um überhaupt eine Absatzwirkung zu erzielen.

heit und Abteilung bzw. Betriebsmittel durch das Symbol $PRKOE_{eg}$ - den Produktionskoeffizienten - ausgedrückt, lauten die Kapazitätsbedingungen:

$$(2.31) \quad \sum_{ek} PRKOE_{eg} \cdot ABSME_{ek} \leqq PRODZE_g^o \qquad ((g)).$$

Die Werbestückkosten sind lediglich innerhalb eines Intervalls k konstant. Die diesem Intervall zugeordnete Absatzvariable darf die Intervallbreite $ABSME_{ek}^o$ nicht überschreiten (Absatzintervall-Bedingungen):

$$(2.32) \quad ABSME_{ek} \leqq ABSME_{ek}^o \qquad ((e,k)).$$

Die Werbefixkosten fallen nur dann an, wenn die Absatzmenge die Grenze $ABSME_{ek=1}$ überschreitet. Der Algorithmus wird im Rahmen einer Maximierungsaufgabe die ganzzahligen Variablen GV stets auf dem Niveau von Null halten. Es muß also eine Bedingung formuliert werden, die erzwingt, daß die Variable GV_e dann den Wert Eins annimmt, wenn die Absatzmenge je Erzeugnis e, summiert über die Intervalle k=2 bis $k=k_n$, größer Null wird:

$$(2.33) \quad \sum_{k=2}^{k_n} ABSME_{ek} \leqq GV_e \cdot L_e \qquad ((e)).$$

Dabei ist L eine Konstante, die beliebig gewählt und so groß angesetzt werden muß, daß sie die eigentlichen ökonomischen Variablen nicht begrenzt[1].

1 Probleme dieser Art zählen zu den sog. Fixkostenproblemen, die zu gemischt ganzzahligen linearen Programmierungsproblemen führen; vgl. hierzu Bohmer, R., a.a.O., S. 324 f; Dantzig, G.B., On the Significance ..., a.a.O., S. 39; Dinkelbach, W., Hax, H., Die Anwendung der gemischt ganzzahligen linearen Programmierung auf betriebswirtschaftliche Entscheidungsprobleme, in: ZfhF, 14. Jg., 1962, S. 179 ff, hier S. 181 ff; Hadley, G., Nonlinear Programming, a.a.O., S. 252 f.

Die ganzzahlige Variable GV_e kann jedoch nur die Werte Null oder Eins annehmen:

$$(2.34) \quad 0 \leqq GV_e \leqq 1 \; ; \; GV_e \text{ ganzzahlig!} \qquad ((e)).$$

Zum Schluß soll im Modellansatz die Möglichkeit berücksichtigt werden, daß die Werbekosten-Absatzfunktionen gemischt konvex-konkav verlaufen können. Hier taucht das Problem auf, daß von einem Intervall zum anderen die Werbestückkosten laufend sinken können. Diese Situation führt dazu, daß der Algorithmus die Absatzintervalle mit möglichst geringen Werbestückkosten wählt, ohne darauf Rücksicht zu nehmen, daß die Reihenfolge der Absatzintervalle zwingend eingehalten werden muß. Durch entsprechend zu formulierende Bedingungen ist sicherzustellen, daß während des Lösungsvorganges die Reihenfolge der Absatzintervalle eingehalten wird: die Absatzvariable, die zu einem bestimmten Intervall gehört, kann also erst dann positiv werden, wenn die Absatzvariable des vorhergehenden Intervalls die Intervallbreite voll ausgeschöpft hat. Es müssen daher folgende Bedingungen formuliert werden:[1]

$$(2.35) \quad ABSME_{ek} - GV_{ek} \, ABSME^{o}_{ek} \leqq 0$$

$$(2.36) \quad ABSME_{ek} - GV_{ek+1} \, ABSME^{o}_{ek} \geqq 0 \qquad ((e,k)).$$

1 Vgl. zur Formulierung von Reihenfolgebedingungen Dantzig, G.B., On the Significance ..., a.a.O., S. 36; Dinkelbach, W., Hax, H., a.a.O., S. 186 ff; Jacob, H., Zur Standortwahl der Unternehmungen, a.a.O., S. 262 ff; Krelle, W., Ganzzahlige Programmierungen, Theorie und Anwendungen in der Praxis, in: Ufo, Bd. 2, 1958, S. 161 ff, hier S. 164; Markowitz, H.M., Manne, A.S., a.a.O., S. 85 ff.

Diese beiden Bedingungen stellen sicher, daß gilt:

$0 < ABSME_{ek} < ABSME^{o}_{ek}$ für $GV_{ek}=1$, $GV_{ek+1}=0$;

$ABSME_{ek} = ABSME^{o}_{ek}$ für $GV_{ek}=1$, $GV_{ek+1}=0$ oder 1;[1]

$ABSME_{ek} = 0$ für $GV_{ek}=0$, $GV_{ek+1}=0$;

Die ganzzahlige Variable ist dabei für jedes Erzeugnis e und jedes Absatzintervall k zu definieren[2]:

(2.37) $0 \leqq GV_{ek} \leqq 1$; GV_{ek} ganzzahlig! ((e,k)).

Die Bedingung (2.35) enthält zugleich auch die Absatzintervall-Bedingung (2.32). Da jetzt die Reihenfolge der Intervalle zwingend vorgeschrieben ist, kann die Bedingung (2.33) mit in das System der Nebenbedingungen (2.35) aufgenommen werden; eine Summierung ist nicht mehr erforderlich. Es muß dann gelten:

(2.38) $L_e = ABSME^{o}_{ek=2}$; $GV_e = GV_{ek=2}$.

Die Maximierung der Zielfunktion (2.29) bzw. (2.30) unter Beachtung der Nebenbedingungen (2.31) bis (2.37) mit Hilfe eines Algorithmus der linearen bzw. ganzzahligen linearen Programmierung[3] gibt

---

1 Ob GV_{ek+1} Eins wird oder nicht, hängt davon ab, ob die zu dem Intervall gehörende Absatzvariable $ABSME_{ek+1}$ größer oder gleich Null ist.

2 Je nach dem Verlauf der Werbestückkosten können die Bedingungen (2.35) bis (2.37) auf bestimmte Bereiche dieser Kostenfunktion beschränkt werden.

3 Auf die Verfahren zur Lösung ganzzahliger linearer Programmierungsprobleme soll nicht eingegangen werden. Einen Überblick über die heute vorhandenen Algorithmen bieten die Beiträge von Beale, E.M.L., Survey of Integer Programming, in: ORQ, Vol. 16, 1965, S. 219 ff; Gomory, R.E., An Algorithm for Integer Solutions to Linear Programs, in: Recent Advances in Mathematical Programming, ed. by R.L. Graves and P. Wolfe, New York etc. 1963, S. 269 ff; Gomory, R.E.,

Auskunft darüber,

(1) welche Erzeugnisarten in das Produktions- und Absatzprogramm aufzunehmen sind,

(2) in welchen Mengen diese Produkte zu fertigen und abzusetzen sind,

(3) für welche Produkte dieses Programms geworben werden soll und

(4) in welchem Umfang für das einzelne Produkt zu werben ist.

Mit der Verteilung der Werbekosten auf die Erzeugnisse ist gleichzeitig über die Voroptimierung bekannt, welche Werbemittel zum Einsatz gelangen sollen.

B. Die Planung zielsetzungsgerechter Absatzpreise

Die zielsetzungsgerechte Produktionsprogramm- und Werbebudgetplanung erfolgte unter der Prämisse, daß die betrachtete Unternehmung keine aktive Preispolitik betrieb. In diesem Abschnitt soll dagegen die Aufgabenstellung lauten: welche Preise bzw. Rabatte soll die Unternehmung für ein qualitativ und quantitativ noch zu bestimmendes Produktions- und Absatzprogramm fordern bzw. gewähren, wenn sie das Ziel der Gewinnmaximierung verfolgt? Dabei

---

Baumol, W.J., Integer Programming and Pricing, in: EC, Vol. 28, 1960, S. 521 ff; Lüder, K., Zur Anwendung neuerer Algorithmen der ganzzahligen linearen Programmierung, in: ZfB, 39. Jg., 1969, S. 405 ff; Markowitz, H.M., Manne, A.S., a.a.O., S. 87 ff; Simonnard, M., a.a.O., S. 160 ff; Terebesi, M., Bemerkungen zum Verfahren von Gomory zur Bestimmung ganzzahliger Lösungen von linearen Programmen, in: Ufo, Bd. 5, 1961, S. 197 ff; Zionts, S., Toward a unifying Theory for Integer Linear Programming, in: OR, Vol. 17, 1969, S. 359 ff.

soll über Art und Umfang der Werbepolitik bereits entschieden sein: für jedes Erzeugnis ist bekannt, welche Werbemittel in welchem Umfange eingesetzt werden sollen. Im übrigen mögen wiederum die obigen generellen Annahmen gelten.

I. Die Ableitung preispolitischer Erklärungsmodelle

Die erste Aufgabe besteht darin, Erklärungsmodelle zu entwickeln, die die Beziehungen zwischen der Höhe des Absatzpreises bzw. Rabattsatzes eines Erzeugnisses und der zugehörigen Absatzmenge herstellen. Die Beziehung zwischen Absatzpreis ABSPR und Absatzmenge ABSME führt bei einer angenommenen Monopolsituation bzw. polypolistischer Konkurrenz auf unvollkommenem Markt zur Preis-Absatzfunktion der Art

$$(2.39) \quad ABSME_e = ABSME_e \; (ABSPR_e) \qquad ((e))$$

und ist für jedes Erzeugnis zu definieren.

Definiert man den Absatzpreis als Differenz von je Erzeugnis konstantem Listenpreis $LISTPR_e^o$ und je Erzeugnismengeneinheit gewährtem Preisabschlag (Rabattsatz) RAB_e,

$$(2.40) \quad ABSPR_e = LISTPR_e^o - RAB_e \qquad ((e)),$$

ließe sich die Funktion (2.39) auch als eine spezielle "Rabatt-Absatzfunktion" interpretieren[1].

---

1 Vgl. zur Rabattpolitik die Beiträge von Biermann,H., Bestimmungsfaktoren einer optimalen Rabattstruktur, in: ZfbF, 19. Jg., 1967, S. 392 ff, hier S. 392 und Jacob, H., Der Absatz, a.a.O., S. 405.

Im folgenden soll ein Spezialfall der Rabattpolitik behandelt werden, nämlich die horizontale Preisdifferenzierung. Ein Gesamtmarkt wird - z.B. mit Hilfe der Produktdifferenzierung - in mehrere Käuferschichten aufgeteilt und der Anbieter fordert für das gleiche Produkt unterschiedliche Preise von den verschiedenen Käufergruppen[1].

Eine Rabatt-Absatzfunktion in der Form (2.39) in Verbindung mit (2.40) führt stets zu einem einheitlichen, gewinnmaximalen Rabattsatz. Sinn einer Preisdifferenzierung und damit Rabattgewährung ist es jedoch, durch eine Differenzierung der Nachfrager eine Konsumentenrente **abzuschöpfen. Sollen l_n verschiedene** Käuferschichten und damit Rabattstufen l ($l=1,...,l_n$) unterschieden werden, lautet die "Rabatt-Absatzfunktion":

$$(2.41) \quad ABSME_e = ABSME_e(LISTPR_e^o, RAB_{el=1}, ..., RAB_{el=l_n}) \quad ((e)).$$

Die Berücksichtigung dieses absatzwirtschaftlichen Erklärungsmodells in einem Entscheidungsproblem führt zu l_n optimalen Rabattsätzen oder - wenn man die Differenz von Listenpreis und Rabatt als Absatzpreis bezeichnet - l_n zielsetzungsgerechten Preisen. Dabei soll nicht die optimale Zahl der Rabattstufen gefunden werden; vielmehr ist nach der optimalen Staffelung einer bestimmten Anzahl von Rabattstufen gefragt[2].

---

1 Vgl. zur horizontalen Preisdifferenzierung Jacob, H., Preispolitik, a.a.O., S. 123 ff; derselbe, Der Absatz, a.a.O., S. 395 ff; Jacob H. und M., Preisdifferenzierung bei willkürlicher Teilung des Marktes und ihre Verwirklichung mit Hilfe der Produktdifferenzierung, in: JfNuSt, Bd. 174, 1962, S. 1 ff; Bohmer, R., a.a.O., S. 156 f.

2 Siehe folgende Seite.

Zwischen Absatzpreis bzw. Rabattsatz und Absatzmenge soll grundsätzlich folgende Beziehung herrschen[1]: mit sinkendem Preis bzw. zunehmendem Rabattsatz steigt die Absatzmenge und umgekehrt. Diese Preis-Mengen-Relation kann in zwei Ausprägungen auftreten: eine Preissenkung bzw. Rabatterhöhung gilt nur für die

(1) dadurch zusätzlich absetzbaren Mengen oder
(2) für die zu diesem Preis bzw. Rabattsatz insgesamt absetzbare Menge.

Für die formale Modellanalyse ist diese Unterscheidung insofern nicht von großer Bedeutung, da sich eine Form in die andere überführen läßt.

Im folgenden soll von einem linearen Preis-Mengen-Wirkungszusammenhang ausgegangen werden. Die Preis-Absatzfunktion (2.39) lautet dann, als Umkehrfunktion formuliert:

(2.42) $ABSPR_e = ABSPR_e^o - d_e \cdot ABSME_e$ ((e)),

2 Ausführliche Untersuchungen über die Formen und Möglichkeiten einer Preisdifferenzierungspolitik einer Unternehmung finden sich bei Ellinghaus, U.W., Die Grundlagen der Theorie der Preisdifferenzierung, Tübingen 1964, S. 1 ff und 96 ff; Schmid, L.M., Grundlagen und Formen der Preisdifferenzierung im Lichte der Marktformenlehre und der Verhaltenstheorie, Berlin 1965, vor allem S. 31 ff; Vormbaum, H., Differenzierte Preise - Differenzierte Preisforderungen als Mittel der Betriebspolitik, Köln und Opladen 1960.

1 Vgl. zu den Formen, in denen Absatzpreise und Absatzmengen verknüpft sind, Gupta, S.K., Krishnan, K.S., a.a.O., S. 1031 ff; Gutenberg, E., Der Absatz, a.a.O., S. 192 ff; Jacob, H., Preispolitik, a.a.O., S. 44 ff und 59 ff; King, W.R., a.a.O., S. 295 ff; Ott, A.E., Grundzüge der Preistheorie, Göttingen 1968, S. 134 ff (im folgenden zitiert als "Grundzüge").

wobei $ABSPR_e^o$ den Prohibitivpreis und d_e den Anstieg der Preis-Absatzfunktion jedes Erzeugnisses repräsentiert.

Bei der Planung der optimalen Rabattstruktur soll von einer einheitlichen Rabatt-Absatzfunktion ausgegangen werden. Sie lautet, als Umkehrfunktion formuliert:

$$RAB_e = d_e \cdot ABSME_e \qquad ((e)) \tag{2.43}$$

und läßt sich aus der Gleichung (2.42) ableiten, wenn folgende Definitionen gelten:

$$ABSPR_e^o = LISTPR_e^o \;;\; LISTPR_e^o - ABSPR_e = RAB_e \qquad ((e)) \tag{2.44}$$

Eine Berücksichtigung der Rabattstufen erfolgt erst bei der Formulierung des Entscheidungsmodells.

II. Die Preis- und Rabattpolitik im Entscheidungsmodell und dessen Formulierung als quadratischer Programmierungsansatz

Die Ermittlung gewinnmaximaler Preise bzw. Rabattsätze kann bei Vorliegen linearer Preis- bzw. Rabatt-Absatzfunktionen im Rahmen eines quadratischen Programmierungsansatzes durchgeführt werden[1/2]. Zu-

---

1 Auf die explizit marginalanalytischen Verfahren zur Bestimmung optimaler Absatzpreise und Absatzmengen wird hier nicht eingegangen; vgl. hierzu Alderson, W., Green, P.E., a.a.O., S. 244 ff; Fisk, G., a.a.O., S. 561 ff; Gutenberg, E., Der Absatz, a.a.O., S. 198 ff; Howard, J.A., a.a.O., S. 368 ff; Jacob, H., Preispolitik, a.a.O., S. 65 ff; King, W.R., a.a.O., S. 301 ff; Miller, D.W., Starr, M.K., Executive Decisions and Operations Research, Englewood Cliffs, N.J. 1960, S. 218 ff; Montgomery, D.B., Urban, G.L., a.a.O., S. 164 ff; Ott, A.E., Grundzüge, a.a.O., S. 179 ff.

2 Vgl. zu den folgenden Ausführungen auch Ferner, W., Modelle zur Programmplanung im Absatzbereich industrieller Betriebe, Köln-Berlin-Bonn-München 1966, S. 92 ff und 99 ff.

nächst soll ein Entscheidungsmodell formuliert werden, das für jedes Erzeugnis die optimale Absatzmenge und den optimalen Absatzpreis bestimmt. Eine Preisdifferenzierung sei ausgeschlossen.

Die Zielfunktion als Differenz von Erlösen und Produktionskosten lautet, wenn Preis-Absatzfunktionen der Art (2.42) zugrundegelegt werden:

$$(2.45) \quad GEW = \sum_{e} (ABSPR^{o}_{e} - PRODKO_{e}) \cdot ABSME_{e} - \sum_{e} d_{e} (ABSME_{e})^{2} .$$

Diese Zielfunktion ist zu maximieren unter Beachtung der Kapazitätsbeschränkungen

$$(2.46) \quad \sum_{e} PRKOE_{eg} \cdot ABSME_{e} \leqq PRODZE^{o}_{g} \qquad ((g))$$

und Nichtnegativitätsbedingungen

$$(2.47) \quad ABSME_{e} \geqq 0 \qquad ((e)) .$$

Mit der Zielfunktion (2.45) und den Nebenbedingungen (2.46) und (2.47) ist das Programmierungsproblem zur Ableitung optimaler Absatzpreise vollständig beschrieben.

Wie ist dieses quadratische Programmierungsmodell zu modifizieren, wenn für jedes Erzeugnis eine horizontale Preisdifferenzierungspolitik betrieben werden kann? Für jedes Erzeugnis lassen sich, so sei angenommen, l_n verschiedene Rabattsätze l ($l=1,\ldots,l_n$) einführen. Aufgabe ist es, die gewinnmaximale Rabattstaffelung bei gegebener Anzahl von Rabattstufen zu bestimmen.

Die Formulierung der Zielfunktion soll anhand der folgenden Abbildung demonstriert werden:

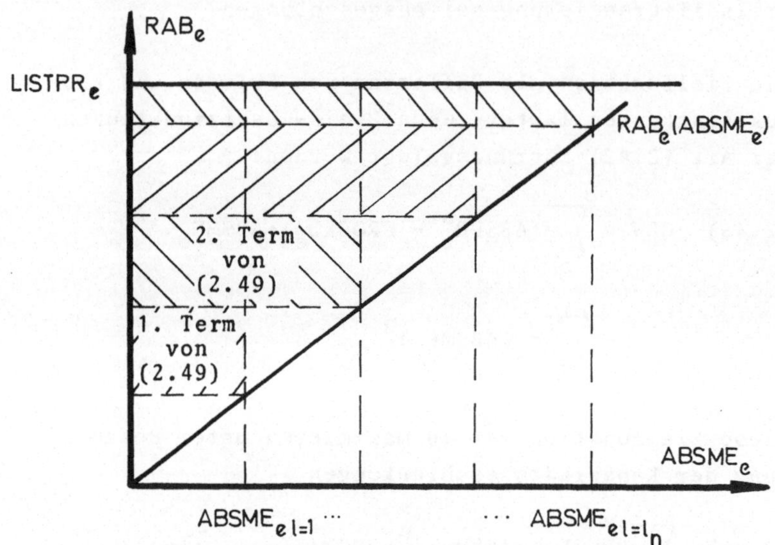

Abb. 7: Darstellung einer horizontalen Preisdifferenzierung zur Ableitung einer optimalen Rabattstruktur

Die in der Abbildung 7 enthaltenen Rabattstufen

(2.48) $RAB_{el} = RAB_e\ (ABSME_{el})$ $\qquad ((e,l))$

sind willkürlich eingezeichnet. Ihre Fixierung ist Gegenstand des Entscheidungsmodells.

Die gesamten Erlöse ERL_e eines Erzeugnisses e bei l_n verschiedenen Rabatten betragen (die einzelnen Terme der Erlösfunktion entsprechen den in der Abbildung 7 schraffierten Flächen):

(2.49) $ERL_e = ABSME_{el=1} \cdot [\overline{R}AB_e(ABSME_{el=2}) - RAB_e (ABSME_{el=1})]$

$+ABSME_{el=2} \cdot [\overline{R}AB_e(ABSME_{el=3}) - RAB_e (ABSME_{el=2})]$

$+$

$\vdots$

$+ABSME_{el=l_n} \cdot [\overline{L}ISTPR_e - RAB_e(ABSME_{el=l_n})]$.

Daraus folgt:

(2.50) $ERL_e = \sum_{l} ABSME_{el} \cdot [\overline{R}AB_e(ABSME_{el+1}) - RAB_e (ABSME_{el})]$

für $RAB_e(ABSME_{el_n+1}) = LISTPR_e^o$ ((e)).

Die Produktionskosten betragen:

(2.51) $PRODKO_e \cdot ABSME_{el=l_n}$ ((e)).

Ersetzt man die Rabatt-Absatzfunktionen in (2.50) durch die Gleichungen (2.43), subtrahiert die Produktionskosten von den Erlösen und summiert über alle Erzeugnisse, gelangt man zur Zielfunktion:

(2.52) $GEW = \sum_{el} ABSME_{el} \cdot [\overline{d}_e \cdot (ABSME_{el+1} - ABSME_{el})]$

$- \sum_{e} PRODKO_e \cdot ABSME_{el=l_n}$

für $d_e \cdot ABSME_{el_n+1} = LISTPR_e^o$ ((e)).

Diese Zielfunktion ist unter Beachtung der Kapazitätsbedingung und der Nichtnegativitätsbedingung zu maximieren:

$$(2.53)\quad \sum_{e} PRODKOE_{eg} \cdot ABSME_{el_n} \leqq PRODZE_g^o \qquad ((g)),$$

$$(2.54)\quad ABSME_{el} \geqq 0 \qquad ((e,l)).$$

Als optimale Lösung dieses quadratischen Programmierungsproblems erhält man für jedes Erzeugnis l_n Absatzmengen, mit deren Hilfe die l_n optimalen Rabattsätze nach Gleichung (2.43) errechnet werden können.

Der Unterschied zwischen beiden quadratischen Programmierungsansätzen besteht darin, daß der erste Ansatz für jedes Erzeugnis einen gewinnmaximalen Absatzpreis, der zweite Ansatz dagegen für jedes Erzeugnis l_n Absatzpreise bestimmt.

Der erste quadratische Programmierungsansatz - Gleichungen (2.45) bis (2.47) - läßt sich auf folgende zwei Arten lösen:

(1) lineare Approximation der Erlös- oder Gewinnfunktion je Erzeugnisart entsprechend der Vorgehensweise auf Seite 66 f;

(2) diskrete Auflösung der Preis-Absatzfunktion je Erzeugnisart: diese Möglichkeit führt zu einem gemischt ganzzahligen linearen Programmierungsproblem[1/2].

---

1 Vgl. hierzu die Modellansätze von Bohmer, R., a.a.O., S. 148 ff; Dinkelbach, W., Steffens, F., Gemischt ganzzahlige lineare Programme zur Lösung gewisser Entscheidungsprobleme, in: Ufo, Bd. 5, 1961, S. 3 ff, hier S. 12 ff; Gutenberg, E., Der Absatz, a.a.O., S. 209 ff; Vischer, P., a.a.O., S. 62 f.

2 Diese Vorgehensweise, u.U. zusammen mit der linearen Approximationstechnik, ist notwendig, wenn keine linearen Preis-Mengen-Relationen gegeben sind oder lineare, doppelt geknickte Preis-Absatzfunktionen vorliegen. Vgl. zum Konzept der doppelt geknickten Preis-Absatzfunktionen Gutenberg, E., Der Absatz, a.a.O., S. 233 ff; derselbe, Zur Diskussion der polypolistischen Absatzkurve, in: JfNuSt, Bd. 177, 1965, S. 289 ff; Kilger, W.,

In beiden Fällen erhöht sich die Zahl der Variablen und Nebenbedingungen beträchtlich. Das Entscheidungsmodell (2.52) bis (2.54) enthält eine nichtseparable, quadratische Zielfunktion. Eine lineare Approximation bzw. Diskretisierung ist nicht mehr möglich. Weiter unten soll daher das Grundkonzept eines Algorithmus zur Lösung quadratischer Programmierungsprobleme vorgestellt werden[1].

C. Die simultane Planung der preis- und werbepolitischen Aktivitäten einer Unternehmung

I. Die Ermittlung kombinierter Preis-Werbekosten-Absatzfunktionen

Die beiden vorhergehenden Abschnitte A und B beschäftigten sich isoliert mit der Bestimmung des optimalen Werbebudgets bzw. der optimalen Absatzpreise und Rabattsätze. Im Rahmen der Werbepolitik galten Erklärungsmodelle der Art

$$(2.55) \quad ABSME_e = ABSME_e \; (WERBKO_e, ABSPR_e = const.) \quad ((e));$$

Eine aktive Preispolitik wurde ausgeschlossen. Dagegen war das Erklärungsmodell bei der Bestimmung der optimalen Absatzpreise von der Art

$$(2.56) \quad ABSME_e = ABSME_e \; (ABSPR_e, WERBKO_e = const.) \quad ((e)).$$

Hier war bereits über die Werbepolitik vorab entschieden worden.

Die quantitative Ableitung polypolistischer Preisabsatzfunktionen aus den Heterogenitätsbedingungen atomistischer Märkte, in: Zur Theorie der Unternehmung, Festschrift zum 65. Geburtstag von E. Gutenberg, hrsg. von H. Koch, Wiesbaden 1962, S. 269 ff.

1 Vgl. hierzu S. 165 ff.

Für jeden Absatzpreis läßt sich nach (2.55) eine gesonderte Werbekosten-Absatzfunktion und damit auch ein bestimmtes optimales Werbebudget bestimmen. Umgekehrt gilt für jedes Werbebudget nach (2.56) eine gesonderte Preis-Absatzfunktion und damit gleichzeitig auch ein bestimmter optimaler Preis. Verschiedenen Absatzpreisen lassen sich also jeweils optimale Werbebudgets, verschiedenen Werbebudgets stets optimale Preisforderungen zuordnen. Gesucht ist nun diejenige Kombination von Budget und Preisforderung, die den Gewinn maximiert. Das absatzwirtschaftliche Erklärungsmodell hierfür lautet:

$$(2.57) \quad ABSME_e = ABSME_e\ (ABSPR_e, WERBKO_e) \qquad ((e))$$

und wird als kombinierte Preis-Werbekosten-Absatzfunktion bezeichnet. Beide unabhängigen Variablen üben - wie eben geschildert - einen wechselseitigen Einfluß aufeinander aus. Ihre optimale Fixierung ist nur durch einen simultanen Planungsansatz gewährleistet. Diese simultane Planung von optimalem Werbebudget und optimalen Preisforderungen ist Gegenstand dieses Abschnitts.

Zunächst ist aber kurz zu demonstrieren, wie diese in (2.57) definierte kombinierte Preis-Werbekosten-Absatzfunktion ermittelt werden kann. Auszugehen ist von den Überlegungen, die im Rahmen der Werbemittel- und Werbekostentheorie angestellt wurden. In der Werbemitteltheorie ging es darum, eine Beziehung zwischen der Werbemittelmenge $WMITME_{ew}$ verschiedener Werbemittel w und der Absatzmenge $ABSME_e$ für jedes in die Planungsüberlegungen einbezogene Erzeugnis e herzustellen. Die Ableitung dieser funktionalen Beziehung - sie wurde Werbemittel-Absatzfunktion genannt - gilt jeweils nur unter der Voraussetzung, daß alle übrigen absatzpolitischen Instrumente, die ebenfalls einen Einfluß auf die Absatzmenge ausüben können, hinsichtlich Art und Intensität vorab fixiert wurden. Für das absatzpolitische Instrument der Preispolitik, das hier zusätzlich in die Analyse aufgenommen werden soll, bedeutet dies, daß die Preisforderungen für die betrachteten Erzeugnisse bereits festliegen. Die Werbemittel-Absatzfunktion lautet dann:

$$(2.58)\quad ABSME_e = ABSME_e(WMITME_{ew=1}, \ldots, WMITME_{e,w=w_n}, ABSPR_e = const.) \qquad ((e)).$$

Variiert man in dieser Werbemittel-Absatzfunktion den Absatzpreis parametrisch, d.h. setzt man für den Absatzpreis je Erzeugnis alternative Werte an, entsteht für jeden möglichen Absatzpreis eine gesonderte Werbemittel-Absatzfunktion.

Führt man die Bewertungskomponente in die Werbemitteltheorie ein, gelangt man zur Werbekostentheorie. Mit Hilfe jeweils adäquater Voroptimierungsrechnungen, wie sie oben skizziert wurden, lassen sich für jede Werbemittel-Absatzfunktion die minimalen Werbekosten für alternative Absatzmengen und konstanten Absatzpreis ermitteln. Man gelangt so zu Werbekosten-Absatzfunktionen, die für alternativ zu fixierende Absatzpreise definiert sind. Lassen sich die Preise kontinuierlich variieren, entsteht die kombinierte Preis-Werbekosten-Absatzfunktion (2.57)[1].

---

1 Diese Preis-Werbekosten-Absatzfunktion findet man in der werbewirtschaftlichen Literatur u.a. bei Behrens, K.C., Absatzwerbung, a.a.O., S. 137 f; Blöchliger, C., Die theoretische Bestimmung der Reklame, Diss. Zürich, Winterthur 1959, S. 27 f; Edler, F., a.a.O., S. 113 ff und 119 ff; Gupta, S.K., Krishnan, K.S., a.a.O., S. 1032; Gutenberg, E., Der Absatz, a.a.O., S. 466 f; Jacob, H., Preispolitik, a.a.O., S. 74 f; Korndörfer, W., a.a.O., S. 110 ff; Nöh, D., Reklamepolitik und Produktvariation in der Preistheorie, Diss. Frankfurt 1957, S. 50 ff.

II. Die Analyse der Beziehungen zwischen Absatzmenge, Preis und Werbekosten

Der mengenmäßige Absatz eines Erzeugnisses kann sowohl durch eine Variation des Absatzpreises als auch durch eine Variation der Werbekosten beeinflußt werden. Es ist daher zunächst zu prüfen, welche Beziehungen zwischen den Variablen Absatzmenge, Absatzpreis und Werbekosten bestehen.

Stellt man erst einmal auf das Erklärungsmodell der Preis-Absatzfunktion (2.56) ab und variiert die Werbekosten parametrisch, erhält man für jeden Werbekostenbetrag eine spezielle Preis-Absatzfunktion[1]:

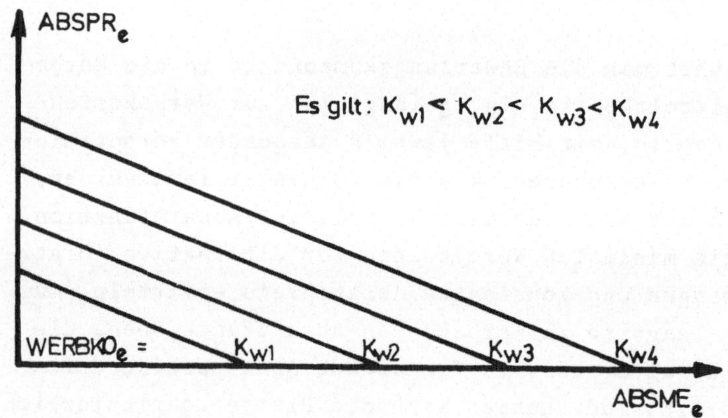

Abb. 8: Das System von Preis-Absatzfunktionen bei parametrischer Variation der Werbekosten

1 Bei der graphischen Analyse der Beziehungen zwischen Absatzmengen, Absatzpreisen und Werbekosten gehen wir von linearen Preis-Absatzfunktionen aus, die mit wachsendem Werbekosteneinsatz parallel verschoben werden. Nichtlineare Preis-Absatzfunktionen und eine nicht-parallele Verschiebung ändern nichts an den Untersuchungsergebnissen.

Es mögen folgende Hypothesen gelten:

(1) es existiert eine Preis-Absatzfunktion auch dann, wenn keine Werbung für das betreffende Erzeugnis betrieben wird;

(2) bei konstantem Preis führt eine laufende Verdopplung der Werbekosten zu fortlaufend abnehmenden Absatzmengenzuwächsen.

Diese zweite Annahme wird besonders deutlich, wenn man von dem Erklärungsmodell der Werbekosten-Absatzfunktion (2.55) ausgeht und den Absatzpreis parametrisch variiert. Für jeden Absatzpreis gilt dann eine gesonderte Werbekosten-Absatzfunktion:

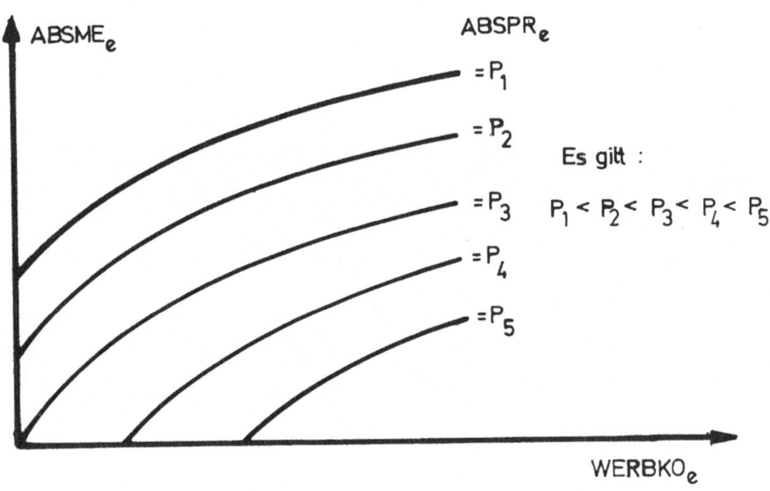

Abb. 9: Das System der Werbekosten-Absatzfunktionen bei parametrischer Variation der Absatzpreise

Zugleich macht diese Abbildung deutlich, wann und aus welchem Grunde homogene und inhomogene Werbekosten-Absatzfunktionen entstehen. Eine homogene Funktion ergibt sich stets dann, wenn der fixierte Absatzpreis identisch ist mit dem Prohibitivpreis derjenigen Preis-Absatzfunktion, die gilt, wenn für das betreffende Erzeugnis nicht geworben wird (P_3). Liegt dagegen der fixierte Absatzpreis über bzw. unter dem obigen Prohibitivpreis, bedarf es eines bestimmten Werbekostenbetrages, um überhaupt erst eine Absatzwirkung zu erzielen bzw. kann eine bestimmte Absatzmenge auch ohne Werbemitteleinsatz erreicht werden.

Schließlich kann eine Werbekosten-Absatzpreisfunktion der Art

(2.59) $WERBKO_e = WERBKO_e(ABSPR_e, ABSME_e = const.)$ ((e))

definiert werden; variiert man hier die Absatzmenge parametrisch, gilt folgendes System von Funktionen:

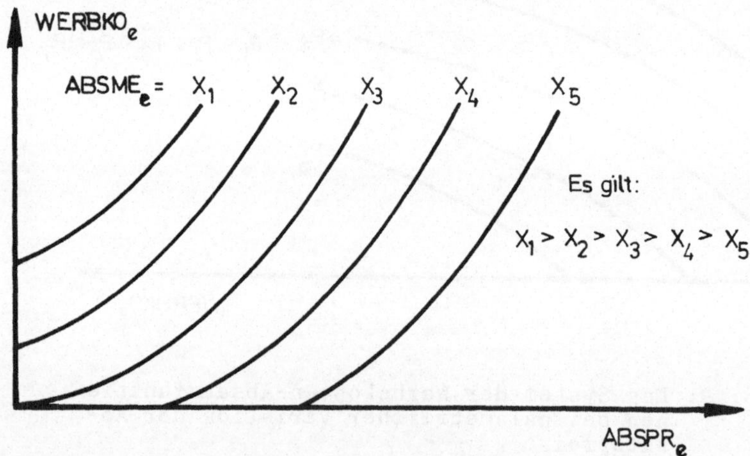

Abb. 10: Das System der Werbekosten-Absatzpreisfunktionen bei parametrischer Variation der Absatzmengen

Alle drei Systeme von Absatzfunktionen der Abbildungen 8, 9 und 10 sind Darstellungen ein und desselben Sachverhaltes: der kombinierten Preis-Werbekosten-Absatzfunktion (2.57). Sie gilt es, in den obigen Planungsüberlegungen zu berücksichtigen.

III. Die Fixierung des gewinnmaximalen Werbekosteneinsatzes im Wege einer Voroptimierungsrechnung

a) Die Ableitung von Bruttoerlös-, Nettoerlös- und Gewinnfunktionen bei optimalem Werbekosteneinsatz

Ausgangspunkt der folgenden Betrachtungen ist die kombinierte Preis-Werbekosten-Absatzfunktion (2.57). Es ist jedoch vorteilhaft, statt der Absatzmenge den Absatzpreis als abhängige Variable zu wählen:

(2.60) $ABSPR_e = ABSPR_e(ABSME_e, WERBKO_e) \qquad ((e))$.

Für dieses absatzwirtschaftliche Erklärungsmodell soll diejenige Kombination von Werbekosten und Absatzmengen ermittelt werden, die den Nettoerlös $NTERL_e$ als Differenz von Bruttoerlös $BTERL_e$ und Werbekosten $WERBKO_e$ je Erzeugnis e maximiert. Es gilt:

(2.61) $BTERL_e = ABSPR_e(ABSME_e, WERBKO_e) \cdot ABSME_e \qquad ((e))$

(2.62) $NTERL_e = BTERL_e - WERBKO_e$.

Gesucht wird eine Funktion

(2.63) $NTERL_e = NTERL_e(ABSME_e) \qquad ((e))$,

die den maximalen Nettoerlös allein in Abhängigkeit von der Absatzmenge ausdrückt. Dazu ist es erforderlich, vorher den Werbekosteneinsatz parametrisch zu optimieren.

Für den Fall, daß man jeder Produktionsmenge - und damit zugleich auch jeder Absatzmenge - die minimalen variablen Produktionskosten zuordnen kann, ist es möglich, im Wege der hier betrachteten Voroptimierung eine Gewinnfunktion zu ermitteln, die für jede mögliche Absatzmenge den maximalen Gewinn zeigt.

Es ist wie folgt vorzugehen: die Nettoerlösfunktion

(2.64) $NTERL_e = NTERL_e(ABSME_e, WERBKO_e) \quad ((e))$

wird partiell nach den Werbekosten differenziert; als Ergebnis erhält man das optimale Werbebudget in Abhängigkeit von der Absatzmenge:

(2.65) $\frac{\partial(NTERL_e)}{\partial(WERBKO_e)} = \ldots = 0$; daraus folgt

(2.66) $WERBKO_{e\ opt} = WERBKO_{e\ opt}(ABSME_e) \quad ((e))$.

Sodann wird die Funktion des optimalen Werbebudgets (2.66) in die Nettoerlösfunktion (2.64) eingesetzt:

(2.67) $NTERL_e = NTERL_e(ABSME_e, WERBKO_{e\ opt}(ABSME_e))$

$= NTERL_{e\ opt}(ABSME_e) \quad ((e))$.

Diese Funktion der in bezug auf die Werbekosten maximalen Nettoerlöse bei alternativen Absatzmengen kann in die obigen Planungsansätze eingeführt werden. Die optimale Lösung des Planungsmodells führt zu optimalen Absatzmengen; diese fixieren aufgrund der Gleichung (2.66) die optimalen Werbekosten; optimale Absatzmengen und optimale Werbekosten zusammen ermöglichen mit Hilfe der Beziehung (2.60) die Bestimmung der optimalen Absatzpreise.

Unter den gegebenen Prämissen - die variablen Stückkosten je Erzeugniseinheit $PRODKO_e$ sind unabhängig von der produzierten Menge konstant - läßt sich die Voroptimierung noch einen Schritt weiterführen. Die Nettoerlöse nach (2.67) können um die variablen Produktionskosten vermindert werden; es ergibt sich der in bezug auf die Werbekosten maximale Gewinn GEW_e für jedes Erzeugnis bei alternativen Absatzmengen:

$$(2.68) \quad GEW_e = NTERL_e - PRODKO_e \cdot ABSME_e$$
$$= GEW_{e\ opt}(ABSME_e) \qquad ((e)).$$

Diese im Grundsatz dargestellte Vorgehensweise soll anhand einer explizit formulierten kombinierten Preis-Werbekosten-Absatzfunktion erläutert werden. Dabei soll eine verkürzte Symbolik verwendet werden. Für ein bestimmtes Erzeugnis möge folgende Preis-Werbekosten-Absatzfunktion gelten:

$$(2.69) \quad p = m \sqrt{K_w} + p^o - dx$$

mit p = Absatzpreis, x = Absatzmenge, K_w = Werbekosten und den Konstanten m, p^o, d > 0. Eine graphische Darstellung der Funktion (2.69) ergäbe ein Bild, das dem in Abbildung 8 entspricht.

Die Funktion der Nettoerlöse (2.64) lautet dann:

$$(2.70) \quad NTERL = px - K_w$$
$$= mx \sqrt{K_w} + p^o x - dx^2 - K_w \quad .$$

Diese Funktion wird partiell nach K_w differenziert, die Ableitung wird gleich Null gesetzt:

$$(2.71) \quad \frac{\partial(NTERL)}{\partial K_w} = \frac{mx}{2\sqrt{K_w}} - 1 = 0 .$$

Hieraus leitet sich die Funktion der optimalen Werbekosten $K_{w\ opt}$ in Abhängigkeit von alternativen Absatzmengen x ab:

$$(2.72) \quad K_{w\ opt} = \frac{m^2}{4} x^2 .$$

Nunmehr wird die Funktion (2.72) in die Nettoerlösfunktion (2.70) eingesetzt:

$$(2.73) \quad NTERL_{opt} = p^o x - (\frac{4d-m^2}{4})x^2 .$$

Die Funktion (2.73) enthält die im Hinblick auf die Werbekosten maximalen Nettoerlöse bei alternativen Absatzmengen.

Subtrahiert man von den Nettoerlösen in (2.73) die variablen Produktionskosten K_p:

$$(2.74) \quad K_p = k_p x$$

mit k_p = variable Produktionsstückkosten, dann lautet die Funktion der in bezug auf die Werbekosten maximalen Gewinne bei alternativen Absatzmengen:

$$(2.75) \quad GEW_{opt} = (p^o - k_p)x - (\frac{4d-m^2}{4})x^2 .$$

Nettoerlös- und Gewinnfunktion verlaufen in Abhängigkeit von der Absatzmenge

(1) konvex, wenn $4d - m^2 < 0$,
(2) konkav, wenn $4d - m^2 > 0$ und
(3) linear, wenn $4d - m^2 = 0$.

Entscheidend für den Verlauf der Nettoerlös- und Gewinnfunktion ist somit die Stärke des Einflusses einer Absatzmengenänderung (d) und Werbekostenänderung (m) auf den Absatzpreis.

Die soeben durchgeführte Rechnung und deren Ergebnisse sollen mit Hilfe willkürlich angenommener Zahlen graphisch dargestellt werden. Abgestellt wird auf den Fall der konkaven Nettoerlös- und Gewinnfunktion. Es möge gelten:

(2.76) $d = 1 \; ; \; m = 1 \; ; \; p^o = 10 \; ; \; k_p = 2 \; .$

Dann lauten die Funktionen (2.69), (2.72), (2.73), (2.74) und (2.75):

(2.77) $p = \sqrt{K_w}+10-x \; ; \; NTERL_{opt} = 10x - \frac{3}{4}x^2 \; ;$

$K_{w\,opt} = \frac{1}{4}x^2 \; ; \; K_p = 2x \; ; \; GEW_{opt} = 8x - \frac{3}{4}x^2 \; .$

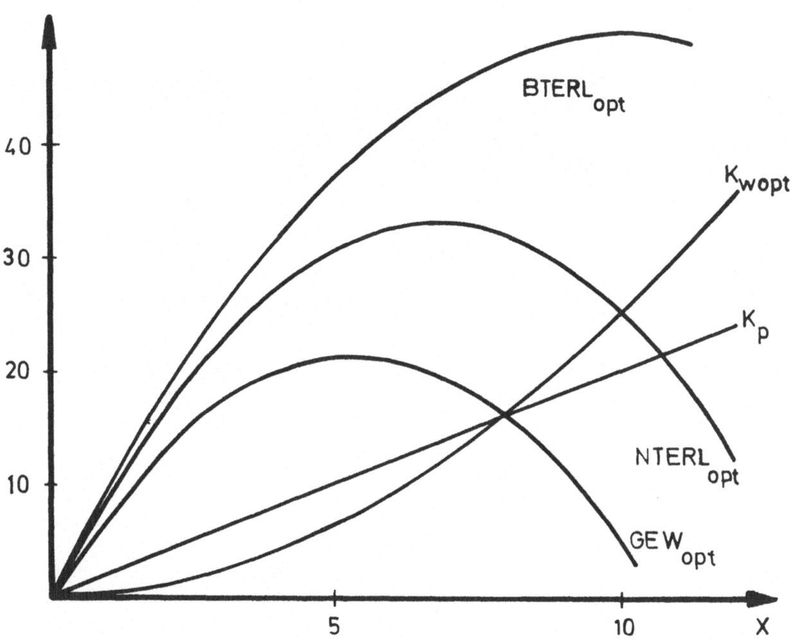

Abb. 11: Darstellung der Funktionen der Bruttoerlöse, Nettoerlöse und Gewinne bei optimalem Werbekosteneinsatz und gegebenen Produktionskosten

Auf die in Abbildung 11 eingezeichnete Bruttoerlösfunktion und in Abbildung 12 gestrichelt gezeichnete Preis-Absatzfunktion wird später eingegangen.

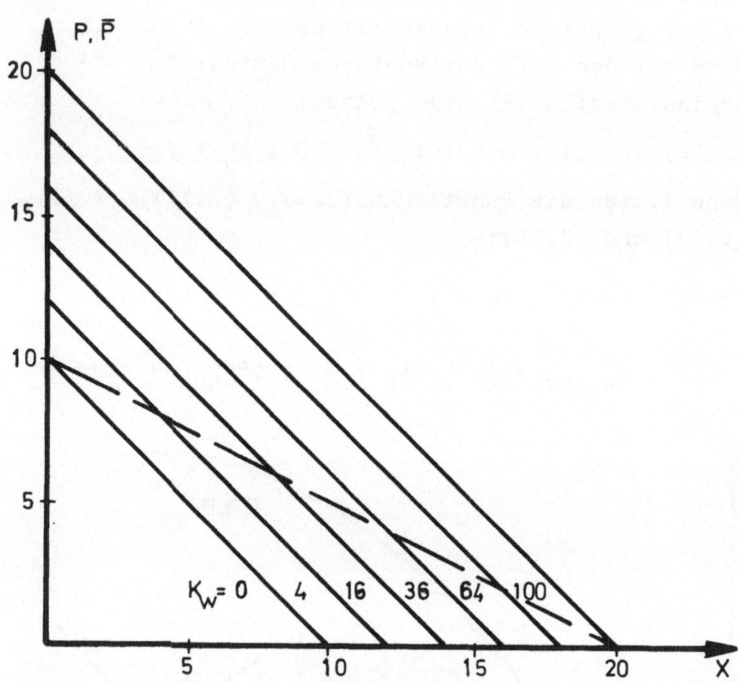

Abb. 12: Darstellung der kombinierten Preis-Werbekosten-Absatzfunktion und der Beziehungen zwischen optimalen Werbekosten, Preisen und Absatzmengen

b) Die Bestimmung der optimalen Kombination von Absatzmengen, Preisen und Werbekosten

Grundlage für die Bestimmung der optimalen Kombination von Absatzmengen, Preisen und Werbekosten ist die Bruttoerlösfunktion bei optimalem Werbekosteneinsatz. Sie erhält man, indem man zur Nettoerlösfunktion (2.73) die Werbekosten bei optimaler Werbepolitik (2.72) addiert (vgl. auch Abbildung 11):

$$(2.78) \quad BTERL_{opt} = p^o x - (\frac{4d-m^2}{4})x^2 + \frac{m^2}{4}x^2$$

$$= p^o x - (\frac{2d-m^2}{2})x^2 .$$

Wird diese Bruttoerlösfunktion durch die Absatzmenge dividiert, erhält man eine modifizierte Preis-Absatzfunktion, die für jede Absatzmenge bereits das optimale Werbebudget enthält:

$$(2.79) \quad \frac{BTERL}{x} = p^o - (\frac{2d-m^2}{2})x = \bar{p} .$$

Diese modifizierte Preis-Absatzfunktion ist nichts anderes als diejenige Absatzfunktion, die eine funktionale Verknüpfung von Absatzpreisen und Absatzmengen bei jeweils optimalen Werbekosten herstellt. Denn in den Schnittpunkten der Funktion (2.79) mit dem System der kombinierten Preis-Werbekosten-Absatzfunktionen

$$(2.80) \quad p = m \sqrt{K_w} + p^o - dx$$

wird stets das optimale Werbekostenbudget realisiert: durch Gleichsetzen der Funktionen (2.79) und (2.80) ergibt sich nämlich:

$$(2.81) \quad m \sqrt{K_w} + p^o - dx = p^o - (\frac{2d-m^2}{2})x \quad ;$$

hieraus folgt:

$$(2.82)\quad K_w = K_{w\ opt} = \frac{m^2}{4}x^2 .$$

Die modifizierte Preis-Absatzfunktion lautet somit, wenn man auf die Zahlen von oben zurückgreift (vgl. auch Abbildung 12):

$$(2.83)\quad \bar{p} = 10 - 1/2\ x .$$

Die modifizierte Preis-Absatzfunktion $\bar{p} = \bar{p}(x)$ enthält sämtliche Kombinationen von Absatzpreisen und Absatzmengen bei jeweils optimalen Werbekosten. Mit der Fixierung einer bestimmten Absatzmenge sind somit die optimalen Werbekosten bestimmt; gleichzeitig aber kennen wir über die $\bar{p}$-Funktion auch den für die fixierte Absatzmenge und den optimalen Werbekostenbetrag zugehörigen optimalen Absatzpreis. Aus der Abbildung 12 lassen sich somit die Beziehungen zwischen den optimalen Werten zweier Variablen bei parametrisch zu variierender dritten Variablen herleiten.

Zunächst soll die Beziehung zwischen dem optimalen Absatzpreis und dem optimalen Werbekostenbetrag bei alternativen Werten für die Absatzmenge dargestellt werden. Um die funktionale Verknüpfung zwischen optimalen Preisen und Werbekosten herzustellen, muß man die Absatzmengenvariable x in der modifizierten Preis-Absatzfunktion ersetzen durch die Funktion der optimalen Werbekosten in Abhängigkeit von der Absatzmenge; es gilt dann allgemein:

$$(2.84)\quad \bar{p} = \bar{p}(x) \quad \text{und} \quad x = x(K_{w\ opt}) ;$$

daraus ergibt sich:

$$(2.85)\quad \bar{p} = \bar{p}\ (x(K_{w\ opt})) = \bar{p}\ (K_{w\ opt}) .$$

Explizit erhalten wir gemäß (2.79) und (2.72) für (2.84):

(2.86) $\bar{p} = p^o - (\frac{2d-m^2}{2})x$ und $x = \frac{2}{m} \sqrt{K_{w\ opt}}$.

Die Gleichung (2.85) lautet sodann:

(2.87) $\bar{p} = p^o - (\frac{2d-m^2}{m}) \sqrt{K_{w\ opt}}$.

Verwendet man wieder das Zahlenbeispiel, lautet die Beziehung zwischen optimalen Preisen und optimalen Werbekosten:

(2.88) $\bar{p} = 10 - \sqrt{K_{w\ opt}}$.

Graphisch ergibt sich folgendes Bild:

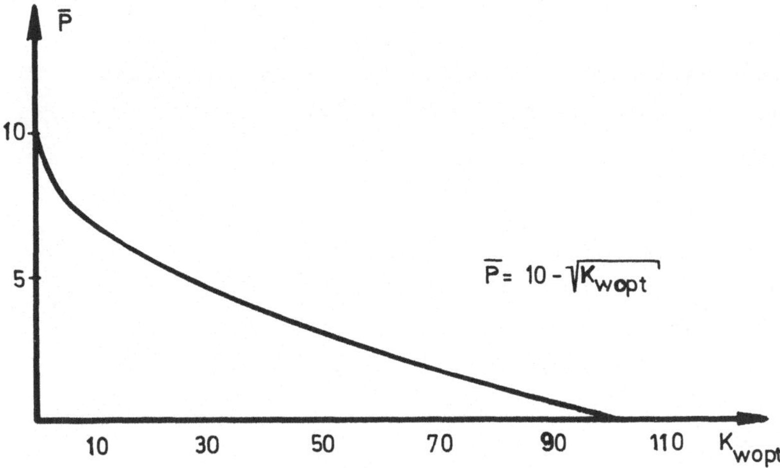

Abb. 13: Die optimale Kombination von Absatzpreisen und Werbekosten bei alternativ vorgegebenen Absatzmengen

Die optimale Kombination von Werbekosten und Absatzmengen wurde bereits ermittelt und ist in der Abbildung 11 enthalten. Das gleiche gilt für die optimale

Kombination von Absatzmengen und Absatzpreisen; sie ist in der modifizierten Preis-Absatzfunktion der Abbildung 12 enthalten[1].

Es muß noch gezeigt werden, daß die Maximierung einer Funktion z von zwei Variablen x und y in der oben beschriebenen Weise zu demselben Ergebnis führt wie die Maximierung dieser Funktion über die partiellen Ableitungen. Hier gilt:

(2.89) $z = z\,(x,y) \rightarrow \max!$

Das Maximum wird ermittelt durch das Nullsetzen der partiellen Ableitungen:

(2.90) $\frac{\partial z}{\partial x} = 0$ und $\frac{\partial z}{\partial y} = 0\,.$

Die obige Vorgehensweise bestimmte zunächst die partielle Ableitung der Zielfunktion (2.89) nach einer Variablen und ermittelte daraus eine Beziehung zwischen den beiden Variablen:

(2.91) $\frac{\partial z}{\partial x} = 0$; daraus folgt:

(2.92) $x = x\,(y)\,.$

Die Funktion (2.92) wird in die zu maximierende Funktion (2.89) eingesetzt; es ergibt sich:

(2.93) $z = z\,(x(y),\,y)\,.$

1 Eine graphische bzw. explizit marginalanalytische Lösung zur Bestimmung solcher Optimal-Kombinationen absatzpolitischer Instrumente enthalten die Beiträge von Boulding, Nöh und Weintraub; Boulding, K.E., Economic Analysis, 3rd ed., New York 1955, S. 772 ff; Nöh, D., a.a.O., S. 122 ff; Weintraub, S., Price Theory, New York, Toronto, London 1949, S. 205 ff.

Wird diese Funktion partiell nach y differenziert, erhält man[1]:

$$(2.94) \quad \frac{dz}{dy} = \frac{\partial z}{\partial x} \cdot \frac{dx}{dy} + \frac{\partial z}{\partial y} = 0 \, .$$

Aus (2.94) folgt wegen (2.91):

$$(2.95) \quad \frac{dz}{dy} = \frac{\partial z}{\partial y} = 0 \, .$$

Beide Vorgehensweisen führen somit zu demselben Ergebnis [2].

---

1 Vgl. zu diesem Ansatz Allen, R.G.D., a.a.O., S. 333.

2 Explizit marginalanalytische Ansätze zur Bestimmung von optimalen Preisen, Absatzmengen und Werbekosten finden sich bei Behrens, K.C., Absatzwerbung, a.a.O., S. 144 f; Blöchliger, C., a.a.O., S. 29 ff; Edler, F., a.a.O., S. 120 ff und 135 ff; Jacob, H., Preispolitik, a.a.O., S. 74 ff; Korndörfer, W., a.a.O., S. 115 ff und 170 ff (zugleich eine Literaturübersicht); Nöh, D., a.a.O., S. 55 ff und 154 ff (ausführliche Literaturübersicht); Parthey, H.-G., a.a.O., S. 161 ff; Ott, A.E., Grundzüge, a.a.O., S. 253 ff; Uherek, E.W., a.a.O., S. 428 ff.

IV. Der Entwurf eines Entscheidungsmodells zur simultanen Planung von Absatzpreisen und Werbekosten

Die im vorhergehenden Abschnitt durchgeführte Voroptimierung hat es ermöglicht, den in bezug auf die Werbekosten maximalen Gewinn in Abhängigkeit von alternativen Absatzmengen auszudrücken:

$$(2.96)\quad GEW_e = GEW_e\ (ABSME_e) \qquad ((e)).$$

Diese Gewinnfunktionen für die in die Betrachtung einbezogenen Erzeugnisse sind in einen Planungsansatz zu übernehmen[1]. Unter Beachtung der relevanten Beschränkungen sind mit Hilfe eines bestimmten Lösungsverfahrens simultan die gewinnmaximalen Absatzmengen zu bestimmen. Kennt man die optimalen Absatzmengen jedes Erzeugnisses, können die zu dieser Menge gehörigen optimalen Werbekosten über die Beziehung

$$(2.97)\quad WERBKO_{e\ opt} = WERBKO_{e\ opt}\ (ABSME_e) \quad ((e))$$

errechnet werden. Optimale Absatzmenge und optimale Werbekosten zusammen bestimmen über die kombinierte Preis-Werbekosten-Absatzfunktion

$$(2.98)\quad ABSPR_e = ABSPR_e\ (ABSME_e, WERBKO_e) \qquad ((e))$$

den optimalen Absatzpreis.

Wie lassen sich nun die optimalen Absatzmengen bestimmen? Denkbar sind mehrere Lösungsverfahren. Da die Zielfunktion separabel ist, ließe sich wiederum die lineare Approximationstechnik anwenden; diese Vorgehensweise wurde oben bereits vorgestellt. Neben dieser Technik sind weitere Approximationsver-

1 Dabei kann man sich auf den Teil der Gewinnfunktion beschränken, der positive Grenzgewinne aufweist.

fahren entwickelt worden, die als "λ-Form", "∂-Form" und "μ-Form" der linearen Approximation bezeichnet werden. Auf ihre Darstellung soll verzichtet werden[1/2]. Möglich wäre auch die Anwendung der quadratischen Programmierung, sofern die Zielfunktion quadratisch und konkav ist. Auf dieses Verfahren wird weiter unten noch einzugehen sein.

---

1 Zur λ-Form der linearen Approximation vgl. Dantzig, G.B., On the Significance ..., a.a.O., S. 36 f; derselbe, Linear Programming and Extensions, a.a.O., S. 483 f; Hadley, G., Nonlinear Programming, a.a.O., S. 104 ff und 255 ff; Lasdon, L.S., a.a.O., S. 242 ff; Miller, C.E., The Simplex Method for Local Separable Programming, in: Recent Advances in Mathematical Programming, ed. by R.L. Graves and P. Wolfe, New York etc. 1963, S. 89 ff; Wolfe, P., Some Simplex-Like Nonlinear Programming Procedures, in: OR, Vol. 10, 1962, S. 438 ff, hier S. 440 ff; derselbe, Methods of Nonlinear Programming, a.a.O., S. 77 ff.

2 Neben der λ-Form der linearen Approximation gibt es noch eine sog. ∂-Form, die bei Hadley und Müller-Merbach beschrieben wird. Obendrein ist es möglich, diese Approximationsmethoden dadurch zu verbessern, daß im Zuge der Rechnungen laufend neue Approximationen der nichtlinearen Funktionen durchgeführt werden (vgl. Lasdon und Müller-Merbach), so daß zunächst mit wenigen groben Intervallen begonnen werden kann. Eine feinere Approximation findet dann erst in der Nähe des Optimums statt; vgl. Hadley, G., Nonlinear Programming, a.a.O., S. 116 ff und 254 f; Lasdon, L.S., a.a.O., S. 243 ff; Müller-Merbach, H., Die Methode der "direkten Koeffizientenanpassung" (μ-Form) des Separable Programming, in: Ufo, Bd. 14, 1970, S. 197 ff.

2. Kap.:

Die Berücksichtigung einer absatzmäßigen Verflechtung zwischen den Erzeugnissen in Entscheidungsmodellen zur simultanen Produktions- und Absatzplanung

A. Das Konzept der absatzmäßigen Verflechtung und seine Erfassung in absatzwirtschaftlichen Erklärungsmodellen

I. Formen und Ursachen einer absatzmäßigen Verflechtung zwischen Erzeugnissen

Die bisherigen Entscheidungsmodelle zur simultanen Produktionsprogramm-, Werbe- und Preisplanung wurden unter der Annahme aufgestellt, daß zwischen den Erzeugnissen keine absatzmäßig bedingten Beziehungen bestanden. Diese Prämisse soll aufgehoben werden: zugelassen sind in den folgenden Entscheidungsmodellen absatzmäßige Verflechtungen zwischen den Produkten; zwischen den Erzeugnissen bestehen über ihre Absatzmengen Interdependenzen.

Die e_n Erzeugnisse e $(e=1,...,e_n)$ sind dann absatzmäßig miteinander verflochten, wenn die Variation eines die Absatzmenge des Erzeugnisses e beeinflussenden absatzpolitischen Instrumentes zugleich auch die Absatzmengen der übrigen Erzeugnisse beeinflußt.

Die Tatsache, daß ein absatzpolitisches Instrument zugleich die Absatzmengen mehrerer Erzeugnisse zu beeinflussen vermag, führt zu gegenseitigen Abhängigkeiten der Produkte, die sich in einer substitutionalen oder komplementären Beziehung niederschlagen.

Die e_n Erzeugnisse stehen in einem substitutionalen (komplementären) Verhältnis, wenn die durch die Variation eines absatzpolitischen Instrumentes hervorgerufene Absatzmengensteigerung bzw. -minderung bei einem Erzeugnis zugleich eine Absatzmengenminderung bzw. -steigerung (Absatzmengensteigerung bzw. -minderung) bei den übrigen Erzeugnissen bewirkt[1].

Welche Ursachen führen zu diesen Formen der absatzmäßigen Verflechtung in der Art substitutionaler und komplementärer Beziehungen zwischen den Erzeugnissen? Zu unterscheiden sind zwei große Gruppen von Ursachen: Verflechtungen aufgrund bedarfsmäßig zusammenhängender Güter und Interdependenzen aufgrund gemeinsamer Werbung für mehrere Erzeugnisse gleichzeitig[2].

Bei Verflechtungen aufgrund bedarfsmäßig zusammenhängender Produkte handelt es sich um Beziehungen zwischen Erzeugnissen, die entweder den gleichen Bedarf befriedigen können (substitutionale Güter) oder deren Kombination im eigentlichen Sinne erst einen Bedarf befriedigen kann (komplementäre Güter). Es ist wichtig anzumerken, daß hier für jedes Erzeugnis isoliert die absatzpolitischen Instrumente eingesetzt werden können.

Eine absatzmäßige Verflechtung von Erzeugnissen kann aber auch dann entstehen, wenn für mehrere bedarfsmäßig unabhängige Produkte eine gemeinsame Werbung betrieben wird. Es existieren dann Werbemittel, die zugleich für mehrere Werbeobjekte ent-

---

1 Zum Begriff der Substitutionalität und Komplementarität von Erzeugnissen vgl. u.a. Selten, R., a.a.O., S. 34 ff und Schneider, E., Einführung, a.a.O., S. 43 f und 91 ff.

2 Einen Überblick über die verschiedenen Formen der absatzmäßigen Verflechtung geben Edler, F., a.a.O., S. 153 ff und Ferner, W., a.a.O., S. 85 ff.

worfen wurden[1]. In diesem Falle kann das absatzpolitische Instrument der Werbung nicht mehr isoliert dem einzelnen Produkt zugeordnet werden. Die gemeinsame Werbung, so wie sie hier definiert wurde, führt stets dazu, daß zwischen den Erzeugnissen komplementäre Beziehungen entstehen.

Beide Ursachenkomplexe können auch zusammenwirken: für bedarfsbedingt miteinander verflochtene Erzeugnisse wird gemeinsam geworben.

II. Die Formulierung von Erklärungsmodellen für absatzmäßig verflochtene Erzeugnisse

Für die im vorhergehenden Abschnitt abgeleiteten Formen einer absatzmäßigen Verflechtung zwischen den Erzeugnissen sind Erklärungsmodelle zu entwerfen. Dabei besteht jedes Erklärungsmodell aus einem System von Absatzfunktionen, die für jedes Erzeugnis zu formulieren sind. Um diese erste, als Überblick konzipierte Darstellung nicht unnötig aufzublähen, wird zunächst von zwei Erzeugnissen e=1 und e=2 mit den dazugehörigen Absatzpreisen und zwei Werbemitteln w=1 und w=2 ausgegangen[2].

1 Dieser Fall der gemeinsamen Werbung umfaßt auch die sog. Sekundärwirkung der Werbemittel, die dann gegeben ist, wenn grundsätzlich erzeugnisbezogene Werbemittel zugleich Elemente einer Firmenwerbung enthalten; vgl. hierzu Edler, F., a.a.O., S. 174 und Gutenberg, E., Der Absatz, a.a.O., S. 444.

2 Die folgende Darstellung lehnt sich an die von Edler an. Sie unterscheidet sich von ihr aber in der Hinsicht, daß die Absatzfunktionen hier nur die Werbemittel als erklärende Größen enthalten, während Edler stets die Werbekosten als unabhängige Variablen ansetzt. Unklar bleibt jedoch, wie Edler das Problem der kostenminimalen Werbemittelplanung bei absatzmäßiger Verflechtung löst. Diese Planung kann nur simultan mit den übrigen Planungsaufgaben (Preis- und Mengenplanung) durchgeführt werden. Eine Voroptimierungsrechnung für jedes einzelne Erzeugnis ist aufgrund der existierenden Interdependenzen nicht möglich. Der gleiche Vorwurf

Begonnen wird mit den Fällen einer absatzmäßigen Verflechtung über den Bedarf. Werden lediglich die Preise der beiden betrachteten Erzeugnisse als Aktionsparameter gewählt, lautet das Erklärungsmodell:

$$(2.99)\quad \begin{aligned} ABSME_{e=1} &= ABSME_{e=1}(ABSPR_{e=1}, ABSME_{e=2}(ABSPR_{e=2})) \\ ABSME_{e=2} &= ABSME_{e=2}(ABSPR_{e=2}, ABSME_{e=1}(ABSPR_{e=1})). \end{aligned}$$

Analog ist das Erklärungsmodell zu formulieren, wenn nur die Werbemittel als absatzpolitisches Instrument eingesetzt werden können[1]:

$$(2.100)\quad \begin{aligned} ABSME_{e=1} &= ABSME_{e=1}(WMITME_{\substack{e=1\\w=1}}, ABSME_{\substack{e=2\\w=2}}(WMITME_{\substack{e=2\\w=2}})) \\ ABSME_{e=2} &= ABSME_{e=2}(WMITME_{\substack{e=2\\w=2}}, ABSME_{\substack{e=1\\w=1}}(WMITME_{\substack{e=1\\w=1}})). \end{aligned}$$

Sind schließlich Preise und Werbemittel zugleich Aktionsparameter, gilt ein Erklärungsmodell der Art:

$$(2.101)\quad \begin{aligned} ABSME_{e=1} &= ABSME_{e=1}(ABSPR_{e=1}, WMITME_{\substack{e=1\\w=1}}, \\ &\qquad ABSME_{e=2}(ABSPR_{e=2}, WMITME_{\substack{e=2\\w=2}})) \\ ABSME_{e=2} &= ABSME_{e=2}(ABSPR_{e=2}, WMITME_{\substack{e=2\\w=2}}, \\ &\qquad ABSME_{e=1}(ABSPR_{e=1}, WMITME_{\substack{e=1\\w=1}})). \end{aligned}$$

---

ist auch Montgomery/Urban zu machen; vgl. Edler, F., a.a.O., S. 154 ff und Montgomery, D.B., Urban, G.L., a.a.O., S. 171 ff.

1 In diesem und dem folgenden Erklärungsmodell sind die beiden Werbemittel je einem der beiden Erzeugnisse zugeordnet worden.

In allen drei Erklärungsmodellen kommt zum Ausdruck, daß zwischen den Absatzmengen eine direkte Verknüpfung besteht[1].

Eine absatzmäßige Verflechtung bedarfsmäßig unabhängiger Erzeugnisse über eine gemeinsame Werbung läßt, wenn die Preispolitik zunächst wieder ausgeklammert wird, folgendes System von Absatzfunktionen entstehen:

$$\text{(2.104)}\quad ABSME_{e=1}=ABSME_{e=1}(WMITME_{w=1},WMITME_{w=2})$$
$$ABSME_{e=2}=ABSME_{e=2}(WMITME_{w=1},WMITME_{w=2}).^{2}$$

1 Herlitz unterstellt in seiner Arbeit, daß sich die absatzmäßige Verflechtung ebenso darstellen lasse wie die Verflechtungen über mögliche Produktionsengpässe. So drückt er eine Substitutionsbeziehung zwischen zwei Erzeugnissen x_1 und x_2 wie folgt aus:

$$\text{(2.102)}\quad x_1 + a_{12}x_2 \leqq b_1 \text{ und } x_2 + a_{21}x_1 \leqq b_2;$$

dabei gilt:

$$\text{(2.103)}\quad a_{21} = 1/a_{12} \text{ und } b_2 = b_1/a_{12}.$$

Eine Beziehung dieser Art läßt sich zum einen nur aufstellen, wenn die absatzpolitischen Instrumente im voraus fixiert werden; dann sind aber zugleich auch die Absatzmengen eindeutig bestimmt. Denn zwischen den Erzeugnissen besteht eine direkte Kopplung; ihre Beziehungen können nur durch ein Gleichungssystem wiedergegeben werden, nicht aber durch Ungleichungen. Ferner sind die Transformationsbedingungen (2.103) unzulässig, da für jedes Erzeugnis eine gesonderte und anders gelagerte Absatzfunktion gilt; vgl. Herlitz, P., Zur optimalen Kombination des absatzpolitischen Instrumentariums, Diss. Berlin 1968, S. 104 ff.

2 Eine Zuordnung eines Werbemittels zu einem bestimmten Erzeugnis ist nicht mehr möglich.

Unter Beachtung einer aktiven Preispolitik wird aus (2.104):

$$(2.105)\quad ABSME_{e=1}=ABSME_{e=1}(ABSPR_{e=1},WMITME_{w=1},WMITME_{w=2})$$

$$ABSME_{e=2}=ABSME_{e=2}(ABSPR_{e=2},WMITME_{w=1},WMITME_{w=2}).$$

Schließlich kann die bedarfsmäßige Verflechtung mit dem Fall der gemeinsamen Werbung kombiniert werden; auf die Darstellung der verschiedenen Möglichkeiten - entsprechend der zu berücksichtigenden absatzpolitischen Instrumente - soll verzichtet werden.

Die Art, in der diese Erklärungsmodelle formuliert wurden, diente vor allem dazu, die verschiedenen Formen und Ursachen einer absatzmäßigen Verflechtung aufzuzeigen. Im folgenden jedoch wird bei der Darstellung absatzwirtschaftlicher Erklärungsmodelle eine direkte Verknüpfung zwischen den Absatzmengen und den absatzpolitischen Instrumenten hergestellt.

B. Ein Entscheidungsmodell zur Planung gewinnmaximaler Absatzpreise bei absatzmäßiger Verflechtung der Erzeugnisse

Betrachtet werden e_n Erzeugnisse e $(e=1,\dots,e_n)$, deren Absatzmengen von allen Absatzpreisen beeinflußt werden können:

$$(2.106)\quad ABSME_{e=1}=ABSME_{e=1}(ABSPR_{e=1},\dots,ABSPR_{e=e_n})$$

$$\vdots$$

$$ABSME_{e=e_n}=ABSME_{e=e_n}(ABSPR_{e=1},\dots,ABSPR_{e=e_n}) .$$

Bildet man aus (2.106) das System der Umkehrfunktionen[1], gelten folgende Preis-Absatzfunktionen:

$$(2.107)\quad ABSPR_{e=1}=ABSPR_{e=1}(ABSME_{e=1},\ldots,ABSME_{e=e_n})$$
$$\vdots$$
$$ABSPR_{e=e_n}=ABSPR_{e=e_n}(ABSME_{e=1},\ldots,ABSME_{e=e_n})\;.$$

Bei dieser Formulierung der Absatzfunktionen wird unterstellt, daß der Werbemitteleinsatz bereits vorab fixiert wurde und nicht mehr Variable des Entscheidungsproblems ist.

Das Entscheidungsmodell lautet dann[2/3]: zu maximieren ist die Zielfunktion

$$(2.108)\quad GEW = \sum_e (ABSPR_e - PRODKO_e)\cdot ABSME_e$$
$$= \sum_e (ABSPR_e(ABSME_{e=1},\ldots,ABSME_{e=e_n}) - PRODKO_e)\cdot ABSME_e$$

unter Berücksichtigung der Nebenbedingungen

$$(2.109)\quad \sum_e PRKOE_{eg}\cdot ABSME_e \leqq PRODZE_g \qquad ((g))$$

und

$$(2.110)\quad ABSME_e \geqq 0 \qquad ((e)).$$

---

1 Zur Frage der Zulässigkeitsbedingungen für die Ableitung von Umkehrfunktionen vgl. Selten, R., a.a.O., S. 23 ff und Weber, H.H., a.a.O., S. 73 ff.

2 Die explizit marginalanalytischen Ansätze sollen hier nicht behandelt werden; vgl. hierzu Ferner, W., a.a.O., S. 108 ff, 130 ff und 149 ff; Gutenberg, E., Der Absatz, a.a.O., S. 205 f; Jacob,H., Preispolitik, a.a.O., S. 121 ff; Selten, R., a.a.O., S. 43 ff.

3 Vgl. zu dem folgenden Ansatz auch Ferner, W., a.a.O., S. 113 ff, 122 ff, 136 ff, 149 ff und 163 ff sowie Gutenberg, E., Der Absatz, a.a.O., S. 206 ff.

Handelt es sich bei den Absatzfunktionen (2.107) um lineare und damit separable Funktionen, ist die Zielfunktion (2.108) eine nichtseparable, quadratische Funktion. Hier können dann die Algorithmen zur Lösung quadratischer Programmierungsprobleme angewendet werden. Andernfalls bietet sich die konvexe Simplex-Methode, die weiter unten noch vorgestellt wird, als Lösungsverfahren an.

C. Die gewinnmaximale Werbemittelplanung bei absatzmäßiger Verflechtung der Erzeugnisse und konstanten Absatzpreisen

I. Die Ableitung von Werbemittel-Absatzfunktionen

Die Notwendigkeit einer Werbemittelplanung ergibt sich stets dann, wenn der Werbemitteleinsatz gleichzeitig die Absatzmengen mehrerer Erzeugnisse zu beeinflussen vermag, sei es durch eine gemeinsame Werbung oder aufgrund bedarfsbedingter absatzmäßiger Verflechtungen. Bei einer Absatzkonstellation dieser Art ist es nicht mehr möglich, der Absatzmenge eines Erzeugnisses isoliert im Wege einer Voroptimierungsrechnung Werbekosten zuzurechnen.

Im folgenden soll ein Entscheidungsmodell formuliert werden, das die Optimierung einer gemeinsamen Werbepolitik für die im Planungsprozeß als relevant erachteten Erzeugnisse ermöglicht. Dieses Modell kann aber - leicht modifiziert - auch auf die Situation einer bedarfsbedingten absatzmäßigen Verflechtung über die Werbemittel angewendet werden.

Bei der Formulierung der Werbemitteltheorie wurde ein Werbemittel definiert als eine bestimmte Kombination von Werbeobjekt, Werbebotschaft, Werbeträger und Werbesubjektgruppe. Werbebotschaft, Werbeträger und Werbesubjektgruppe in je einer spezifischen Ausprägung wurden durch den Index w - die Werbemittelart - ausgedrückt und bestimmten zusammen mit dem Werbeobjekt oder Erzeugnis e die werbepolitische Aktivität $WMITME_{ew}$. Für den Fall einer gemeinsamen Werbung für mehrere Werbeobjekte oder Erzeugnisse gleichzeitig ist die werbepolitische Aktivität neu zu definieren.

Betrachtet werden e_n Erzeugnisse e $(e=1,\ldots,e_n)$. Aus dieser Menge sind bestimmte Kombinationen von Erzeugnissen zu bilden, für die gemeinsam geworben werden kann. Jede Kombination von Erzeugnissen wird durch den Index e_q $(e_q=1,\ldots,e_{q_n})$ gekennzeichnet. Enthält eine Kombination e_q nur ein Erzeugnis, wird für dieses Erzeugnis allein geworben. Sind in einer Kombination e_q jedoch mehrere Erzeugnisse enthalten, liegt der Fall einer gemeinsamen Werbung vor. Die Werbemittelaktivität WMITME ist für die Kombinationen e_q zu definieren; da es gleichzeitig möglich ist, mehrere Werbemittelarten w für jede Kombination e_q zu schaffen, ist das Werbemittel $WMITME_{we_q}$ für jede Kombination und jede Werbemittelart zu definieren. Entsprechendes gilt für die Komponenten der Werbemittelmenge, die Werbemittelintensität $WMITINT_{we_q}$ und die Werbemittelaktionen $WMITAKT_{we_q}$.

An einem kleinen Beispiel sollen die oben angestellten Überlegungen verdeutlicht werden. Ausgegangen wird von 4 Erzeugnisarten, aus denen vier Kombinationen gebildet worden sind: $e_q=1$ mit e=1 und e=2; $e_q=2$ mit e=1, e=2, e=3; $e_q=3$ mit e=1, e=2, e=3, e=4 und $e_q=4$ mit e=4. Für die Kombination $e_q=1$ existieren zwei verschiedene Werbemittel w=1 und w=2; alle übrigen Kombinationen werden in jeweils einem Werbemittel erfaßt. Schaubildlich gilt dann folgende Struktur:[1]

1 Siehe folgende Seite.

Erzeugnisse	$WMITME_{e_q w}$				
	w=1	w=2	w=1	w=1	w=1
	$e_q=1$	$e_q=1$	$e_q=2$	$e_q=3$	$e_q=4$
e=1					
e=2					
e=3					
e=4					

Abb. 14: Darstellung der Beziehungen zwischen Werbemitteln und Erzeugnisarten bei gemeinsamer Werbung für mehrere Produkte

In der Abbildung 14 zeigen die stark umrandeten Felder die zulässigen Kombinationen von Erzeugnisarten und ihre Zuordnung zu bestimmten Werbemitteln an. Eine vorläufige Formulierung des Systems von Werbemittel-Absatzfunktionen wäre dann:

$$(2.111)\quad WABSME_{ee_q} = WABSME_{ee_q}(WMITINT_{w=1e_q}, WMITAKT_{w=1e_q}; \ldots; WMITINT_{w=w_ne_q}, WMITAKT_{w=w_ne_q}) \quad ((e,e_q)).$$

1 Eine ähnliche Darstellung findet sich bei Gutenberg, der jedoch keine Produktgruppen definiert und somit allein die bedarfsbedingte absatzmäßige Verflechtung über die Werbemittel betrachtet; vgl. Gutenberg, E., Der Absatz, a.a.O., S. 474.

Die Variable WABSME soll die zusätzliche Absatzmenge kennzeichnen, die durch den Einsatz von Werbemitteln erreicht werden kann. Diese durch Werbung induzierte Absatzmenge kann sich von der gesamten Absatzmenge für ein Erzeugnis dadurch unterscheiden, daß bei bereits vorab festgelegten Absatzpreisen eine bestimmte Erzeugnismenge auch ohne einen Einsatz von Werbemitteln erreichbar ist; diese Menge soll durch die Konstante $ABSME_e^o$ gekennzeichnet werden. Es gilt also:

$$(2.112)\quad ABSME_e = ABSME_e^o + WABSME_e \qquad ((e)).$$

Beim Erklärungsmodell (2.111) handelt es sich deshalb um eine vorläufige Formulierung, da es ja das Ziel ist, die durch Werbung erzielbare Absatzmenge für ein Erzeugnis zu ermitteln und jedes Erzeugnis in mehreren Erzeugniskombinationen enthalten sein kann. Es müssen deshalb sämtliche Werbemittel-Absatzfunktionen, deren Werbemittel den Absatz eines bestimmten Erzeugnisses beeinflussen, aggregiert werden:

$$(2.113)\quad WABSME_e = \sum_{\substack{e_q \\ e_q \varepsilon M_e}} WABSME_{ee_q}(WMITINT_{w=1e_q}, WMITAKT_{w=1e_q}; \ldots; WMITINT_{w=w_n e_q}, WMITAKT_{w=w_n e_q}) \qquad ((e)).$$

Dabei ist über alle diejenigen Erzeugniskombinationen e_q zu summieren, die das betrachtete Erzeugnis e enthalten. Die Menge von Erzeugniskombinationen, die das Erzeugnis e enthalten, sei mit M_e bezeichnet ($M_e = 1, \ldots, M_{e_n}$).

II. Die Konkretisierung der Werbemittel- und Werbekosten-Absatzfunktionen

Für die folgende Modellanalyse sind die Werbemittel-Absatzfunktionen (2.113) zu spezifizieren. Zunächst soll die Annahme gelten, daß sich die Werbewirkungen der einzelnen Werbemittelarten w, die sich auf jeweils eine Erzeugnisartenkombination e_q beziehen, additiv zusammenfassen lassen; dann gelten Werbemittel-Absatzfunktionen der Art

$$(2.114)\quad WABSME_e = \sum_{\substack{e_q \\ e_q \varepsilon M_e}} \sum_{w} WABSME_{ee_qw}(WMITINT_{we_q}, WMITAKT_{we_q}) \qquad ((e)).$$

Weiter soll unterstellt werden, daß die Werbemittel-Absatzfunktionen (2.114) konkav verlaufen. Für diskrete Werbemittelintensitäten u ($u=1,\ldots,u_n$) läßt sich dann eine Werbemittel-Absatzfunktion wie folgt graphisch darstellen:

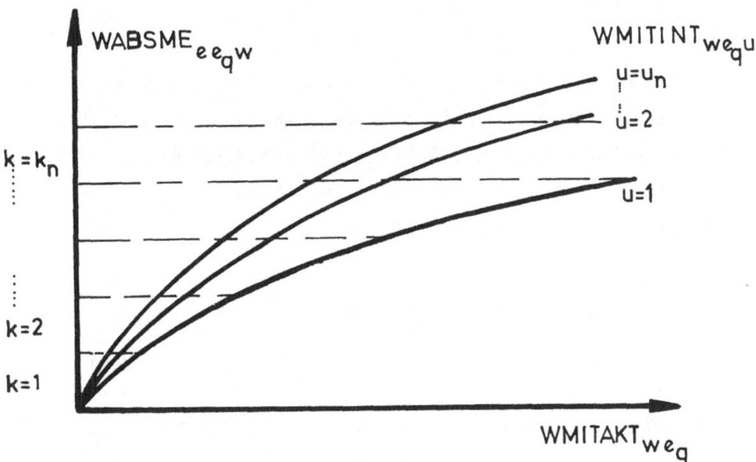

Abb. 15: Die Linearisierung einer Werbemittel-Absatzfunktion bei absatzmäßiger Verflechtung der Erzeugnisse über eine gemeinsame Werbung für die Produkte

Auf diesen Werbewirkungsfunktionen wird eine Vielzahl von Punkten festgelegt: die Funktionen werden diskretisiert. Sodann werden die fixierten Punkte linear miteinander verbunden. Die Anstiege der Funktionen in den linearen Teilabschnitten k $(k=1,\dots,k_n)$ stellen nichts anderes dar als konstante Werbewirkungskoeffizienten $WKOE_{ee_qwuk}$, die für jedes Werbemittel w, jedes Erzeugnis e in jeder Erzeugniskombination e_q, jeden parametrisch zu variierenden Werbemittelintensitätsgrad u und jedes Linearisierungsintervall k zu definieren sind. Es gilt dann folgende Beziehung:

$$(2.115)\quad WABSME_{ee_qw}=\sum_{uk} WKOE_{ee_qwuk}\cdot WMITAKT_{we_quk} \qquad ((e,e_q,w)) .$$

Der Werbewirkungskoeffizient WKOE ist - für alternativ vorzugebende Werbemittelintensitäten - allein abhängig von der Zahl der Werbemittelaktionen; seine Dimension lautet: Absatzmengen pro Werbemittelaktion für alternative Werbemittelintensitäten. Dividiert man den Wirkungskoeffizienten durch die Werbemittelintensität, erhält man einen Werbewirkungskoeffizienten WWKOE, der die Dimension: Absatzmenge je Werbemitteleinheit besitzt:

$$(2.116)\quad WWKOE_{ee_qwuk}=(WKOE_{ee_qwuk})/(WMITINT_{we_qu}) \qquad ((e,e_q,w,u,k)) .$$

Die Werbemittel-Absatzfunktion lautet dann:

$$(2.117)\quad WABSME_{ee_qw}=\sum_{uk} WWKOE_{ee_qwuk}\cdot WMITINT_{we_qu}\cdot WMITAKT_{we_quk} \qquad ((e,e_q,w)) .$$

Diese Werbemittel-Absatzfunktion stellt eine lineare Funktion dar, denn sowohl die Werbewirkungskoeffizienten als auch die Werbemittelintensitäten sind durch die vorgenommene Diskretisierung zu Konstanten des Problems geworden. Einzige Variable ist die Zahl der Werbemittelaktionen.

Eine Aggregation der Teil-Absatzmengen $WABSME_{ee_q w}$ über alle Werbemittel und Erzeugniskombinationen führt zur endgültigen Werbemittel-Absatzfunktion je Erzeugnis e:

$$(2.118)\quad WABSME_e = \sum_{\substack{e_q \\ e_q \varepsilon M_e}} \sum_{w} \sum_{uk} WWKOE_{ee_q wuk} \cdot WMITINT_{we_q u} \cdot WMITAKT_{we_q uk} \quad ((e)).$$

Da der Werbewirkungskoeffizient WWKOE nur innerhalb eines Linearisierungsintervalls k konstant ist, sind die Variablen des Erklärungsmodells (2.118) - die Werbemittelaktionen - nach oben hin zu beschränken:

$$(2.119)\quad WMITAKT_{we_q uk} \leqq WMITAKT^o_{we_q uk} \quad ((w,e_q,u,k)).$$

Nach der Analyse der Beziehungen zwischen Absatzmenge und Werbemitteleinsatz ist der Zusammenhang zwischen den Werbemittelkosten und dem Werbemitteleinsatz herzustellen. Die Werbemittelkosten eines Werbemittels w, das für die Erzeugniskombination e_q eingesetzt wird, lauten:

$$(2.120)\quad WMITKO_{we_q} = WMINTKO_{we_q} \cdot WMITINT_{we_q} \cdot WMITAKT_{we_q} + WMAKTKO_{we_q} \cdot WMITAKT_{we_q} \quad ((w,e_q)).$$

Es sei unterstellt, daß die werbemittelfixen Kosten in diesem Planungsansatz vernachlässigt werden können.

Bei der Formulierung der Werbemittelkostenfunktion (2.120) ist noch nicht berücksichtigt worden, daß im Rahmen der Werbemitteltheorie zwei lineare Approximationen durchgeführt werden (diskrete Werbemittelintensitäten und stückweise lineare Werbewirkungsfunktionen in Abhängigkeit von den Werbemittelaktionen). Unter Beachtung dieser Linearisierungen lautet die Werbemittelkostenfunktion (2.120):

$$(2.121)\quad WMITKO_{we_q} = WMINTKO_{we_q} \cdot \sum_{uk} WMITINT_{we_q u} \cdot WMITAKT_{we_q uk} + WMAKTKO_{we_q} \cdot \sum_{uk} WMITAKT_{we_q uk} \qquad ((w,e_q)) .$$

Die gesamten Werbemittelkosten erhält man, wenn man die Größen $WMITKO_{we_q}$ über alle Werbemittel w und alle Erzeugniskombinationen e_q summiert:

$$(2.122)\quad WMITKO = \sum_{we_q} WMITKO_{we_q} .$$

Auch dieses Erklärungsmodell unterliegt den in Gleichung (2.119) definierten Beschränkungen.

III. Die Formulierung eines Entscheidungsmodells zur optimalen Werbemittelplanung bei gemeinsamer Werbung für die Erzeugnisse

Die in den beiden vorangegangenen Abschnitten formulierten Erklärungsmodelle sind nun, zusammen mit einigen ergänzenden Betrachtungen, zu einem Entscheidungsmodell zu vereinigen. Zunächst soll die Zielfunktion aufgestellt werden. Sie setzt sich zusammen aus den Umsatzerlösen, den Produktionskosten und Werbemittelkosten:

$$(2.123)\quad GEW=\sum_{e}(ABSPR_e-PRODKO_e)\cdot ABSME_e - \sum_{we_q} WMINTKO_{we_q}\cdot\Big(\sum_{uk} WMITINT_{we_q u}\cdot WMITAKT_{we_q uk}\Big) - \sum_{we_q} WMAKTKO_{we_q}\cdot\Big(\sum_{uk} WMITAKT_{we_q uk}\Big)\,.$$

Diese Funktion ist unter Beachtung der folgenden Nebenbedingungen zu maximieren.

Die erste Gruppe von Nebenbedingungen enthält die Kapazitätsbeschränkungen:

$$(2.124)\quad \sum_{e} PRKOE_{eg}\cdot ABSME_e \leqq PRODZE^{o}_{g} \qquad ((g))\,.$$

Die zweite Gruppe von Nebenbedingungen soll eine Verknüpfung zwischen den Variablen ABSME und WMITAKT herstellen, die ihren Ausdruck in den Absatzmengenbeschränkungen findet:

$$(2.125)\quad ABSME_e \leqq ABSME^{o}_{e}+\sum_{\substack{e_q\\ e_q\varepsilon M_e}}\sum_{w}\sum_{uk} WWKOE_{ee_q wuk}\cdot WMITINT_{we_q u}\cdot WMITAKT_{we_q uk} \qquad ((e)).$$

Eine Absatzausdehnung über die werbemittelfreie Absatzmenge $ABSME_e^o$ hinaus ist nur möglich, wenn gleichzeitig Werbemittel eingesetzt werden. Für den Fall, daß keine werbemittelfreien Absatzmengen existieren, gilt in der Beziehung (2.125) das Gleichheitszeichen: da die Werbemittel Kosten verursachen, wird man sie nur in dem Umfange einsetzen, daß die durch Werbung erzielbaren Absatzmengen im gesamten Planungssystem durchsetzbar sind[1]. Diese Situation würde es dann erlauben, die Variable ABSME im Gleichungssystem des beschriebenen Planungsansatzes durch die Variable WMITAKT zu ersetzen.

Schließlich gilt es noch, die Bedingungen für die verwendeten Variablen zu formulieren:

(2.126) $ABSME_e \geqq 0$ ((e))

und

(2.127) $0 \leqq WMITAKT_{we_quk} \leqq WMITAKT^0_{we_quk}$ $((w,e_q,u,k))$.

Damit ist das Entscheidungsmodell vollständig beschrieben[2]. Es handelt sich um ein lineares Pro-

1 Diese Überlegungen sind es, die zu einer Kritik des Planungsmodells von Jaensch und Korndörfer führen. Sie fassen die Bedingungen (2.125) als strikte Gleichungen auf und schließen somit die qualitative Produktionsprogrammplanung aus ihren Planungsüberlegungen aus; denn durch ihre Formulierung der Bedingungen (2.125) fordern sie, daß zumindest die werbemittelfreien Absatzmengen produziert und abgesetzt werden müssen. Es ist fraglich, ob dieses Vorgehen im Einklang steht mit dem Ziel der Gewinnmaximierung. Ferner kann es durch diese Formulierung zu einem nicht durchsetzbaren Programm kommen; vgl. Jaensch, G., Korndörfer, W., a.a.O., S. 449 ff und 453 ff.

2 Wird in diesem Planungsansatz die Erzeugniskombination e_q aufgelöst und durch die in ihr enthaltenen Erzeugnisarten ersetzt, liegt ein Programmierungsproblem für bedarfsbedingt verflochtene Erzeugnisse über die Werbemittel vor. Entscheidungsmodelle dieser Art sind auch von Gutenberg und Jacob konzipiert worden. Beide unterstellen jedoch konstante Werbewirkungen in Abhängigkeit von den Werbemitteln; vgl. Gutenberg, E., Der Absatz, a.a.O., S. 473 ff und Jacob, H., Der Absatz, a.a.O., S. 480 ff.

grammierungsproblem, das mit den heute existierenden Algorithmen gelöst werden kann. Dieses lineare Programm wurde aber erst durch eine zweifache lineare Approximation ermöglicht, die den Umfang an Variablen und Restriktionen erheblich ansteigen läßt, wenn man es mit dem Problem ohne Linearisierungsmaßnahmen vergleicht. In diesem Falle läge aber ein nichtlineares Programm vor, in dem sowohl die Zielfunktion als auch die Nebenbedingungen nichtlinear wären.

D. Das Konzept eines Entscheidungsmodells zur simultanen Absatzpreis- und Werbemittelplanung bei absatzmäßiger Verflechtung der Erzeugnisse

Eine simultane Preis- und Werbemittelplanung ist immer dann erforderlich, wenn Preise und Werbemittel in einem interdependenten Zusammenhang stehen. Besteht obendrein eine absatzmäßige Verflechtung der Erzeugnisse, sind sämtliche Preise und Werbemittel aller Erzeugnisse wechselseitig voneinander abhängig.

Eine absatzmäßige Verflechtung kann bedarfsbedingt oder durch gemeinsame absatzpolitische Aktivitäten entstehen. Allgemein gilt für e_n Erzeugnisse unter Verwendung der Absatzpreise als abhängige Variablen:

$$(2.128)\quad \begin{aligned} ABSPR_{e=1} &= ABSPR_{e=1}(ABSME_{e=1},\ldots,ABSME_{e=e_n};\\ &\qquad WMITINT_{w=1,e_q=1}, WMITAKT_{w=1,e_q=1};\ldots;\\ &\qquad WMITINT_{w=w_n e_q=e_{q_n}}, WMITAKT_{w=w_n e_q=e_{q_n}})\\ &\vdots\\ ABSPR_{e=e_n} &= ABSPR_{e=e_n}(\ldots)\,. \end{aligned}$$

Bei dieser Formulierung der werbepolitischen Aktivitäten ist sowohl die gemeinsame Werbung als auch die bedarfsbedingte absatzmäßige Verflechtung über die Absatzpreise und Werbemittel enthalten; denn eine Erzeugniskombination e_q kann aus einem oder mehreren Erzeugnissen bestehen.

Bei der Konzipierung des Entscheidungsproblems soll von den implizit formulierten Preis-Werbemittel-Absatzfunktionen (2.128) ausgegangen werden. Die Zielfunktion lautet:[1]

$$(2.129)\quad GEW=\sum_{e}(ABSPR_e-PRODKO_e)\cdot ABSME_e$$

$$-\sum_{we_q} WMINTKO_{we_q}\cdot WMITINT_{we_q}\cdot WMITAKT_{we_q}$$

$$-\sum_{we_q} WMAKTKO_{we_q}\cdot WMITAKT_{we_q}\,.$$

Dabei ist zu beachten, daß die Größen $ABSPR_e$ in der Zielfunktion eine kombinierte Preis-Werbemittel-Absatzfunktion der Art (2.128) darstellen.

Die Maximierung der Zielfunktion ist unter Beachtung folgender Nebenbedingungen durchzuführen:

(1) Kapazitätsbedingungen:

$$(2.130)\quad \sum_{e} PRKOE_{eg}\cdot ABSME_e \leqq PRODZE_g^o \qquad ((g))$$

1 Werbemittelfixe Kosten sollen wiederum vernachlässigt werden.

(2) <u>Obergrenzen für die Werbemittelintensitäten</u>:

(2.131) $WMITINT_{we_q} \leq WMITINT^o_{we_q}$ $((w,e_q))$

(3) <u>Obergrenzen für die Werbemittelaktionen</u>:

(2.132) $WMITAKT_{we_q} \leq WMITAKT^o_{we_q}$ $((w,e_q))$

(4) <u>Nichtnegativitätsbedingungen</u>:

(2.133) $ABSME_e \geq 0$; $WMITINT_{we_q} \geq 0$; $WMITAKT_{we_q} \geq 0$

$((e,w,e_q))$.

Die Formulierung von Obergrenzen für die Werbemittelintensitäten und Werbemittelaktionen soll sicherstellen, daß nur ökonomisch zulässige und damit durchführbare Werbekampagnen in einer optimalen Lösung enthalten sind.

Dieses so formulierte Entscheidungsmodell stellt einen nichtlinearen Programmierungsansatz dar, wobei sich die Nichtlinearität auf die Zielfunktion beschränkt. Die Zielfunktion ist obendrein nichtseparabel und nichtquadratisch. Damit finden die Algorithmen der linearen Programmierung - nach erfolgter linearer Approximation separabler Funktionen - und der quadratischen Programmierung keine Anwendung. Weiter unten soll daher ein Algorithmus - die konvexe Simplex-Methode - in seinen wesentlichen Elementen erläutert werden, der es erlaubt, Probleme der eben formulierten Art zu lösen.

3. Kap.:

Die Einführung dynamischer Marktverhältnisse in die Planungsüberlegungen

A. Einführung in die dynamische Modellanalyse

I. Begriff und Struktur eines dynamischen Modells

Die vorhergehenden Kapitel 1 und 2 enthalten ausschließlich deterministisch-statische Modellansätze. Die Werte der in ihnen enthaltenen Variablen beziehen sich alle auf denselben Planungszeitraum. Gleichzeitig sind die Daten der jeweiligen Planungsprobleme unabhängig von der Zeit, verändern sich also nicht im Zeitablauf. Man kann diesen einer statischen Modellanalyse immanenten Sachverhalt auch so ausdrücken: die Planungsergebnisse werden weder von den Entscheidungen vergangener Zeitabschnitte, noch von denen künftiger Planungsperioden beeinflußt. Zeitlich vertikale Interdependenzen können folglich nicht auftreten; das Interesse an den bisher durchgeführten Modellanalysen galt allein den zeitlich horizontalen Interdependenzen.

Die Prämisse einer statischen Modellbetrachtung soll im folgenden aufgehoben werden. Dieses Kapitel ist der Analyse deterministisch-dynamischer Programmierungsansätze gewidmet. Eine Analyse, Theorie oder einzelne Relation ist dann als dynamisch zu bezeichnen, wenn sich die Werte der relevanten Variablen in ihnen nicht alle auf die gleiche Periode beziehen[1]. Es genügt bereits ein

1 Vgl. zum Begriff der Dynamik Angermann, A., a.a.O., S. 36; Förstner, K., Henn, R., Dynamische Produktionstheorie und lineare Programmierung, Meisenheim am Glan 1957, S. 11; Henn, R., a.a.O., S. 30; Krelle, W., Preistheorie, a.a.O., S. 537; Schneider, E., Einführung, a.a.O., S. 264; derselbe, Statik und Dynamik, a.a.O., S. 23.

Variablen-Typ, der sich auf verschiedene Perioden bezieht; ferner müssen die Niveaus dieser Variablen zu verschiedenen Perioden unterschiedlich sein.

Bestimmend dafür, daß eine dynamische Modellanalyse durchgeführt werden muß, sind zwei Umstände:

(1) Änderungen von Daten im Zeitablauf und
(2) zeitliche Verzögerungen von Anpassungsprozessen der Wirtschaftssubjekte[1].

Die Änderungen der Daten im Zeitablauf können exogen vorgegeben oder Ergebnis eines Lernprozesses[2] sein. Beide Gruppen von Einflußfaktoren führen dazu, daß die Entscheidungen zu verschiedenen Zeitpunkten wechselseitig voneinander abhängen; es kommt zu zeitlich vertikalen Interdependenzen, die sich nur in einem dynamischen Planungsansatz berücksichtigen lassen[3].

Bei den im Zeitablauf variierenden Daten kann es sich um Veränderungen der in den Nebenbedingungen zu berücksichtigenden Koeffizienten und Unter- und Obergrenzen der relevanten Variablen handeln. Ver-

---

1 Schiemenz nennt ein Modell, in dem der Fall (1) enthalten ist, ein zeitvariables System; andernfalls spricht er von einem zeitinvarianten System. Den Fall (2) erfaßt Schiemenz dagegen unter dem Begriff 'dynamisches System' (Gegensatz: sofort wirkendes System); vgl. Schiemenz, B., Die mathematische Systemtheorie als Hilfe bei der Bildung betriebswirtschaftlicher Modelle, in: ZfB, 40. Jg., 1970, S. 769 ff, hier S. 774 ff.

2 Lerntheoretische Überlegungen seien im folgenden ausgeklammert; vgl. hierzu Baur, W., Neue Wege der betrieblichen Planung, Berlin, Heidelberg, New York 1967 und Ihde, G.-B., Lernprozesse in der betriebswirtschaftlichen Produktionstheorie, in: ZfB, 40. Jg., 1970, S. 451 ff.

3 In einem sehr ausführlichen Beitrag beschäftigt sich Hörschgen mit den möglichen Bestimmungsfaktoren des zeitlichen Werbeeinsatzes. Seine Aufgabe bestand darin, die wesentlichen Determinanten für die Planung des zeitlichen Einsatzes der Werbemittel zu erfassen, systematisieren und zu analysieren; vgl. Hörschgen, H., Der zeitliche Einsatz der Werbung, Stuttgart 1967, S. 35 ff und 46 ff.

ändern können sich im Laufe der Zeit aber auch die Koeffizienten der in die Modellüberlegungen einbezogenen Erklärungsmodelle. Wir wollen uns im folgenden vor allem auf die Betrachtung der Absatzfunktion einer Unternehmung beschränken. Vernachlässigt man einmal die Möglichkeiten einer absatzmäßigen Verflechtung zwischen den Erzeugnissen, so lautet die kombinierte Preis-Werbemittel-Absatzfunktion für ein bestimmtes Erzeugnis e in einer bestimmten Teilperiode t $(t=1,\ldots,t_n)$:

$$(2.134) \quad ABSME_{et}=ABSME_{et}(ABSPR_{et},WMITME_{etw=1},\ldots,WMITME_{etw=w_n}) \quad ((e,t)).$$

Die Form der funktionalen Verknüpfung zwischen der Absatzmenge und den absatzpolitischen Instrumenten hängt nicht nur vom jeweiligen Erzeugnis ab, sondern verändert sich obendrein von Teilperiode zu Teilperiode.

Soll die Möglichkeit beachtet werden, daß die Wirtschaftssubjekte bei absatzpolitischen Maßnahmen eines Unternehmens zeitlich verzögert reagieren, so läßt sich diese Situation nur in dynamisch formulierten Erklärungsmodellen einfangen. Die absatzpolitische Aktivität, die in einer Teilperiode entfaltet wird, wirkt sich nicht nur in dieser Teilperiode aus, sondern besitzt auch noch Ausstrahlungseffekte auf die folgenden Teilperioden. Beschränkt man sich wieder auf die Absatzfunktion und schließt eine absatzmäßige Verflechtung der Erzeugnisse aus, läßt sich eine dynamische kombinierte Preis-Werbemittel-Absatzfunktion wie folgt implizit formulieren:

$$(2.135)\ ABSME_{et}=ABSME_{et}(ABSPR_{et},\ldots,ABSPR_{et-\bar{t}_n};\ WMITME_{etw=1},\ldots,WMITME_{et-\bar{t}_n w=1};\ldots;\ WMITME_{etw=w_n},\ldots,WMITME_{et-\bar{t}_n w=w_n})\quad ((e,t)).$$

Diejenigen Teilperioden, deren absatzpolitische Maßnahmen noch einen Einfluß auf den Absatz der gegenwärtigen Teilperiode t auszuüben vermögen, seien mit $t-\bar{t}$ bezeichnet ($\bar{t}=0,\ldots,\bar{t}_n$).

Eine dynamische Modellanalyse läßt sich auf zwei Arten durchführen: als Periodenanalyse und Ratenanalyse[1]. Die Ratenanalyse führt zu zeitlich-kontinuierlichen Modellen; sie beschreibt die jeweiligen ökonomischen Zusammenhänge als kontinuierliche und stetige Funktionen der Zeit. Eine Periodisierung der Zeit, d.h. eine Einteilung des Planungszeitraums in Teilperioden, ist nicht erforderlich; die Zeit wird selbst zur Variablen. Die Periodenanalyse dagegen betrachtet diskontinuierlich aufeinanderfolgende Zeitabschnitte; die Planungsperiode wird in endlich viele Teilperioden eingeteilt. Die Daten und Niveaus der Variablen des zu untersuchenden Modells verändern sich nur von Teilperiode zu Teilperiode, innerhalb der einzelnen Teilperioden sind sie dagegen konstant[2].

---

1 Vgl. zu diesen Begriffen und deren Inhalten Angermann, A., a.a.O., S. 36 f; Förstner, K., Henn, R., a.a.O., S. 32 ff; Krelle, W., Preistheorie, a.a.O., S. 543; Schneider, E., Statik und Dynamik, a.a.O., S. 25.

2 Vgl. hierzu auch die Ausführungen Heinens zur Berücksichtigung des Zeitaspektes in betriebswirtschaftlichen Entscheidungsmodellen; Heinen, E., Einführung, a.a.O., S. 161 ff.

Im folgenden soll eine Periodenanalyse mithilfe von zeitlich diskontinuierlichen Planungsmodellen durchgeführt werden. Dabei erhebt sich jedoch zunächst die Frage, in wieviele Teilperioden eine Planungsperiode unterteilt werden soll. Dieses Problem ist im nächsten Abschnitt zu untersuchen.

II. Die Wahl der Länge der Teilperioden

Die Frage nach der Zahl der Teilperioden, in die eine Planungsperiode zu unterteilen ist, ist identisch mit dem Problem, die Länge der Teilperioden zu bestimmen. Es soll dabei zunächst so vorgegangen werden, daß die gesamte Planungsperiode bereits vorab fixiert sei und die Aufgabe gestellt wird, diesen Planungszeitraum in Teilperioden zu zerlegen.

Nach D. Schneider ist eine Teilperiode dadurch gekennzeichnet, daß sie zeitlich nicht weiter unterteilt wird. Die zeitliche Ausdehnung einer Teilperiode wird im Prinzip durch die Datenänderungen bestimmt: während einer Teilperiode sind sämtliche relevanten Daten konstant, von Teilperiode zu Teilperiode ändert sich zumindest ein Datum. Diese Aussage wird dadurch eingeschränkt, daß Mindestzeitspannen fixiert werden, zu deren Beginn Datenänderungen registriert und im Planungsansatz berücksichtigt werden[1]. Unberücksichtigt geblieben ist bei diesen Überlegungen Schneiders jedoch der Fall zeitlich verzögerter Anpassungsprozesse der Wirtschaftssubjekte.

---

1 Vgl. Schneider, D., Investition und Finanzierung, a.a.O., S. 41 ff.

Die Fixierung der Teilperiodenlänge läßt folgendes Dilemma entstehen: je größer die Zahl der Teilperioden ist, desto umfangreicher wird das Planungsmodell und desto höher sind die Anforderungen, die an die Informationsbeschaffung gestellt werden. Auf der anderen Seite jedoch sinkt die Gefahr, zeitlich vertikale Interdependenzen zu negieren und somit zu nicht zielsetzungsgerechten Entscheidungen zu gelangen. Dies soll an einem Beispiel demonstriert werden.

Es wird angenommen, daß die Gesamtplanungsperiode aus sechs Teilperioden besteht; für jede dieser Teilperioden sei die abzusetzende Menge eines Erzeugnisses bekannt und konstant; die Absatzmenge schwankt im Zeitablauf; die Fertigungskapazität pro Teilperiode beträgt 120 Erzeugniseinheiten; gefragt ist nach der Produktions- und Lagermenge je Teilperiode für die vorgegebene Absatzmenge; für die gesamte Planungsperiode gilt, daß die Fertigungskapazität das Absatzvolumen übersteigt; ferner sei eine Lagerung von Erzeugnissen stets vorteilhaft. Die folgende Tabelle enthält die Absatzentwicklung sowie die dazugehörige optimale Produktions- und Lagerplanung:

Teilperiode	1	2	3	4	5	6	Summe
Absatz	90	150	50	120	180	110	700
Produktion	120	120	110	120	120	110	700
Lager	30	0	60	60	0	0	

Tabelle 1: Produktions- und Lagerplanung bei vorgegebenen Absatzmengen (Beispiel 1)

Nimmt man an, daß die Planungsperiode in drei gleichlange Teilperioden untergliedert wird, hat diese Maßnahme folgende Konsequenzen für die optimale Produktions- und Lagerplanung:

Teilperiode	1/2	3/4	5/6	Summe
Absatz	240	170	290	700
Produktion	240	220	240	700
Lager	0	50	0	

Tabelle 2: Produktions- und Lagerplanung bei aggregierten Teilperioden (Beispiel 1)

Wie ein Vergleich der Ergebnisse der Tabellen 1 und 2 zeigt, wechselt mit der Zahl der Teilperioden die Lagerpolitik und damit ändern sich zugleich auch die Lagerkosten als eine Zielkomponente. Zugleich zeigt dieses Beispiel auch, daß die getroffenen Entscheidungen im Rahmen der 3-Teilperioden-Analyse zu einer Nichtbefriedigung der Nachfrage führen kann: in der 5./6. Teilperiode werden insgesamt 240 Stücke produziert, in der ersten Hälfte dieser Teilperiode maximal 120 Stücke; die Nachfrage in diesem Teilabschnitt aber beträgt 180 Stücke, so daß die Produktion von 120 Stücken und das Lager in Höhe von 50 Stücken nicht ausreichen, diese Nachfrage zu befriedigen.

Die Ursache für diese Ergebnisse ist folgende: die Reduzierung der Zahl der ursprünglichen Teilperioden durch Aggregation führt zu einer Nivellierung der Absatzschwankungen; diese Nivellierungstendenz wächst mit steigendem Aggregationsgrad der Teilperioden. Die Zusammenfassung z.B. zweier ursprünglich getrennter Teilperioden mit Absatzmengen in Höhe von jeweils 90 und 150 Stücken zu einer neuen Teilperiode mit einer Absatzmenge von 240 Stücken impliziert, daß für die erste und zweite Hälfte dieser neu gebildeten Teilperiode jeweils 120 Stücke absetzbar erscheinen. Es erfolgt mithin eine Mittelbildung der zusammengefaßten Absatzwerte, die die Schwankungen mildert und zu einer veränderten Produktions- und Lagerpolitik führt.

Die durchgeführte Analyse hat auch einen Einfluß auf die Länge der gesamten Planungsperiode. Es wurde oben festgestellt, daß es notwendig ist, den Planungszeitraum so groß zu wählen, daß sämtliche, die Entscheidungen in der ersten Teilperiode beeinflussenden Größen mit in die Modellanalyse einzubeziehen sind. Als letzte Teilperiode innerhalb des Planungszeitraumes hat derjenige Zeitabschnitt zu gelten, deren Daten und Variablen noch einen Einfluß auf die wertmäßigen Ausprägungen der Variablen in der ersten Teilperiode besitzen[1]. Das Problem ist nur, daß der Einfluß der zeitlich vertikalen Interdependenzen nicht a priori feststellbar ist, sondern sich erst im Modellergebnis widerspiegelt. Erst nach der Lösung des Planungsproblems weiß man, wie lang die Planungsperiode zu wählen ist; andererseits kann ein Planungsproblem erst vollständig definiert werden, wenn die Planungsperiode festliegt. Blumentrath hat vorgeschlagen, durch parametrische Variation des Planungszeitraumes die problemadäquate Periodenlänge herauszufinden[2]. Mit der Feststellung der geeigneten Ausdehnung des Planungszeitraums ist dann zugleich auch das Planungsergebnis bekannt[3]. Es kann aber gezeigt werden, daß nicht nur die Planungsperiode und das Sachprogramm simultan bestimmt werden müssen, sondern daß auch die Wahl der Länge der einzelnen Teilperioden einen Einfluß auf die zeitliche Ausdehnung des Entscheidungsfeldes besitzt und somit zugleich mitzuplanen ist. Denn wie bereits nachgewiesen wurde, wächst mit größer werdenden Teilperioden die Nivellierungstendenz,

1 Vgl. hierzu Blumentrath, U., a.a.O., S. 235 f.

2 Vgl. ebenda, S. 236 ff. Auch diese Vorgehensweise kann nur als Näherungsverfahren angesehen werden; vgl. hierzu Waldmann, J., a.a.O., S. 66 und Wagner, H., a.a.O., S. 148.

3 Vgl. Blumentrath, U., a.a.O., S. 244; siehe hierzu auch Wagner, H., a.a.O., S. 145 ff.

die eine Abschwächung der zeitlich vertikalen Interdependenzen hervorruft. Dies soll wiederum an einem Beispiel gezeigt werden. Die Fragestellung ist die gleiche wie oben, es ändert sich nur die Absatzsituation. Gegeben sind wieder sechs Teilperioden mit den zugehörigen Absatzmengen. Gefragt wird nach der Produktions- und Lagerpolitik im Vergleich zu einer Situation, in der die Teilperioden mit wachsendem Abstand vom Planungszeitpunkt immer größer werden. Es werden daher die Teilperioden 2 und 3 sowie die Teilperioden 4, 5 und 6 zu je einer neuen Teilperiode zusammengefaßt. Es ergeben sich die Tabellen 3 und 4.

Teilperiode	1	2	3	4	5	6	Summe
Absatz	80	100	110	130	160	100	680
Produktion	100	120	120	120	120	100	680
Lager	20	40	50	40	0	0	

Tabelle 3: Produktions- und Lagerplanung bei vorgegebenen Absatzmengen (Beispiel 2)

Es zeigt sich, daß die Absatzmenge der fünften Teilperiode noch einen Einfluß auf die optimale Produktions- und Lagerpolitik der ersten Teilperiode besitzt: die Lagermenge von 20 Einheiten wird durch die Absatzmenge von 160 Einheiten determiniert.

Teilperiode	1	2/3	4/5/6	Summe
Absatz	80	210	390	680
Produktion	80	240	360	680
Lager	0	30	0	

Tabelle 4: Produktions- und Lagerplanung bei aggregierten Teilperioden (Beispiel 2)

Diese Aussage ändert sich, wenn man die Ergebnisse der Tabelle 4 betrachtet. Durch die Teilperioden-Aggregation sind die Entscheidungen der ersten Teilperiode unabhängig geworden von den Aktivitäten späterer Teilperioden. Der Planungszeitraum ist identisch mit der ersten Teilperiode.

Man kann zusammenfassend feststellen: dynamische Modelle haben die Aufgabe, die aufgrund von Datenänderungen im Zeitablauf oder von zeitlich verzögerten Reaktionsprozessen zwangsläufig auftretenden zeitlich vertikalen Interdependenzen so genau wie möglich abzubilden. Die Häufigkeit, mit der solche Datenänderungen auftreten und registriert werden können, ist ein erster Hinweis dafür, wie lang die Teilperioden sein sollen. Verzögerungen in den Reaktionsprozessen der Wirtschaftssubjekte lassen sich auch erst sichtbar machen, wenn die aufeinanderfolgenden Teilperioden möglichst klein sind; je größer die Teilperiode, desto größer die Gefahr, aus einem 'dynamischen' System im Sinne von Schiemenz ein 'sofort wirkendes' System zu machen.

Entscheidend ist stets, daß im Rahmen einer Periodenanalyse die Daten und Niveaus der Variablen innerhalb einer Teilperiode konstant sind und sich nur von Teilperiode zu Teilperiode verändern können. Eine zeitliche Ausdehnung der Teilperioden erhöht somit die Invariabilität der Daten und Variablen.

Die Festlegung des Planungszeitraums und seine Unterteilung in Teilperioden haben einen Einfluß auf die aus dem Planungsmodell resultierenden Ergebnisse. Die betriebliche Entscheidungen beeinflussenden und letztlich determinierenden Daten und Erklärungsmodelle wiederum sind bei der Fixierung der Gesamt- und Teilplanungsperioden zu beachten. Das zeitliche Entscheidungsfeld, seine Untergliederung in kleinere Zeiträume und das sachliche Entscheidungsfeld sind wechselseitig voneinander abhängig und streng genommen nur simultan festzulegen.

Wenn bei der folgenden Modellanalyse von einem gegebenen Planungszeitraum und einer vorab fixierten Menge von Teilperioden ausgegangen wird[1], sind die daraus abgeleiteten Ergebnisse auch nur unter diesen Prämissen optimale Entscheidungen. Die Relativität einer Optimumbestimmung tritt deutlich zutage.

B. Ein dynamisches Entscheidungsmodell zur simultanen Produktions-, Absatz- und Lagerplanung bei im Zeitablauf schwankenden Modelldeterminanten

I. Die Umschreibung der Aufgabenstellung

Es wurde oben auf zwei Ursachengruppen hingewiesen, die zu dynamischen Entscheidungsproblemen führen. Einmal können sich die Koeffizienten der Nebenbedingungen und Erklärungsmodelle von Teilperiode zu Teilperiode unterscheiden, zum anderen sind es die im Zeitablauf sich vollziehenden Anpassungsprozesse der Wirtschaftssubjekte. Mit der ersten

1 Vgl. zu den praktischen Möglichkeiten, eine Planungsperiode festzulegen und in Teilperioden zu untergliedern, Jacob, H., Neuere Entwicklungen, a.a.O., S. 31 f und 48; Meyhak, H., a.a.O., S. 38 ff und 41 ff; Waldmann, J., a.a.O., S. 67 ff.

Ursachengruppe wollen wir uns in diesem Abschnitt beschäftigen. Dabei soll die Variation der Modelldeterminanten im Zeitablauf auf die absatzwirtschaftlichen Erklärungsmodelle - also die Absatzfunktionen - beschränkt sein[1].

In den vorangegangenen Kapiteln wurde eine Vielzahl von absatzwirtschaftlichen Erklärungsmodellen abgeleitet: Preis-Absatzfunktionen, Werbemittel-Absatzfunktionen, Werbekosten-Absatzfunktionen sowie kombinierte Preis-Werbemittel- und Preis-Werbekosten-Absatzfunktionen. Mit Hilfe eines dieser Erklärungsmodelle soll ein dynamisches Entscheidungsmodell konzipiert werden. Aus der Fülle der abgeleiteten Erklärungsmodelle wird die - zunächst statisch definierte - kombinierte Preis-Werbekosten-Absatzfunktion gewählt:

(2.136) $ABSME_e = ABSME_e(ABSPR_e, WERBKO_e) \quad ((e))$.

Dieses Erklärungsmodell ist für jede der innerhalb der Planungsperiode gebildeten t_n Teilperioden t $(t=1,...,t_n)$ zu definieren:

(2.137) $ABSME_{et} = ABSME_{et}(ABSPR_{et}, WERBKO_{et}) \quad ((e,t))$.

Die Absatzmenge eines bestimmten Erzeugnisses e in der Teilperiode t hängt vom geforderten Absatzpreis dieser Periode und den in diesem Zeitraum aufgewendeten Werbekosten ab.

---

1 Den Einfluß von allen möglichen Parameteränderungen auf die optimale Lösung eines Entscheidungsproblems zur gewinnmaximalen Werbekosten- und Preisplanung für eine Einprodukt-Unternehmung im Rahmen einer explizit marginalanalytischen Betrachtungsweise untersuchen Blöchliger, C., a.a.O., S. 31 ff und Jaensch, G., a.a.O., S. 425 ff.

Wie oben gezeigt wurde, läßt sich für diese Art von Erklärungsmodellen eine Voroptimierung durchführen. Diese führt zu der sog. Nettoerlösfunktion, die bei jeweils optimalem Werbekosteneinsatz eine Beziehung herstellt zwischen der Differenz von Umsatzerlösen und Werbekosten und den Absatzmengen:

$$(2.138)\ NTERL_{et} = NTERL_{et}(ABSME_{et}) \qquad ((e,t))\,.$$

Die Nettoerlösfunktion ist für jedes Produkt und jede Teilperiode abzuleiten. Die voroptimierte Gewinnfunktion, die oben zusätzlich abgeleitet werden konnte, soll hier keine Verwendung finden. Der Grund liegt darin, daß die Produktions- und Absatzplanung im Entscheidungsmodell getrennt werden müssen, wie unten noch zu zeigen sein wird. Kennt man die optimalen Absatzmengen, lassen sich die zugehörigen optimalen Werbekosten über die voroptimierte Werbekostenfunktion

$$(2.139)\ WERBKO_{et\ opt} = WERBKO_{et\ opt}(ABSME_{et}) \qquad ((e,t))$$

bestimmen. Optimale Absatzmengen und optimale Werbekosten führen dann über die Absatzfunktion (2.137) zu den optimalen Absatzpreisen je Erzeugnis und Teilperiode.

Gegenüber den bisher konzipierten Entscheidungsmodellen tritt neben die zeitbezogene Erfassung der Absatzfunktionen als Konsequenz dieser Maßnahme eine stärkere Differenzierung der relevanten Variablen. Es taucht nämlich folgendes zusätzliche Problem auf: sollen die Produktionsmengen in den einzelnen Teilperioden identisch sein mit den in diesen Teilperioden abgesetzten Erzeugnismengen (absatzsynchrone Fertigung) oder soll sich die im Zeitablauf betrachtete Produktionsmengenentwicklung von der Absatzentwicklung abheben (emanzipierte Fertigung)?[1] Hier handelt es sich um ein Entscheidungsproblem, das zusammen mit den übrigen Aufgaben zu lösen ist.

---

1 Für diese unter dem Begriff des 'Emanzipationsproblems' in die Literatur eingegangene Planungsaufgabe existiert eine Vielzahl von Problemformulierungen und Lösungsvorschlägen. In den meisten Fällen jedoch wird das Emanzipationsproblem als Kostenminimierungsaufgabe im Rahmen einer Einprodukt-Unternehmung bei einstufiger Fertigung ohne absatzpolitische Aktivitäten betrachtet; vgl. hierzu: Bellman, R.E., Dynamic Programming and the Smoothing Problem, in: MS, Vol. 3, 1957, S. 111 ff; Bowman, E.H., Production Scheduling by the Transportation Method of Linear Programming, in: OR, Vol. 4, 1956, S. 100 ff; Brunner, M., Planung in Saisonunternehmungen, Köln und Opladen 1962; Egert, P., Probleme des Produktionsausgleichs, in: Ufo, Bd. 5, 1961, S. 216 ff; Elsner, H.-D., Mehrstufiger Fertigungsprozeß und zeitliche Verteilung des Fertigungsvolumens in Saisonunternehmungen, in: ZfB, 38. Jg., 1968, S. 45 ff; derselbe, Produktions- und Lagerplanung in Saisonunternehmungen, in: ZfB, 39. Jg., 1969, S. 163 ff; Holt, C.C., Modigliani, F., Muth, J.F., Simon, H.A., Planning Production, Inventories, and Work Force, Englewood Cliffs, N.J. 1960; Karush, W., On a Class of Minimum-Cost Problems, in: MS, Vol. 4, 1958, S. 136 ff; Lippmann, S.A., Rolfe, A.J., Wagner, H.M., Yuan, J.S.C., Algorithms for Optimal Production Scheduling and Employment Smoothing, in: OR, Vol. 15, 1967, S. 1011 ff; dieselben, Optimal Production Scheduling and Employment Smoothing with Deterministic Demand, in: MS, Vol. 13, 1968 A, S. 127 ff; Reichmann, T., Die Abstimmung von Produktion und Lager bei saisonalem Absatzverlauf, a.a.O.; derselbe, Die betrieblichen Anpassungsprozesse im Lagerbereich, in: ZfbF, 19. Jg., 1967, S. 762 ff; derselbe, Die Bestimmung des optimalen Produktionsplans bei mehrstufigen Fertigungsprozessen in Saisonunternehmungen, in: ZfB, 38. Jg., 1968, S. 683 ff; Seitz, M., Probleme der betrieblichen Planung bei im Zeitablauf wechselnden Marktverhältnissen, Wiesbaden 1968; Silver, E.A., A Tutorial on Production Smoothing and Work Force Balancing, in: OR, Vol. 15, 1967, S. 985 ff.

Es ist daher notwendig, die Modellformulierung so flexibel zu gestalten, daß auch die Frage nach der Abstimmung von Produktions- und Absatzentwicklung als Variable des Entscheidungsproblems gilt. Dies führt dazu, daß die Absatzplanung von der Produktionsplanung zu trennen ist und beide über eine hinzukommende Lagerplanung koordiniert werden. Dementsprechend sind Produktions-, Absatz- und Lagervariablen zu definieren. Dies ist auch der Grund dafür, von der Nettoerlösfunktion (2.138) - und nicht von der Gewinnfunktion - je Erzeugnisart und Teilperiode auszugehen.

Die Aufgabenstellung lautet somit zusammenfassend: welche Erzeugnisarten sind in welchen Mengen innerhalb welcher Teilperiode zu produzieren, zu lagern und abzusetzen, welche Preise sind jeweils zu fordern und welche Werbekosten sind je Erzeugnisart und Teilperiode einzusetzen?[1]

Von den Problemen einer mehrstufigen Produktion mit Zwischenlägern sei hier abgesehen[2]; ihre Be-

---

1 Eine Berücksichtigung absatzpolitischer Maßnahmen innerhalb des Emanzipationsproblems nahmen bislang nur Adam, Brunner und Seitz vor. Brunner untersucht die zeitliche Preisdifferenzierung und Werbung als Mittel zur Beeinflussung der zeitlichen Verteilung eines gegebenen Absatzvolumens für eine Einprodukt-Unternehmung im Rahmen einer Kostenminimierungsaufgabe. Seitz analysiert die gewinnmaximale Produktions-, Absatzmengen-, Absatzpreis- und Lagerpolitik für eine Einprodukt-Unternehmung, Adam entwickelt einen Programmierungsansatz für eine Mehrprodukt-Unternehmung; vgl. Brunner, M., a.a.O., S. 82 ff; Seitz, M., a.a.O., S. 238 ff; Adam, D., Produktionsdurchführungsplanung, a.a.O., S. 31 ff.

2 Eine Untersuchung des Emanzipationsproblems bei mehrstufigen Fertigungsprozessen findet man bei Brunner, M., a.a.O., S. 67 ff; Elsner, H.-D., Produktions- und Lagerplanung in Saisonunternehmungen, a.a.O., S. 174 ff; derselbe, Mehrstufiger Fertigungsprozeß ..., a.a.O., S. 45; Reichmann, T., Die Bestimmung des optimalen Produktionsplans, a.a.O., S. 683 ff.

rücksichtigung bereitet jedoch keinerlei Schwierigkeiten. Lagervariablen werden in dem folgenden dynamischen Entscheidungsmodell also nur für Fertigerzeugnisse definiert.

II. Die Formulierung der Zielfunktion

Die abzuleitende Zielfunktion enthält drei Komponenten: die voroptimierten Nettoerlöse (Umsatzerlöse minus Werbekosten), die Produktionskosten und die Lagerkosten. Hinsichtlich der Nettoerlöse in Abhängigkeit von den Absatzmengen der verschiedenen Erzeugnisse in den einzelnen Teilperioden sei angenommen, daß eine konkave Funktion vorliegt, die durch eine lineare Approximation in eine stückweise lineare Funktion mit k_n Intervallen k $(k=1,...,k_n)$ transformiert wird[1]. Die gesamten Nettoerlöse betragen dann:

$$(2.140)\quad NTERL = \sum_{etk} NTERL_{etk} \cdot ABSME_{etk} \ .$$

Die variablen Produktionskosten K_p ergeben sich durch Multiplikation der variablen Produktionsstückkosten mit der produzierten Menge PRODME:

$$(2.141)\quad K_p = \sum_{et} PRODKO_e \cdot PRODME_{et} \ .$$

Die Lagerkosten K_L schließlich - wir wollen uns auf mengenabhängige Lagerkosten beschränken - setzen sich zusammen aus dem durchschnittlichen

1 Die zu approximierende Funktion hat sich auf einen bestimmten Bereich für die Variable ABSME zu beziehen. Ober- und Untergrenzen dieses Bereiches sind entsprechend der jeweiligen ökonomischen Situation festzulegen.

Lagerbestand in den einzelnen Teilperioden und den mengenabhängigen Stücklagerkosten LAGKO je Erzeugnisart und Teilperiode, summiert über alle Teilperioden. Der durchschnittliche Lagerbestand eines Erzeugnisses ergibt sich durch Addition des effektiven Lagerbestandes zu Beginn einer Teilperiode t ($LAGME_{et-1}$) und des effektiven Lagerbestandes am Ende der Periode t ($LAGME_{et}$) und anschließende Mittelung:[1]

$$\text{(2.142)}\quad \text{Durchschnitts-lagerbestand} = \frac{1}{2} \cdot (LAGME_{et-1} + LAGME_{et}) \qquad ((e,t)).$$

Die gesamten Lagerkosten betragen dann:

$$\text{(2.143)}\quad K_L = \sum_{et} \frac{1}{2} (LAGME_{et-1} + LAGME_{et}) \cdot LAGKO_e \,.$$

Setzt man die Prämisse, daß der Lagerbestand für jede Erzeugnisart zu Beginn der Planungsperiode (t=0) und am Ende der Planungsperiode ($t=t_n$) Null ist,

$$\text{(2.144)}\quad LAGME_{eo} = LAGME_{et_n} = 0 \qquad ((e)),$$

kann die Lagerkostenfunktion (2.143) wie folgt formuliert werden:

$$\text{(2.145)}\quad K_L = \sum_{et} LAGKO_e \cdot LAGME_{et} \,.$$

1 Der effektive Lagerbestand soll sich stets auf das Ende der jeweiligen Teilperiode beziehen.

Die zu maximierende Zielfunktion lautet nun:

$$(2.146)\quad GEW = NTERL - K_p - K_L$$

$$= \sum_{etk} NTERL_{etk} \cdot ABSME_{etk}$$

$$- \sum_{et} PRODKO_e \cdot PRODME_{et}$$

$$- \sum_{et} LAGKO_e \cdot LAGME_{et} \; .$$

III. Die Beschreibung der Nebenbedingungen

Die Maximierung der Zielfunktion (2.146) hat unter Berücksichtigung von Beschränkungen innerhalb des Produktions-, Absatz- und Lagerbereiches zu erfolgen.

Beschränkungen der Produktionsmengen werden in den Kapazitätsbedingungen erfaßt:

$$(2.147)\quad \sum_{e} PRKOE_{eg} \cdot PRODME_{et} \leq PRODZE^{o}_{gt} \qquad ((g,t)).$$

Für jede Teilperiode t hat zu gelten, daß die maximal verfügbare Produktionszeit je Betriebsabteilung oder Betriebsmittel nicht von der in Anspruch genommenen Fertigungskapazität überschritten wird.

Auf der Absatzseite entstehen Beschränkungen der Absatzvariablen infolge der vorgenommenen Linearisierung:

$$(2.148)\quad ABSME_{etk} \leq ABSME^{o}_{etk} \qquad ((e,t,k)).$$

Eine Gruppe von Lagerbedingungen sorgt für eine Koordination der Produktions- und Absatzmengen:

$$(2.149)\quad LAGME_{et-1}+PRODME_{et}=\sum_{k} ABSME_{etk}+LAGME_{et} \qquad ((e,t)).$$

Für jedes Erzeugnis e in jeder Teilperiode t hat zu gelten: der Anfangslagerbestand zuzüglich der produzierten Menge ist gleich der abgesetzten Menge zuzüglich des Endlagerbestandes.

Schließlich ist es noch denkbar, daß die verfügbare Lagerkapazität $LAGKAP^{o}_{t}$ einer Teilperiode beschränkt ist und somit die Lagermengen der verschiedenen Erzeugnisse nicht beliebig anwachsen können. Jede Erzeugniseinheit benötigt einen bestimmten Lagerraum; die Inanspruchnahme des Lagerraumes je Erzeugniseinheit wird durch den Lagerkoeffizienten $LAGKOE_{e}$ ausgedrückt. Setzt man die Prämisse, daß die Produktions- und Absatzgeschwindigkeit über die gesamte Teilperiode hinweg konstant ist und während der ganzen Zeit produziert und abgesetzt wird, lauten die Lagerkapazitätsbedingungen:

$$(2.150)\quad \sum_{e} LAGKOE_{e} \cdot LAGME_{et} \leq LAGKAP^{o}_{t} \qquad ((t)).$$

Der von allen Erzeugnissen in einer Teilperiode in Anspruch genommene Lagerraum darf die maximal verfügbare Lagerkapazität nicht überschreiten.

Schließlich sind die ökonomischen Variablen nach unten hin zu begrenzen:

$$(2.151)\quad ABSME_{etk}, PRODME_{et}, LAGME_{et} \geq 0 \qquad ((e,t,k)).$$

Mit der Formulierung der Zielfunktion und dieser fünf Gruppen von Nebenbedingungen ist das Entscheidungsmodell vollständig beschrieben. Als Ergebnis erhält man eine optimale Absatz-, Produktions- und Lagerstrategie für alle Teilperioden; mit Hilfe der optimalen Absatzmengen lassen sich sodann die optimalen Werbekosten und damit auch die zugehörigen Werbemittel sowie die optimalen Absatzpreise je Teilperiode errechnen, indem die Ergebnisse in die Ergebnisfunktion der Voroptimierung eingesetzt werden.

Diese Modellstruktur gilt im Prinzip auch für die Fälle einer absatzmäßigen Verflechtung der Erzeugnisse. Die zugehörigen Erklärungsmodelle sind lediglich für jede einzelne Teilperiode zu definieren. Die bisher statisch formulierten Modellansätze sind für jede Teilperiode aufzustellen, die Produktions- und Absatzvariablen sind gesondert zu definieren und über Lagervariablen zu koordinieren.

C. Die Berücksichtigung zeitlich verzögerter Anpassungsprozesse in dynamischen Entscheidungsmodellen

I. Kennzeichnung zeitlich verzögerter Anpassungsprozesse

Das im vorherigen Abschnitt konzipierte dynamische Entscheidungsmodell berücksichtigt lediglich die Tatsache, daß sich die für die Planungssituation relevanten absatzwirtschaftlichen Erklärungsmodelle im Zeitablauf, d.h. von Teilperiode zu Teilperiode, verändern können. Dies führt zu zeitlich vertikalen Interdependenzen der Entscheidungsvariablen und damit zu dynamischen Funktionen, die in den Lagerbedingungen zum Ausdruck kommen.

In diesem Teil soll eine völlig anders geartete Planungssituation beschrieben werden. Hervorgerufen durch zeitlich verzögerte Anpassungsprozesse der Wirtschaftssubjekte existieren bereits dynamische Erklärungsmodelle. Es soll im folgenden davon ausgegangen werden, daß die Wirtschaftssubjekte als Nachfrager auf die absatzpolitischen Maßnahmen des Unternehmens zeitlich verzögert reagieren. Das Verhalten der Nachfrager nach den von der betrachteten Unternehmung angebotenen Erzeugnissen führt mithin zu dynamischen Absatzfunktionen.

Ein zeitlich verzögerter Anpassungsprozeß auf der Nachfrageseite möge immer dann vorliegen, wenn die Reaktionen der Konsumenten auf eine Variation eines oder mehrerer absatzpolitischer Instrumente Zeit benötigt und diese Zeit eine Teilperiode übersteigt.

Senkt die Unternehmung z.B. den Preis eines ihrer Erzeugnisse zu Beginn einer Teilperiode, so braucht die durch diese Preissenkung induzierte Absatzmengensteigerung nicht sofort in dieser Teilperiode voll realisierbar zu sein. Vielmehr wird in dieser Teilperiode nur ein Teil der durch die Preissenkung insgesamt angesprochenen Konsumenten das Produkt auch kaufen; ein weiterer Teil der Nachfrager wird erst in der darauffolgenden Periode reagieren ... usw. ... Die durch die Preissenkung insgesamt hinzugewonnene Absatzmenge verteilt sich also über mehrere Teilperioden. Die gleichen Aussagen lassen sich treffen, wenn die werbepolitische Aktivität der Unternehmung betrachtet wird[1].

Die zeitlichen Verzögerungen in den Anpassungsprozessen der Konsumenten gilt es, in entsprechenden Absatzfunktionen auszudrücken[2]. Werden nur die Preise als absatzpolitisch relevant betrachtet, erhält man folgendes System von dynamischen Preis-Absatzfunktionen:

$$(2.152)\quad ABSME_{et}=ABSME_{et}(ABSPR_{et},\ldots,ABSPR_{et-\bar{t}_n}) \qquad ((e,t)).$$

Die Absatzmenge eines Erzeugnisses e in der Teilperiode t hängt ab vom Preis dieser Periode und den Preisen der vorangegangenen $\bar{t}_n$ Teilperioden ($\bar{t}=0,\ldots,\bar{t}_n$). $\bar{t}_n$ bezeichnet dabei denjenigen Zeitabschnitt, dessen zugehöriger Preis gerade noch einen Einfluß auf die gegenwärtige Absatzmenge besitzt.

Entsprechend ist die dynamische Werbemittel-Absatzfunktion zu formulieren:

$$(2.153)\quad ABSME_{et}=ABSME_{et}(WMITME_{etw=1},\ldots,WMITME_{etw=w_n};\; WMITME_{et-\bar{t}_n w=1},\ldots,WMITME_{et-\bar{t}_n w=w_n}) \qquad ((e,t)).$$

---

1 Zu den möglichen Ursachen, die zu zeitlich verzögerten Anpassungsprozessen der Wirtschaftssubjekte vor allem im Zusammenhang mit der Werbewirkung führen, vgl. Benjamin, B., Jolly, W.P., Maitland, J., a.a.O., S. 207 ff; Edler, F., a.a.O., S. 97 ff, 213 ff und 238 f; Gutenberg, E., Der Absatz, a.a.O., S. 471 ff; Jaensch, G., Korndörfer, W., a.a.O., S. 454 f; Vidale, M.L., Wolfe, H.B., a.a.O., S. 371 ff; auf die zeitlichen Wirkungen von Preisänderungen geht Krelle ein; Krelle, W., Preistheorie, a.a.O., S. 539 ff.

2 Eine absatzmäßige Verflechtung der Erzeugnisse soll hier nicht betrachtet werden.

Auch hier beeinflußt die Werbepolitik der Teilperiode t und der vorangegangenen $\bar{t}_n$ Teilperioden die Absatzsituation in t. Auf einen wichtigen Punkt muß noch hingewiesen werden: den Absatzmengen der verschiedenen Erzeugnisse in den einzelnen Teilperioden lassen sich nur Werbemittel, nicht aber Werbekosten zuordnen; eine Voroptimierung im Werbemittelbereich ist aufgrund der Interdependenzen zwischen den Absatzmengen verschiedener Teilperioden nicht durchführbar.

Schließlich läßt sich durch Zusammenfassung der Absatzfunktionen (2.152) und (2.153) ein System kombinierter Preis-Werbemittel-Absatzfunktionen dynamischer Art formulieren; dies ist mit der Formulierung (2.135) bereits oben geschehen.

Alle dynamischen Absatzfunktionen-Systeme zeigen sehr deutlich die Wirkung der zeitlich vertikalen Verflechtungen zwischen den Absatzvariablen: jede absatzpolitische Entscheidung heute beeinflußt die Aktionsmöglichkeiten zukünftiger Perioden; die absatzpolitischen Möglichkeiten der Zukunft andererseits sind bei den jetzt zu treffenden Entscheidungen bereits zu beachten.

Bei der Konzipierung eines dynamischen Entscheidungsmodells mit zeitlich verzögerten Anpassungsprozessen auf der Nachfrageseite wollen wir uns wieder auf ein System von Absatzfunktionen beschränken. Untersucht werden soll im folgenden die Werbepolitik einer Unternehmung, die von einem System der Werbemittel-Absatzfunktionen der Art (2.153) ausgeht.

II. Die Ableitung eines dynamischen Werbemittel-Absatzfunktionen-Systems

Für die folgende Modellanalyse mögen folgende Annahmen gelten:

(1) betrachtet wird lediglich die Werbepolitik einer Unternehmung;

(2) zwischen den Erzeugnissen mögen keine absatzmäßigen Verflechtungen herrschen;

(3) zu den gegebenen Absatzpreisen kann eine bestimmte Menge der Erzeugnisse auch ohne den Einsatz von Werbemitteln abgesetzt werden.

Die Absatzmenge eines Erzeugnisses e in der Teilperiode t setzt sich somit zusammen aus der werbemittelfreien Absatzmenge $ABSME^{o}_{et}$ und der durch Werbemitteleinsatz erzielbaren Absatzmenge $WABSME_{et}$:

$$(2.154)\quad ABSME_{et} = ABSME^{o}_{et} + WABSME_{et} \qquad ((e,t)).$$

Die durch Werbung erzielbare Absatzmenge wird durch folgendes Gleichungssystem definiert:

$$(2.155)\quad WABSME_{et}=WABSME_{et}(WMITME_{etw=1},\ldots,WMITME_{etw=w_n}, WMITME_{et-\bar{t}_n w=1},\ldots,WMITME_{et-\bar{t}_n w=w_n}) \qquad ((e,t)).$$

Absatzwirkungen von Werbemaßnahmen, die bereits vor dem Planungszeitpunkt durchgeführt wurden, werden in dem Term $ABSME^{o}_{et}$ erfaßt, der aus diesem Grunde ebenfalls je Teilperiode definiert ist. Im übrigen sollen jedoch wiederum die sonstigen Daten unabhängig von der Zeit sein. Für die in (2.155) definierte Werbemittel-Absatzfunktion möge gelten, daß sich die Werbewirkungen der einzelnen Werbemittel addieren:

$$(2.156)\quad WABSME_{et} = \sum_{w} WABSME_{etw}(WMITME_{etw}, \ldots, WMITME_{et-\bar{t}_n w}) \qquad ((e,t)).$$

Wie lassen sich Werbemittel-Absatzfunktionen der Art (2.156) für einen konkreten Fall ableiten und wie verhält sich die Werbewirkung im Zeitablauf? Für ein Erzeugnis und ein bestimmtes Werbemittel sollen die dynamischen Werbewirkungen näher erläutert werden. Hierzu dient die Tabelle 5. Sie enthält je Teilperiode den Werbemitteleinsatz WMITME dieser Teilperiode und den dazugehörigen gesamten Werbeerfolg WF in Abhängigkeit von der Werbemittelmenge. Dieser Werbeerfolg verteilt sich über mehrere Teilperioden. Es sei angenommen, daß sich der Werbeerfolg über drei Teilperioden erstreckt ($\bar{t}_n$=2). Der gesamte Werbeerfolg wird mithilfe der Gewichtungskoeffizienten $ß_{e\bar{t}w}$ ($\sum_{\bar{t}} ß_{e\bar{t}w}=1$) auf die Teilperioden verteilt. Dabei soll gelten, daß der Werbemitteleinsatz zu Beginn einer Teilperiode erfolgt und bereits in diesem Zeitabschnitt eine Werbewirkung zu verzeichnen ist.

Es gelten folgende Beziehungen:

$$(2.157)\quad ß_{e\bar{t}w} \cdot WF_{e\bar{t}w}(WMITME_{e\bar{t}w}) = WABSME_{e\bar{t}w}(WMITME_{e\bar{t}w}) \qquad ((e,\bar{t},w))$$

und

$$(2.158)\quad \sum_{\bar{t}=t-\bar{t}_n}^{t} ß_{e\bar{t}w} \cdot WF_{e\bar{t}w}(WMITME_{e\bar{t}w}) = WABSME_{etw} \qquad ((e,t,w)).$$

Hinsichtlich des zeitlichen Verlaufes der Werbewirkung eines bestimmten Werbemitteleinsatzes in einer Teilperiode t soll folgende Hypothese aufgestellt werden: die Wirkung einer Werbemaßnahme

Teil-periode	Werbemit-teleinsatz	Teilperioden			Werbeerfolg
		... 3	4	5 ...	
1	$WMITME_1$	$ß_3 \cdot WF_1(WMITME_1)$			$WF_1(WMITME_1)$
2	$WMITME_2$	$ß_2 \cdot WF_2(WMITME_2)$	$ß_3 \cdot WF_2(WMITME_2)$		$WF_2(WMITME_2)$
3	$WMITME_3$	$ß_1 \cdot WF_3(WMITME_3)$	$ß_2 \cdot WF_3(WMITME_3)$	$ß_3 \cdot WF_3(WMITME_3)$	$WF_3(WMITME_3)$
4	$WMITME_4$		$ß_1 \cdot WF_4(WMITME_4)$	$ß_2 \cdot WF_4(WMITME_4)$	$WF_4(WMITME_4)$
5	$WMITME_5$			$ß_1 \cdot WF_5(WMITME_5)$	$WF_5(WMITME_5)$
⋮					
		$\sum_{\bar{t}=t-\bar{t}_n}^{t} ß_{\bar{t}} \cdot WF_{\bar{t}}(WMITME_{\bar{t}}) = WABSME_{t=3}$	$\sum_{\bar{t}} ß_{\bar{t}} \cdot WF_{\bar{t}}(WMITME_{\bar{t}}) = WABSME_{t=4}$	$\sum_{\bar{t}} ß_{\bar{t}} \cdot WF_{\bar{t}}(WMITME_{\bar{t}}) = WABSME_{t=5}$	

Tabelle 5: Die zeitliche Verteilung des Werbeerfolgs für ein Erzeugnis und ein Werbemittel (der Index für die Erzeugnisart und die Werbemittelart wurde fortgelassen)

nimmt von Teilperiode zu Teilperiode fortlaufend ab[1]. Dieser Sachverhalt ist in den Abbildungen 16a und 16b dargestellt:

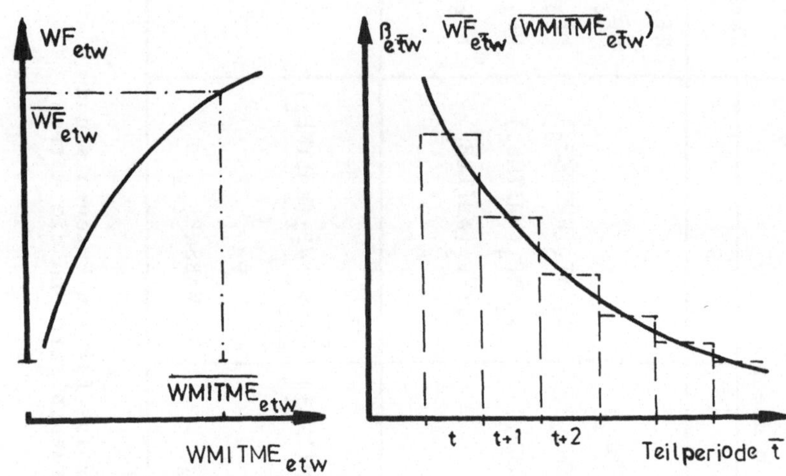

Abb. 16a: Ermittlung des gesamten Werbeerfolgs

Abb. 16b: Die Verteilung des Werbeerfolgs im Zeitablauf

Der gesamte Werbeerfolg $\overline{WF}_{etw}$ einer bestimmten Werbemittelmenge $\overline{WMITME}_{etw}$ ist identisch mit der Summe der Teilwerbeerfolge in den Teilperioden t, t+1,..., $t+\bar{t}_n$:

---

1 Dieser zeitliche Verlauf der Werbewirkung einer durchgeführten Werbemaßnahme wird in der Literatur vertreten von Benjamin, B., Jolly, W.P., Maitland, J., a.a.O., S. 207 f und 210 ff; Cordes, H., a.a.O., S. 9 f; Edler, F., a.a.O., S. 214 ff und 238 ff; Gupta, S.K., Krishnan, K.S., a.a.O., S. 1033 f; Hilse, H., a.a.O., S. 7 ff; Jaensch, G., Korndörfer, W., a.a.O., S. 455; Jessen, R.J., A Swith-Over Experimental Design to measure Advertising Effect, in: Quantitative Techniques in Marketing Analysis, ed. by R.E. Frank, A.A. Kuehn and W.F. Massy, Homewood, Ill. 1962, S. 190 ff, hier S. 193 ff; Korndörfer, W., a.a.O., S. 163 ff; Montgomery, D.B., Urban, G.L., a.a.O., S. 103 ff und 116 ff; Vidale, M.L., Wolfe, H.B., a.a.O., S. 377 ff.

$$(2.159)\quad \overline{WF}_{etw} = \sum_{\bar{t}=t}^{t+\bar{t}_n} ß_{e\bar{t}w} \cdot \overline{WF}_{e\bar{t}w}(\overline{WMITME}_{e\bar{t}w})$$

mit

$$(2.160)\quad ß_{etw} > ß_{et+1w} > \ldots > ß_{et+\bar{t}_n w} \qquad ((e,w,t)) \text{ und}$$

$$(2.161)\quad \sum_{\bar{t}=t}^{t+\bar{t}_n} ß_{e\bar{t}w} = 1 \qquad ((e,w,t)).$$

Die Werbemittel-Absatzfunktion (2.156) lautet dann:

$$(2.162)\quad WABSME_{et} = \sum_{w} \sum_{\bar{t}=t-\bar{t}_n}^{t} ß_{e\bar{t}w} \cdot WF_{e\bar{t}w}(WMITME_{e\bar{t}w}) \qquad ((e,t)).$$

Dieses Funktionensystem muß noch dahingehend spezifiziert werden, daß die Variable WMITME in ihre zwei Komponenten WMITINT und WMITAKT zerlegt wird. Es gilt:

$$(2.163)\quad WF_{e\bar{t}w} = WF_{e\bar{t}w}(WMITINT_{e\bar{t}w}, WMITAKT_{e\bar{t}w}) \qquad ((e,\bar{t},w)).$$

Um in dem nachfolgend zu konzipierenden Programmierungsansatz nichtlineare Nebenbedingungen zu vermeiden, sollen die Werbemittel-Absatzfunktionen linearisiert werden. Zunächst werden u_n diskrete Werbemittelintensitätsgrade u gewählt; sodann sind die als konkav angenommenen Werbewirkungsfunktionen (2.163) in Abhängigkeit von den Werbemittelaktionen linear zu approximieren; dabei entstehen k_n Intervalle k. Die linearen Werbemittel-Absatzfunktionen unter Berücksichtigung der werbemittelfreien Absatzmengen lauten dann[1]:

1 Vgl. die Vorgehensweise bei den Erklärungsmodellen im Rahmen der absatzmäßigen Verflechtung der Erzeugnisse.

$$(2.164)\quad ABSME_{et} = ABSME^{o}_{et} + \sum_{w} \sum_{\bar{t}=t-\bar{t}_n}^{t} ß_{e\bar{t}w} \cdot \left(\sum_{uk} WWKOE_{e\bar{t}wuk} \cdot WMITINT_{e\bar{t}wu} \cdot WMITAKT_{e\bar{t}wuk}\right) \qquad ((e,t)).$$

III. Die Formulierung der Zielfunktion und der Nebenbedingungen für ein dynamisches Entscheidungsmodell bei zeitlich verzögerten Anpassungsprozessen

Die Zielfunktion des Entscheidungsmodells setzt sich aus den Umsatzerlösen (bei gegebenen Absatzpreisen) sowie den Produktions-, Lager- und Werbemittelkosten[1] zusammen. Da alle den Gewinn beeinflussenden Erklärungsmodelle bereits einmal ausführlich erläutert wurden, kann die Zielfunktion sofort formuliert werden:

1 Werbemittelfixe Kosten seien hier vernachlässigt.

(2.165) $$GEW = \sum_{et} ABSPR_e \cdot ABSME_{et}$$

(Umsatzerlöse)

$$- \sum_{et} PRODKO_e \cdot PRODME_{et}$$

(variable Produktionskosten)

$$- \sum_{et} LAGKO_e \cdot LAGME_{et}$$

(variable Lagerkosten)

$$- \sum_{ew} WMINTKO_{ew} \cdot \Big(\sum_{\bar{t}=t=1}^{t_n} \sum_{uk} WMITINT_{e\bar{t}wu} \cdot WMITAKT_{e\bar{t}wuk} \Big)$$

(variable Werbemittelintensitätskosten)

$$- \sum_{ew} WMAKTKO_{ew} \cdot \Big(\sum_{\bar{t}=t=1}^{t_n} \sum_{uk} WMITAKT_{e\bar{t}wuk} \Big) .$$

(variable Werbemittelaktionskosten)

Die Zielfunktion (2.165) ist zu maximieren unter folgenden Nebenbedingungen:

(1) Kapazitätsbedingungen:

(2.166) $$\sum_{e} PRKOE_{eg} \cdot PRODME_{et} \leq PRODZE^{o}_{gt} \qquad ((g,t))$$

(2) Intervallbedingungen für die Werbemittelaktionen:

(2.167) $$WMITAKT_{e\bar{t}wuk} \leq WMITAKT^{o}_{e\bar{t}wuk} \qquad ((e,\bar{t},w,u,k))$$

(3) Absatzmengenbeschränkungen:

$$(2.168)\quad ABSME_{et} \leq ABSME^{o}_{et} + \sum_{w} \sum_{\bar{t}=t-\bar{t}_n}^{t} ß_{e\bar{t}w} \cdot \left(\sum_{uk} WWKOE_{e\bar{t}wuk} \cdot WMITINT_{e\bar{t}wu} \cdot WMITAKT_{e\bar{t}wuk}\right) \quad ((e,t))$$

Im Gegensatz zur Bedingung (2.164) ist die Werbemittel-Absatzfunktion je Erzeugnis und Teilperiode jetzt als Ungleichung formuliert. Diese Schreibweise garantiert, daß auch die qualitative Produktionsprogrammplanung im Entscheidungsproblem enthalten ist.

(4) Lagerbedingungen:

$$(2.169)\quad LAGME_{et-1} + PRODME_{et} = ABSME_{et} + LAGME_{et} \quad ((e,t))$$

(5) Lagerkapazitätsbedingungen:

$$(2.170)\quad \sum_{e} LAGKOE_{e} \cdot LAGME_{et} \leq LAGKAP^{o}_{t} \quad ((t))$$

(6) Nichtnegativitätsbedingungen:

$$(2.171)\quad ABSME_{et}, PRODME_{et}, LAGME_{et}, WMITAKT_{e\bar{t}wuk} \geq 0 \quad ((e,t,\bar{t},w,u,k)).$$

Mit der Zielfunktion (2.165) und den Nebenbedingungen (2.166) bis (2.171) ist der dynamische lineare Programmierungsansatz vollständig beschrieben[1].

Zum Schluß sei noch kurz auf die Vorgehensweise eingegangen, die bei dynamischen Preis-Absatzfunktionen oder dynamischen Preis-Werbemittel-Absatzfunktionen anzuwenden ist. In beiden Fällen sind die absatzpolitischen Erklärungsmodelle - mit den Absatzpreisen als abhängige Variablen - direkt in die Zielfunktion zu übernehmen. Die Zielfunktion wird damit nichtlinear und ist unter Beachtung linearer Nebenbedingungen zu maximieren. Hinsichtlich der Problemformulierung ergeben sich keine neuen Aspekte.

---

1 Jaensch und Korndörfer haben ebenfalls ein Entscheidungsmodell konzipiert, das simultan das gewinnmaximale Produktionsprogramm (= Absatzprogramm) und den optimalen Werbemitteleinsatz bestimmen soll. Zeitliche Verzögerungen bestehen sowohl hinsichtlich der Werbewirkung, als auch hinsichtlich der Produktions- und Absatztermine. Dieses Modell weist jedoch drei erhebliche Mängel auf. Zunächst einmal ist die Frage der qualitativen Programmplanung bereits vorab beantwortet worden, was u.U. zu einer nicht durchsetzbaren Lösung führen und nicht immer im Hinblick auf die Zielsetzung als optimal bezeichnet werden kann. Zweitens ist dieses Modell nur für eine Teilperiode aufgestellt worden; damit wird gegen das Grundprinzip verstossen, daß zeitliche Wirkungen der Modellparameter und Erklärungsmodelle nur in einem mehrperiodischen, dynamischen Programmierungsansatz zu erfassen sind. Das eigentliche Problem bei zeitlich verzögerten Anpassungsprozessen - nämlich die Erfassung der zeitlich vertikalen Interdependenzen im Planungsmodell -, ist bei diesem Ansatz unberücksichtigt geblieben. Drittens schließlich ist bei der vorgenommenen Modellformulierung - es existieren finanzielle und kapazitative Beschränkungen - nicht berücksichtigt, daß es zu einer Lagerbildung der Fertigerzeugnisse kommen kann; vgl. Jaensch, G., Korndörfer, W., a.a.O., S. 455 f.

D. Die Erweiterung der dynamischen Entscheidungsmodelle um Probleme der physischen Distribution der Erzeugnisse

I. Die Beschreibung der Distributionsaufgabe

Alle bisher konzipierten statischen und dynamischen Entscheidungsmodelle gingen davon aus, daß die Produktion der Erzeugnisse an einem Ort konzentriert war (zentrale Produktion); darüber hinaus vollzog sich die Absatztätigkeit der betrachteten Unternehmung in einem geschlossenen Absatzgebiet, das letztlich nur in der Form eines Punktmarktes[1] interpretiert werden kann. Produktionsstandort und Absatzmarkt waren räumlich nicht getrennt, so daß die Probleme einer physischen Distribution der Erzeugnisse von der Produktionsstätte zum Absatzmarkt hin entfallen konnten. Diese beiden Annahmen sollen aufgehoben werden.

Die betrachtete Unternehmung produziert nicht nur an einem einzigen Standort, sondern besitzt, über das gesamte Marktgebiet verteilt, s_n Produktionsstätten s $(s=1,...,s_n)$; die Produktionstätigkeit ist dezentralisiert. In diesen Produktionsstandorten wird lediglich produziert und gelagert. Die absatzpolitische Tätigkeit der Unternehmung vollzieht sich auf r_n Absatzmärkten oder Teilmärkten r $(r=1,...,r_n)$. In diesen Märkten besitzt die Unternehmung jeweils eine Zweigniederlassung, die den Vertrieb der produzierten Erzeugnisse übernimmt und gegebenenfalls noch die Lagerungsfunktion ausübt. Die Belieferung der verschiedenen Zweigniederlassungen in den Teilmärkten durch die Betriebe in den Produktionsstandorten soll als physische

1 Vgl. zum Begriff des Punktmarktes Jacob, H., Preispolitik, a.a.O., S. 35.

Distribution oder Transportaufgabe bezeichnet werden. Im folgenden soll davon ausgegangen werden, daß die Zahl der Produktionsstätten festliegt und unbeeinflußbar ist. Hinsichtlich der Teilmärkte wird gefordert, daß sie sich voneinander isolieren lassen, so daß eine absatzpolitische Aktivität auf einem Markt keinen Einfluß auf die Nachfragesituation der anderen Teilmärkte besitzt.

Welche Konsequenzen hat diese Ausdehnung des Untersuchungsgegenstandes auf das zu konzipierende dynamische Entscheidungsmodell? Zunächst sind die Absatzfunktionen, die die absatzpolitischen Möglichkeiten der Unternehmung beschreiben, zusätzlich für jeden einzelnen Teilmarkt zu definieren. Die Erklärungsmodelle für die Produktions- und Lagertätigkeit sind ebenfalls zusätzlich für jeden Produktionsstandort aufzustellen. Neu zu formulieren sind zwei Erklärungsmodelle: die Transportkostenfunktionen[1] und die Lagerkostenfunktionen für die einzelnen Absatzmärkte. Folglich sind auch zwei neue Gruppen von Variablen festzulegen: (1) die zu transportierende Menge $TRANSME_{etsr}$ jeder Erzeugnisart e in jeder Teilperiode t von den einzelnen Produktionsstandorten s zu den verschiedenen Teilmärkten r mit den dazugehörigen mengenabhängigen Transportkosten pro Stück $TRANSKO_{esr}$[2] und (2) die Lagermenge in den einzelnen Zweigniederlassungen der Teilmärkte $TMLAGME_{etr}$ pro Erzeugnisart, Teilperiode und Absatzmarkt mit den zugehörigen mengenabhängigen Lagerstückkosten $TMLAGKO_{er}$[2]. Beide Erklärungs-

1 Zur Berücksichtigung von Transportkostenfunktionen in Programmierungsproblemen vgl. Jacob, H., Zur Standortwahl der Unternehmungen, a.a.O., S. 261 ff und 284 ff sowie Cordes, H., a.a.O., S. 93 ff.

2 Diese Kostenarten sollen sich im Zeitablauf nicht ändern; eine Zeitindizierung kann also entfallen.

modelle können wiederum bestimmten Beschränkungen unterliegen. Die Transportkapazität kann ebenso limitiert sein wie die Lagerkapazität in den verschiedenen Zweigniederlassungen.

Schließlich soll aus den Möglichkeiten einer preispolitischen Verhaltensweise auf Teilmärkten die gewinnmaximale räumliche Preisdifferenzierung gewählt werden[1].

Welche Teilaufgaben soll das im folgenden Abschnitt zu konzipierende dynamische Entscheidungsmodell lösen? Neben den im vorhergehenden Kapitel beschriebenen Aufgaben der simultanen Produktions-, Absatz- und Lagerplanung ist zu bestimmen, welche der Produktionsstätten welche Erzeugnisse in welchen Mengen produzieren und lagern sollen, welche Absatzmärkte von ihnen in welchem Umfang zu beliefern sind und welche Lagerpolitik in den verschiedenen Zweigniederlassungen betrieben werden soll.

II. Die Formulierung des Entscheidungsmodells

Als absatzpolitisches Erklärungsmodell wird die kombinierte Preis-Werbekosten-Absatzfunktion je Erzeugnisart, Teilperiode und Absatzmarkt gewählt. Im Wege einer Voroptimierung lassen sich die entsprechenden Nettoerlösfunktionen

(2.172) $NTERL_{etr} = NTERL_{etr}(ABSME_{etr}) \qquad ((e,t,r))$

---

1 Zu den Formen der preispolitischen Verhaltensweisen auf Gebiets- oder Teilmärkten vgl. Jacob, H., Preispolitik, a.a.O., S. 82 ff und S. 88 ff; derselbe, Zur Standortwahl der Unternehmungen, a.a.O., S. 237 f; derselbe, Der Absatz, a.a.O., S. 387 ff.

ermitteln. Grundlage des folgenden Programmierungsansatzes ist somit das lineare dynamische Entscheidungsmodell bei im Zeitablauf variierenden Modelldeterminanten des Kapitels 3, Abschnitt B. Die Zielfunktion setzt sich zusammen aus den Nettoerlösen, Produktionskosten, Lagerkosten der Standorte und Zweigniederlassungen und den Transportkosten:

(2.173) $$GEW = \sum_{etrk} NTERL_{etrk} \cdot ABSME_{etrk}$$

(Nettoerlöse)

$$- \sum_{ets} PRODKO_{es} \cdot PRODME_{ets}$$

(variable Produktionskosten)

$$- \sum_{ets} LAGKO_{es} \cdot LAGME_{ets}$$

(variable Lagerkosten in den Standorten)

$$- \sum_{etr} TMLAGKO_{er} \cdot TMLAGME_{etr}$$

(variable Lagerkosten in den Absatzmärkten)

$$- \sum_{etrs} TRANSKO_{ers} \cdot TRANSME_{etrs}$$

(variable Transportkosten)

Die Ableitung der Lagerkostenfunktionen für die einzelnen Teilmärkte ist in Analogie zur Standort-Lagerkostenfunktion erfolgt. Die Transportkostenfunktion ist näher zu erläutern: die transportierte Menge eines bestimmten Erzeugnisses e in einer Teilperiode t von einem Produktionsstandort s zu einem Teilmarkt r ist mit dem zugehörigen

Transportkostensatz zu multiplizieren; anschließend ist über alle Transportwege, Teilperioden und Erzeugnisse zu summieren, um zu den gesamten Transportkosten im Planungszeitraum zu gelangen.

Diese Zielfunktion ist unter folgenden Nebenbedingungen zu maximieren:[1]

(1) Kapazitätsbedingungen:

$$(2.174)\quad \sum_{e} PRKOE_{egs} \cdot PRODME_{ets} \leq PRODZE^{o}_{gts} \qquad ((g,s,t)).$$

Die Kapazitätsbedingungen sind nicht nur für jede Betriebsabteilung und Teilperiode aufzustellen, sondern auch für jede Produktionsstätte.

(2) Absatzmengen-Intervallbeschränkungen:

$$(2.175)\quad ABSME_{etrk} \leq ABSME^{o}_{etrk} \qquad ((e,t,r,k)).$$

Diese Intervallbedingungen sind zusätzlich für jeden Teilmarkt zu bilden.

(3) Lagerbedingungen für die Produktionsstandorte:

$$(2.176)\quad LAGME_{et-1s} + PRODME_{ets} = \sum_{r} TRANSME_{etrs} + LAGME_{ets} \qquad ((e,t,s)).$$

Diese Bedingungen stellen sicher, daß je Erzeugnisart, Teilperiode und Standort gilt: der Anfangslagerbestand zuzüglich der Produktionsmenge muß gleich sein den an alle Teilmärkte gelieferten Transportmengen zuzüglich des Endlagerbestandes.

---

1 Erläutert werden im folgenden nur noch diejenigen Nebenbedingungen, die in früheren Programmierungsansätzen noch nicht enthalten waren.

(4) Lagerbedingungen für die Teilmärkte:

$$(2.177)\quad TMLAGME_{et-1r} + \sum_{s} TRANSME_{etrs} =$$

$$\sum_{k} ABSME_{etrk} + TMLAGME_{etr} \qquad ((e,t,r)).$$

Für jede Erzeugnisart und Teilperiode sowie jeden Teilmarkt hat zu gelten: der Anfangslagerbestand zuzüglich sämtlicher von den Produktionsstätten gelieferten Transportmengen muß identisch sein mit der Absatzmenge zuzüglich des Endlagerbestandes.

(5) Lagerkapazitätsbeschränkungen in den Produktionsstätten:

$$(2.178)\quad \sum_{e} LAGKOE_{es} \cdot LAGME_{ets} \leqq LAGKAP^{o}_{ts} \qquad ((t,s)).$$

(6) Lagerkapazitätsbeschränkungen in den Absatzmärkten:

$$(2.179)\quad \sum_{e} TMLAGKOE_{er} \cdot TMLAGME_{etr} \leqq TMLAGKAP^{o}_{tr} \qquad ((t,r)).$$

Die Lagerkapazität in den einzelnen Teilmärkten $TMLAGKAP^{o}_{rt}$ darf je Teilperiode nicht von der durch alle Erzeugnisse beanspruchten Kapazität überschritten werden.

(7) Nichtnegativitätsbedingungen:

$$(2.180)\quad ABSME_{etrk}, PRODME_{ets}, LAGME_{ets}, TMLAGME_{etr},$$

$$TRANSME_{etrs} \geqq 0 \qquad ((e,t,r,s,k)).$$

Verzichtet werden soll auf die Darstellung möglicher Beschränkungen im Transportbereich: notwendig wäre eine Transportmittelplanung mit ihren räumlichen und zeitlichen Aspekten. Dieses Vorhaben würde im Rahmen dieser Arbeit zu weit führen[1].

Damit ist das Entscheidungsmodell vollständig beschrieben. Ähnliche Modellstrukturen erhält man, wenn andere absatzwirtschaftliche Erklärungsmodelle gewählt werden. Für den Fall dynamischer Absatzfunktionen mit preis- und werbepolitischen Aktivitäten jedoch erhält man nichtlineare Zielfunktionen, die weder quadratisch noch separabel sind.

Für den soeben entwickelten dynamischen Programmierungsansatz zur simultanen Produktions-, Lager-, Absatz- und Transportmengenplanung soll die grundlegende Struktur noch einmal in der Form einer Matrix dargestellt werden, um die wesentlichen Interdependenzen zwischen den relevanten Variablen aufzeigen zu können.

Die in Abbildung 17 dargestellte Matrix des linearen Entscheidungsmodells gilt für eine Teilperiode t. Sie zeigt somit in erster Linie die zeitlich horizontalen Interdependenzen zwischen den relevanten Variablen auf. Interdependenzen zwischen den Variablen eines Planungsbereiches entstehen durch die nur beschränkt verfügbaren Kapazitäten dieser Bereiche, wie die Bedingungen (1), (5) und (6) für den Produktions- und Lagersektor zeigen. Die Beschränkungen im Absatzbereich sind bereits

---

1 Zur Problematik der Transportmittelplanung - Auswahl von Transportmitteln - und deren zeitliche Auslastung vgl. Cordes, H., a.a.O., S. 101 ff und Garvin, W.W., Crandall, H.W., John, J.B., Spellman, R.A., Applications of Linear Programming in the Oil Industry, in: MS, Vol. 3, 1957, S. 407 ff, hier S. 426 ff. Zur Routenplanung sei auf Bohmer verwiesen; vgl. Bohmer, R., a.a.O., S. 402 ff.

Nebenbedingungen \ Variablen	Absatz ABSME	Standortlager LAGME in t-1	Standortlager LAGME in t	Produktion PRODME	Transport TRANSME	Teilmarktlager TMLAGME in t-1	Teilmarktlager TMLAGME in t	Rechte Seite	
(1) Kapazitätsbedingungen				PRKOE				$\leqq$	PRODZE^{o}
(2) Absatzmengen-Intervallbeschränkungen	1							$\leqq$	ABSME^{o}
(3) Lagerbedingungen für die Produktionsstandorte		1	-1	1	-1			=	0
(4) Lagerbedingungen für die Teilmärkte	-1				1	1	-1	=	0
(5) Lagerkapazitätsbeschränkungen in den Produktionsstätten		LAGKOE						$\leqq$	LAGKAP^{o}
(6) Lagerkapazitätsbeschränkungen in den Absatzmärkten						TMLAGKOE		$\leqq$	TMLAGKAP^{o}
Zielfunktion	NTERL	-LAGKO		-PRODKO	-TRANSKO	-TMLAGKO		$\longrightarrow$	max!

Abb. 17: Die Struktur eines dynamischen linearen Programmierungsansatzes zur simultanen Produktions-, Lager-, Absatz- und Transportmengenplanung

bei der Formulierung der Nettoerlösfunktionen berücksichtigt worden. Die Interdependenzen zwischen den Variablen verschiedener Planungsbereiche kommen dadurch zustande, daß die Variablen bestimmter Funktionsbereiche in den Lagerbedingungen (3) und (4) miteinander verknüpft werden. Die wechselseitigen Verflechtungen zwischen Absatzpreisen und Werbekosten der einzelnen Erzeugnisse sind wiederum bereits bei der Formulierung der Nettoerlösfunktionen berücksichtigt worden.

Die Lagerbedingungen sind zugleich Ausdruck der existierenden zeitlich vertikalen Interdependenzen, die aufgrund einer zeitlichen Variabilität der Nettoerlöse entstehen und sich über die Lagerbestandsveränderungen auswirken.

III. Ein Ausblick auf weitere Probleme

Das zuletzt formulierte dynamische lineare Entscheidungsmodell ließe sich hinsichtlich der absatzpolitischen Instrumente Preis und Werbung noch modifizieren und erweitern. Der Programmierungsansatz in seiner bisherigen Form impliziert eine regionale Preis- und Werbepolitik. Für jedes Erzeugnis sollen auf jedem Teilmarkt der gewinnmaximale Preis und die dazugehörigen Werbekosten bestimmt werden. Hinsichtlich der Preispolitik kann es also vorkommen, daß auf den verschiedenen Teilmärkten in den einzelnen Teilperioden für dasselbe Produkt unterschiedliche Preise gefordert werden. Diese gewinnmaximale räumliche und zugleich zeitliche Preisdifferenzierung ist aber nur eine mögliche preispolitische Verhaltensweise. Denkbar wäre es auch, daß die Unternehmung für jedes Erzeugnis einen einheitlichen Preis im gesamten Marktgebiet, also auf allen Teilmärkten, fordert (überregionale Preispolitik). Die Preisforderung für ein bestimmtes Erzeugnis wäre also auf allen Teilmärkten - u.U. auch in sämtlichen Teilperioden - gleich. Das Problem der Bestimmung eines gewinnmaximalen Einheitspreises im gesamten Marktgebiet ist von Jacob aufgegriffen und formuliert worden; es sei auf diesen Beitrag verwiesen[1].

Auch die Werbepolitik eines Unternehmens kann als eine überregionale Politik konzipiert und durchgeführt werden. Der Einsatz der Werbemittel erfolgt dann nicht mehr getrennt für jeden einzelnen Teilmarkt, vielmehr kann die Werbung für ein Erzeugnis jetzt zugleich auf mehrere Teilmärkte bezogen sein. Der Entwurf eines Konzepts für eine überregionale Werbepolitik muß wiederum auf einer entsprechend gestalteten Werbemitteltheorie basieren. Es besteht dabei eine weitgehende Analogie zur Werbemitteltheorie im Falle gemeinsamer Werbemittel für mehrere Erzeugnisse. Hier soll daher nur die prinzipielle Vorgehensweise erläutert werden.

Für ein bestimmtes Erzeugnis e sind Werbemittel zu entwerfen, die sich auf einem oder mehreren Teilabsatzmärkten einsetzen lassen, d.h. aus den r_n Teilmärkten sind soviele Kombinationen von Märkten zu bilden, wie es überregional wirkende Werbeträger gibt. Diese Kombinationen seien mit r_q $(r_q=1,\dots,r_{q_n})$ bezeichnet. Enthält eine solche Kombination nur einen Teilmarkt, liegt regionale Werbung vor, sind dagegen mehrere Teilmärkte in einer Kombination zusammengefaßt, liegt der Fall eines überregional wirkenden Werbemittels vor.

1 Vgl. Jacob, H., Zur Standortwahl der Unternehmungen, a.a.O., S. 267.

Die Werbemittelmenge eines bestimmten Werbemittels w für eine bestimmte Kombination von Teilabsatzmärkten r_q und für jedes Erzeugnis e wird dann mit $WMITME_{er_qw}$ bezeichnet, wobei weiterhin unterstellt wird, daß keine gemeinsame Werbung für mehrere Erzeugnisse betrieben wird. Die Ableitung von Werbemittel-Absatzfunktionen kann dann in genau derselben Weise geschehen, wie es im Falle der gemeinsamen Werbung demonstriert wurde. Die Werbemittel-Absatzfunktion für ein bestimmtes Erzeugnis e auf einem bestimmten Absatzmarkt r innerhalb einer Kombination r_q lautet:

$$(2.181)\quad ABSME_{err_q} = ABSME_{err_q}(WMITME_{er_qw=1}, \ldots, WMITME_{er_qw=w_n}) \quad ((e,r,r_q)).$$

Ausgangspunkt für die Konzipierung eines Entscheidungsmodells bei überregionaler Werbepolitik wären dann Werbemittel-Absatzfunktionen der Art (2.181). Darauf soll aber verzichtet werden, da ein solcher Modellansatz ähnlich zu formulieren ist wie die bisherigen Planungsmodelle.

4. Kap.:

Ausgewählte Verfahren zur Lösung bestimmter nichtlinearer Programmierungsprobleme

Alle im Teil 2, Kap. 1 bis 3 konzipierten Entscheidungsmodelle waren in ihrem Ursprung nichtlineare Programmierungsansätze. Ein solcher Programmierungsansatz lautet allgemein: gesucht sind die Werte der j_n Variablen $x_1,...,x_{j_n}$, die die Zielfunktion

$$(2.182)\quad z = z\,(x_1,...,x_{j_n})$$

maximieren und den Bedingungen

$$(2.183)\quad g_i\,(x_1,...,x_{j_n}) \leqq b_i \qquad ((i))$$

genügen[1].

Ein in den Nebenbedingungen (2.183) und der Zielfunktion (2.182) nichtlineares Modell war prinzipiell immer dann gegeben, wenn Werbemittel-Absatzfunktionen und konstante Absatzpreise in die Modellanalyse einbezogen wurden; ein Werbemitteleinsatz beeinflußt einerseits die Absatzgrenzen (degressiver Verlauf des Werbeerfolgs), läßt zum anderen aber gleichzeitig auch Kosten entstehen. Im Falle von Preis-Absatzfunktionen oder kombinierten Preis-Werbemittel-Absatzfunktionen dagegen erhielt man nichtlineare Zielfunktionen und lineare Restriktionen.

Wir wollen uns im folgenden mit Programmierungsansätzen befassen, deren Struktur wie folgt beschaffen ist: zu maximieren ist eine nichtlineare Zielfunktion

1 Fixkostenprobleme jeglicher Art mögen im folgenden ausgeklammert sein.

$$(2.184)\quad z = z\,(x_1,\ldots,x_{j_n})$$

unter Berücksichtigung linearer Nebenbedingungen

$$(2.185)\quad \sum_j a_{ij}x_j \leqq b_i \qquad ((i))$$
$$x_j \geqq 0 \qquad ((j)).$$

Die Art der Nichtlinearität der Zielfunktion ist noch näher zu beschreiben. Beschränkt werden soll sich auf konkave Funktionen, die jedoch sowohl separabel als auch nichtseparabel sein können und quadratische oder nicht-quadratische Terme enthalten können. Ein Programmierungsansatz in der Form (2.184) und (2.185) unter Beachtung der aufgestellten Beschränkungen soll als konvexes Programmierungsproblem bezeichnet werden.

Vorgestellt werden sollen im folgenden drei Verfahren, die eine Lösung bestimmter nichtlinearer Programmierungsprobleme erlauben. Es handelt sich einmal um einen simplex-ähnlichen Algorithmus der quadratischen Programmierung, dann um den konvexen Simplex-Algorithmus zur Lösung genereller konvexer Programmierungsprobleme und schließlich um ein Verfahren auf der Grundlage der parametrischen linearen Programmierung, das ebenfalls auf konvexe Programmierungsansätze anwendbar ist. Die Darstellung dieser Lösungsverfahren soll sich auf die prinzipielle Vorgehensweise beschränken; dabei besitzt die ökonomische Betrachtungsweise Vorrang.

A. Die Grundlagen zur Lösung quadratischer Programmierungsprobleme

Jeder quadratische Programmierungsansatz läßt sich auf folgende Form bringen[1]: zu maximieren ist die konkave Zielfunktion

$$(2.186) \quad z = c'x - \frac{1}{2} x'Dx$$

unter Beachtung der linearen Nebenbedingungen

$$(2.187) \quad Ax \leqq b \quad \text{und} \quad x \geqq 0 \;.$$

Bei j_n Variablen und i_n Restriktionen sind c und x Vektoren mit j_n Komponenten, b ein Vektor mit i_n Komponenten, A eine $(i_n \cdot j_n)$-Matrix und D eine symmetrische $(j_n \cdot j_n)$-Matrix; der hochgestellte Beistrich zeigt einen Zeilenvektor an.

Die verschiedenen Algorithmen, die für diesen quadratischen Programmierungsansatz entwickelt wurden, basieren in der Regel auf einem modifizierten Algorithmus zur Lösung linearer Programme. Grundlage für ihre Anwendung sind die Kuhn-Tucker-Bedingungen, die die notwendigen und hinreichenden Bedingungen für die Existenz einer optimalen Lösung angeben[2/3].

---

1 Vgl. Boot, J.C.G., Notes on Quadratic Programming, The Kuhn-Tucker and Theil-van de Panne Conditions, Degeneracy, and Equality Constraints, in: MS, Vol. 8, 1962, S. 85 ff, hier S. 85; derselbe, Quadratic Programming: Algorithms - Annomalies - Applications, Amsterdam 1964, S. 5; Panne, C. van de, Whinston, A., The Symmetric Formulation of the Simplex Method for Quadratic Programming, in: EC, Vol. 37, 1969, S. 507 ff, hier S. 508.

2 Vgl. zu den Kuhn-Tucker-Bedingungen die Beiträge von Boot, J.C.G., Quadratic Programming, a.a.O., S. 35 ff und 187 ff; derselbe, Notes on Quadratic Programming, a.a.O., S. 86; Hadley, G., Nonlinear Programming, a.a.O., S. 185 ff und 190 ff; Krelle, W., Gelöste und ungelöste Probleme der Unternehmensforschung, a.a.O., S. 15 ff; Künzi, H.P., Nichtlineare Programmierung, in: Operations Re-

Für das allgemeine konvexe Programmierungsproblem

(2.188) $z = z(x) \rightarrow \max!$

$g_i(x) \leqq b_i$ ((i))

$x \geqq 0$ [1]

lauten die Kuhn-Tucker-Bedingungen: ausgehend von der Lagrange-Funktion

(2.189) $F(x,\lambda) = z(x) + \sum_i \lambda_i [b_i - g_i(x)]$

mit den i_n Lagrange'schen Multiplikatoren oder Dualwerten λ_i ist x^+ das globale Maximum der Funktion z(x), wenn es ein λ^+ gibt, für das gilt:

(2.190) $\nabla_x F(x^+, \lambda^+) = \nabla z(x^+) - \sum_i \lambda_i^+ \nabla g_i(x^+) \leqq 0$

(2.191) $\nabla_x F(x^+, \lambda^+) \cdot x^+ = \sum_j x_j^+ (\partial z(x^+)/\partial x_j - \sum_i \lambda_i^+ \cdot \partial g_i(x^+)/\partial x_j) = 0$

(2.192) $x^+ \geqq 0$

(2.193) $\nabla_\lambda F(x^+, \lambda^+) = (b_1 - g_1(x^+), \ldots, b_{i_n} - g_{i_n}(x^+)) \geqq 0$

(2.194) $\nabla_\lambda F(x^+, \lambda^+) \cdot \lambda^+ = \sum_i \lambda_i^+ (b_i - g_i(x^+)) = 0$

(2.195) $\lambda^+ \geqq 0$.

search-Verfahren I, hrsg. von R. Henn, Meisenheim am Glan 1963, S. 93 ff, hier S. 101 ff; Künzi, H.P., Krelle, W., Nichtlineare Programmierung, a.a.O., S. 59 ff; Panne, C. van de, Whinston, A., The Symmetric Formulation of the Simplex Method for Quadratic Programming, a.a.O., S. 508 ff.

3 Die folgende Darstellung geschieht in Anlehnung an Hadley, G., Nonlinear Programming, a.a.O., S. 190 ff.

1 Sämtliche Größen ohne Indizierung repräsentieren im folgenden Vektoren bzw. Matrizen.

Die Übertragung dieser Kuhn-Tucker-Bedingungen (2.190) bis (2.195) auf das quadratische Programmierungsproblem (2.186) und (2.187) führt zu folgenden notwendigen und hinreichenden Bedingungen:[1] es gilt zunächst

(2.196) $g_i(x) = a^i x$ und $z(x) = c'x - \frac{1}{2}x'Dx$

sowie

(2.197) $\nabla g_i(x) = a^i$ und $\nabla z(x) = c' - x'D$.

und

(2.198) $b_i - g_i(x^+) = y_i^+$

$$\nabla z(x^+) - \sum_i \lambda_i^+ \nabla g_i(x^+) = - v^+ ,$$

wobei a^i die Zeile i der Matrix A, y_i die Schlupfvariable der Restriktion i und v ein Spaltenvektor mit j_n Komponenten darstellt und als Vektor von Dualwerten für die Variablen x interpretiert werden kann.

Die Bedingung (2.190) lautet dann:

(2.199) $c' - (x^+)'D - \sum_i \lambda_i^+ a^i = -v^+$ oder

$$c - Dx^+ - A'\lambda \quad + v^+ = 0 .$$

Die Bedingung (2.191) wird unter Beachtung von (2.198) zu

(2.200) $(x^+)' \cdot v^+ = 0$.

---

1 In Anlehnung an Hadley, G., Nonlinear Programming, a.a.O., S. 213 f und Künzi, H.P., Krelle, W., Nichtlineare Programmierung, a.a.O., S. 70.

Aus der Bedingung (2.193) folgt gemäß (2.198)

(2.201) $Ax^+ + y^+ = b$.

Die Bedingung (2.194) wird zu

(2.202) $(\lambda_i^+)' \cdot y^+ = 0$.

Schließlich hat nach (2.192) und (2.195) in Verbindung mit (2.198) zu gelten:

(2.203) $x^+,\ y^+,\ v^+,\ \lambda^+ \geqq 0$.

Zusammenfassend gilt folgendes System von Bedingungen:

(2.204)
$$\begin{aligned} v - Dx - A'\lambda &= -c \\ Ax + y &= b \\ x'v + y'\lambda &= 0 \ . \end{aligned}$$

Die Aufgabe bei Vorliegen eines quadratischen Programmierungsproblems besteht darin, die Werte für $x, y, v, \lambda \geqq 0$ zu finden, die die Bedingungen (2.204) erfüllen. Diese Werte stellen die optimale Lösung $x^+, y^+, v^+, \lambda^+ \geqq 0$ dar. Die Variablen x und y sind hierbei die Primalvariablen, die Variablen v und λ die zugehörigen Dualvariablen. Man hat es also mit einem linearen Programmierungsproblem zu tun, das jedoch eine Besonderheit aufweist: in der optimalen Lösung darf immer nur die Primal- oder die zugehörige Dualvariable enthalten sein. Das Ausgangstableau besitzt folgendes Aussehen:

Basisvariablen		Variablen			
Art	Wert	x	y	v	λ
y	b	A	I	0	0
v	-c	-D	0	I	-A'

Abb. 18: Ausgangstableau für einen quadratischen Programmierungsansatz[1]

1 Die Größen I im Ausgangstableau sind Einheitsmatrizen.

Dieses Ausgangstableau ist - verglichen mit dem eines linearen Programmierungsansatzes (vgl. in Abbildung 18 den besonders gekennzeichneten Bereich) - erheblich umfangreicher. Die Zahl der Variablen hat sich verdoppelt; die Zahl der Nebenbedingungen erhöht sich entsprechend der Zahl der Variablen vom Typ x.

Der hier vorgestellte quadratische Programmierungsansatz läßt sich mit einem modifizierten Simplex-Algorithmus lösen, der von Dantzig und Panne/Whinston entwickelt wurde[1]. Neben diesem Algorithmus sind eine Vielzahl weiterer Lösungsverfahren vorgeschlagen worden; es sei hier auf die entsprechende Literatur verwiesen[2].

1 Vgl. Dantzig, G.B., Linear Programming and Extensions, a.a.O., S. 490 ff; Panne, C. van de, Whinston, A., The Simplex and the Dual Method for Quadratic Programming, in: ORQ, Vol. 15, 1964, S. 355 ff; dieselben, Simplicial Methods for Quadratic Programming, in: NRLQ, Vol. 14, 1964, S. 273 ff; dieselben, A Comparison of two Methods for Quadratic Programming, in: OR, Vol. 14, 1966, S. 422 ff.

2 Vgl. Beale, E.M.L., On Minimizing a Convex Function subject to Linear Inequalities, in: JRStS, Series B, Vol. 17, 1955, S. 173 ff; derselbe, On Quadratic Programming, in: NRLQ, Vol. 6, 1959, S. 227 ff; Boot, J.G.C., Binding Constraint Procedures of Quadratic Programming, in: EC, Vol. 31, 1963, S. 464 ff; Dorn, W.S., Non-Linear Programming - A Survey, in: MS, Vol. 9, 1963, S. 171 ff, hier S. 183 ff; Houthakker, H.S., The Capacity Method of Quadratic Programming, in: EC, Vol. 28, 1960, S. 62 ff; Künzi, H.P., Nichtlineare Programmierung, a.a.O., S. 105 ff; Künzi, H.P., Krelle, W., Nichtlineare Programmierung, a.a.O., S. 73 ff; Lemke, C.E., A Method of Solution for Quadratic Programs, in: MS, Vol. 8, 1962, S. 442 ff; Panne, C. van de, Whinston, A., A Parametric Simplicial Formulation of Houthakker's Capacity Method, in: EC, Vol. 34, 1966, S. 354 ff; Theil, H., Panne, C. van de, Quadratic Programming as an Extension of Classical Quadratic Maximization, in: MS, Vol. 7, 1961, S. 1 ff; Wolfe, P., The Simplex-Method for Quadratic Programming, in: EC, Vol. 27, 1959, S. 382 ff; Zoutendijk, G., Maximizing a Function in a Convex Region, in: JRStS, Series B, Vol. 21, 1959, S. 338 ff.

B. Die konvexe Simplex-Methode zur Lösung nichtlinearer konvexer Programmierungsprobleme

Die konvexe Simplex-Methode[1] wurde von Zangwill entwickelt. Ihr Name entstand, als sie auf Minimierungsprobleme angewendet wurde, die nichtlineare, konvexe Zielfunktionen und lineare Nebenbedingungen enthielten. Selbstverständlich ist sie dann auch anwendbar, wenn es darum geht, eine konkave Zielfunktion unter Beachtung linearer Beschränkungen zu maximieren. Entscheidend bei diesem Verfahren ist, daß es soweit wie möglich die Prozedur der Simplex-Methode zur Lösung linearer Programmierungsprobleme beibehält. Im folgenden soll lediglich die Grundidee, die zur Entwicklung des konvexen Simplex-Algorithmus geführt hat, skizziert werden. Der Algorithmus und die notwendigen Beweise werden nicht dargestellt.

Es sei im folgenden das Problem

$$\text{(2.205)} \quad \begin{aligned} z &= z(x) \rightarrow \max! \\ Ax &\leqq b \\ x &\geqq 0 \end{aligned}$$

betrachtet, wobei die Funktion z nichtlinear und konkav ist und kontinuierliche partielle Ableitungen besitzt. Bevor aber die konvexe Simplex-Methode in ihren Grundzügen dargestellt wird, soll kurz demonstriert werden, wie der Simplex-Algorithmus der linearen Programmierung im Prinzip arbeitet[2].

---

1 Die folgende Abhandlung bezieht sich auf die Beiträge von Zangwill, W.I., Nonlinear Programming, A Unified Approach, Englewood Cliffs, N.J. 1969, S. 162 ff und derselbe, The Convex Simplex Method, in: MS, Vol. 13, 1968 A, S. 221 ff.

2 Die Darstellung erfolgt in Anlehnung an Hadley, G., Linear Programming, a.a.O., S. 132 ff.

Ausgehend von einer zulässigen Basislösung wird anhand des Kriteriums der Dualwerte $(z_j - c_j)$ geprüft, ob diese Basislösung optimal ist. Sie ist optimal, wenn gilt:

$$(2.206) \quad z_j - c_j = c_B'\bar{a}_j - c_j \geqq 0 \qquad ((j)),$$

wobei c_B' den Zielfunktionskoeffizienten - Zeilenvektor der betrachteten Basislösung und $\bar{a}_j$ den Spaltenvektor der Variablen j des jeweils aufgestellten Tableaus angibt; c_j ist der Zielfunktionskoeffizient der Variablen j. Andernfalls ist diejenige Nichtbasisvariable neu in die Basis aufzunehmen, die den größten negativen Dualwert aufweist. Das Niveau dieser Variablen wird solange erhöht, bis eine der bisherigen Basisvariablen den Wert Null annimmt; diese Variable verläßt die Basis. Der Simplex-Algorithmus generiert folglich Basislösungen und überprüft jede dieser Lösungen auf ihre Optimalität gemäß Bedingung (2.206). Mit jeder neuen Basislösung steigt der Zielfunktionswert, und zwar steigt er dann am stärksten an, wenn die neu in die Basis aufzunehmende Variable ihren größtmöglichen Wert erreicht; dies folgt aus der Linearität der Zielfunktion. Bei nichtlinearen, konkaven Zielfunktionen jedoch ist die Aussage nicht mehr zutreffend, und die konvexe Simplex-Methode enthält dementsprechend zusätzliche Kriterien, die sicherstellen, daß bei jeder Iteration der Zielfunktionswert so weit wie möglich ansteigt.

Die konvexe Simplex-Methode geht wie folgt vor: es möge wiederum eine Basislösung vorliegen; für diese werden die Dualwerte errechnet:

$$(2.207) \quad z_j - c_j = \nabla z(x)_B \cdot \bar{a}_j - \partial z(x)/\partial x_j \qquad ((j)),$$

wobei $\nabla z(x)_B$ den Gradientenvektor der Zielfunktion an der Stelle x_B - der betrachteten Basislösung - repräsentiert und $\partial z(x)/\partial x_j$ die partielle Ableitung der Zielfunktion nach x_j an der Stelle der gefundenen Lösung darstellt. Diese Basislösung ist auf ihre Optimalität hin zu prüfen; bei Nicht-Optimalität ($z_j - c_j < 0$) ist eine Nichtbasisvariable zu suchen, die den größten negativen Dualwert besitzt; diese Variable soll einen positiven Wert annehmen. Hier sind zwei Fälle zu unterscheiden:

Fall 1: die Nichtbasisvariable steigt in ihrem Wert solange an, bis eine bisherige Basisvariable den Wert Null annimmt; dabei steigt auch der Zielfunktionswert fortlaufend. Es liegt bei diesem Fall eine Übereinstimmung mit dem Simplex-Algorithmus der linearen Programmierung vor.

Fall 2: mit fortlaufender Erhöhung des Wertes der neu in die Basis aufzunehmenden Variablen nimmt der Zielfunktionswert zunächst zu, fällt dann aber wieder ab; erst in dieser Phase nimmt eine bisherige Basisvariable den Wert Null an. Da die konvexe Simplex-Methode mit jeder Iteration eine möglichst große Erhöhung des Zielfunktionswertes erreichen möchte, wird die neu in die Lösung aufzunehmende Variable mit einem Wert belegt, der dies ermöglicht und daher keine bisherige Basisvariable vollständig verdrängt. Als neue Lösung erhält man somit eine zulässige Nichtbasislösung. Aus dieser Lösung wird durch die Wahl der i_n[1] größten Lösungswerte eine neue Basislösung konstruiert, für die sodann das zugehörige Tableau neu errech-

---

1 i_n ist die Zahl der relevanten Nebenbedingungen mit Ausnahme der Nichtnegativitätsbedingungen.

net wird[1]. Anschließend erfolgt wieder die Prüfung auf Optimalität. Sind die Dualwerte einer oder mehrerer Nichtbasisvariablen kleiner oder größer Null, sind bei der nun anstehenden Lösungsverbesserung wiederum zwei Fälle zu beachten:

Fall 2a: die Nichtbasisvariable hat einen Wert von Null; ist ihr Dualwert negativ, lohnt es sich, sie in die neue Lösung mit einem positiven Wert aufzunehmen;

Fall 2b: die Nichtbasisvariable hat einen positiven Wert; hier sind zwei Unterfälle relevant:

Fall 2ba: der Dualwert dieser Nichtbasisvariablen ist negativ; im Sinne der Zielsetzung ist es vorteilhaft, den Wert dieser Variablen weiter zu erhöhen;

Fall 2bb: der Dualwert dieser Nichtbasisvariablen ist positiv; hier steigt der Zielfunktionswert dann weiter an, wenn der Wert dieser Variablen gesenkt wird.

Mit Hilfe bestimmter Auswahlkriterien ist zu bestimmen, welche der Nichtbasisvariablen bei der nächsten Iteration tatsächlich in ihrem Niveau verändert wird. Die Verminderung oder Erhöhung des Niveaus dieser Nichtbasisvariablen hat solange zu geschehen, bis

(1) die Nichtbasisvariable selbst den Wert Null erreicht oder

(2) eine bisherige Basisvariable den Wert Null annimmt oder

(3) der Zielfunktionswert nicht weiter ansteigt.

---

1 Denkbar ist auch eine andere Technik: im Falle 1 ersetzt die neu in die Lösung gelangte Variable die bisherige Basisvariable in der Basis (wie beim Simplex-Algorithmus der linearen Programmierung); im Falle 2 dagegen bleibt die Basis unverändert, lediglich die Werte der Basisvariablen verändern sich; vgl. Zangwill, W.I., Nonlinear Programming, a.a.O., S. 293 f.

Je nachdem, welche dieser Möglichkeiten eintritt, erhält man eine zulässige Basislösung oder konstruiert eine solche Lösung, prüft diese auf ihre Optimalität und beginnt dann gegebenenfalls mit einer neuen Iteration.

C. Die Behandlung einer Klasse nichtlinearer Programmierungsprobleme im Rahmen der parametrischen linearen Programmierung[1]

I. Die Formulierung der Problemstellung

Ausgangspunkt für die folgenden Erörterungen ist wiederum das allgemeine konvexe Programmierungsproblem

$$(2.208)\quad z = z(x_1, \ldots, x_{j_n}) \longrightarrow \max!$$

$$\sum_j a_{ij} x_j \leqq b_i \qquad ((i))$$

$$x_j \geqq 0 \qquad ((j)).$$

Die als differenzierbar angenommene Zielfunktion kann sowohl separabel als auch nichtseparabel sein und quadratische oder nichtquadratische Terme enthalten.

Als Verfahren zur Lösung solcher konvexen Programmierungsprobleme wurden der Simplex-Algorithmus der linearen Programmierung (nach erfolgter Linearisierung der Zielfunktion), der simplex-ähnliche Algorithmus der quadratischen Programmierung und

1 Ich danke Herrn Dipl.-Math. Th. Witte, Assistent am Institut für industrielle Unternehmensforschung der Universität Münster, für die kritische Durchsicht dieses Teils der Arbeit und für seine wertvollen Anregungen.

der konvexe Simplex-Algorithmus vorgestellt. In diesem Abschnitt soll geprüft werden, inwieweit die parametrische lineare Programmierung bei der Behandlung konvexer Programmierungsprobleme anwendbar ist.

Das allgemeine parametrische Programmierungsproblem lautet: zu bestimmen sind die Werte der j_n Variablen $x_1,\ldots,x_{j_n}$, die die Zielfunktion

$$(2.209)\quad z = z\,(x_1,\ldots,x_{j_n};\, h_1,\ldots,h_{\bar{d}_n})$$

unter Beachtung der Restriktionen

$$(2.210)\quad g_i(x_1,\ldots,x_{j_n};h_1,\ldots,h_{\bar{d}_n}) \leqq \bar{g}_i(b_i;h_1,\ldots,h_{\bar{d}_n}) \qquad ((i))$$

für einen bestimmten Wertebereich der $\bar{d}_n$ Parameter $h_{\bar{d}}$ $(\bar{d}=1,\ldots,\bar{d}_n)$ maximieren:

$$(2.211)\quad (h_1,\ldots,h_{\bar{d}_n}) \in E^{\bar{d}_n}.$$

Da nur die parametrische lineare Programmierung untersucht werden soll, lautet das System (2.209) bis (2.211):[1]

$$(2.212)\quad z = \sum_{j\bar{d}} (c_j + \bar{c}_{j\bar{d}} h_{\bar{d}}) x_j$$

$$(2.213)\quad \sum_{j\bar{d}} (a_{ij} + \bar{a}_{ij\bar{d}} \cdot h_{\bar{d}}) x_j \leqq b_i + \sum_{\bar{d}} \bar{b}_{i\bar{d}} h_{\bar{d}} \qquad ((i))$$

1 Die Aufstellung des parametrischen linearen Programms erfolgt in Anlehnung an Dinkelbach, W., Sensitivitätsanalysen und parametrische Programmierung, Berlin, Heidelberg, New York 1969, S. 136 f (im folgenden zitiert als: "Sensitivitätsanalysen").

$$(2.214)\quad (h_1,\ldots,h_{\bar{d}_n}) \in E^{\bar{d}_n}.$$[1]

Dieses allgemeine parametrische Programmierungsproblem kann für unsere Zwecke noch weiter vereinfacht werden: zugelassen sind nur parametrische Variationen der Zielfunktionskoeffizienten, wobei jeder Variablen x_j jeweils nur ein Parameter h_j zugeordnet wird; ferner mögen die Koeffizienten $\bar{c}_{jd}$ den Wert Eins annehmen. Der Programmierungsansatz lautet dann:

$$(2.215)\quad z = \sum_j (c_j + h_j)\, x_j \rightarrow \max!$$

$$\sum_j a_{ij} x_j \leqq b_i \qquad ((i))$$

$$x_j \geqq 0 \qquad ((j))$$

$$(h_1,\ldots,h_{j_n}) \in E^{j_n}.$$

---

1 Auf die verschiedenen Möglichkeiten zur Formulierung und Lösung parametrischer linearer Programmierungsprobleme und deren vielfältigen Anwendungsmöglichkeiten kann hier nicht eingegangen werden. Es sei auf die Literatur verwiesen: Dinkelbach, W., Sensitivitätsanalysen, a.a.O.; Gass, S.I., Saaty, T.L., Parametric Objective Function (Part 2) - Generalization, in: OR, Vol. 3, 1955, S. 395 ff; Graves, R.L., Parametric Linear Programming, in: Recent Advances in Mathematical Programming, ed. by R.L. Graves und P. Wolfe, New York etc. 1963, S. 201 ff; Heady, E.O., Candler, W., Linear Programming Methods, Ames, Iowa 1958, S. 232 ff, 265 ff und 528 ff; Herlitz, P., a.a.O., S. 146 ff; Joksch, H.C., Lineares Programmieren, Tübingen 1962, S. 101 ff; Kern, W., Die Empfindlichkeit linear geplanter Programme, in: Betriebsführung und Operations Research, hrsg. von A. Angermann, Frankfurt a.M. 1963, S. 49 ff; Manne, A.S., Notes on Parametric Linear Programming, RAND.Report P-468, Santa Monica, Cal. 1953; Ritter, K., Ein Verfahren zur Lösung parameterabhängiger, nichtlinearer Maximum-Probleme, in: Ufo, Bd. 6, 1962, S. 149 ff; derselbe, Über Probleme parameterabhängiger Planungsrechnung, DVL-Bericht Nr. 238, Porz-Wahn 1963; Saaty, T., Gass, S.I., Parametric Objective Function (Part 1), in: OR, Vol. 2, 1954, S. 316 ff; Simonnard, M., a.a.O., S. 147 ff; Suchowitzki, S.I., Awdejewa, L.I., a.a.O., S. 131 ff; Shetty,C.M.,

Grundlage für die nachfolgenden Erörterungen sind mithin der konvexe Programmierungsansatz (2.208) sowie der parametrische lineare Programmierungsansatz (2.215). Beide stimmen überein hinsichtlich der Nebenbedingungen, unterscheiden sich aber in den Formulierungen der Zielfunktion.

II. Zur Äquivalenz der optimalen Lösungen für den konvexen und den parametrischen linearen Programmierungsansatz

Zu untersuchen ist folgende Aufgabenstellung: gegeben sei ein Planungsproblem mit einer nichtlinearen und konkaven Zielfunktion, die unter Beachtung linearer Nebenbedingungen zu maximieren ist. Dieses Problem kann als konvexes Programmierungsproblem formuliert und gelöst werden. Die Planungsaufgabe kann aber auch als parametrisches lineares Programmierungsproblem formuliert werden; man erhält dann verschiedene optimale Lösungen in Abhängigkeit jeweils unterschiedlicher Parameterkonstellationen.

Gefragt ist nach den Bedingungen, die gelten müssen, damit eine der gefundenen Lösungen oder eine Linearkombination einiger dieser Lösungen identisch ist mit der optimalen Lösung des konvexen Programmierungsproblems. Anders ausgedrückt: welche Werte müssen die Parameter h_j $(j=1,\ldots,j_n)$ aufweisen, damit die Lösungen des konvexen und des parametrischen linearen Programmierungsansatzes identisch und optimal sind?

On Analyses of the Solution to a Linear Programming Problem, in: ORQ, Vol. 12, 1961, S. 89 ff; Schweim, J., a.a.O., S. 108 ff.

Um diese Frage beantworten zu können, müssen zunächst einmal - getrennt für jeden Programmierungsansatz - die notwendigen und hinreichenden Bedingungen für die Optimalität der jeweiligen Lösungen aufgestellt werden. Hierzu können die Kuhn-Tucker-Bedingungen herangezogen werden.

Die Kuhn-Tucker-Bedingungen als notwendige und zugleich hinreichende Bedingungen dafür, daß die Zielfunktion des konvexen Programmierungsproblems ihr globales Optimum an der Stelle $x^+ \geqq 0$ annimmt, lauten[1]: es muß ein Vektor $\lambda^+ \geqq 0$ existieren, so daß gilt:

(2.216) $$\partial z(x^+)/\partial x_j - \sum_i \lambda_i^+ a_{ij} \leqq 0 \qquad ((j))$$

(2.217) $$\sum_j x_j^+ \left(\partial z(x^+)/\partial x_j - \sum_i \lambda_i^+ a_{ij}\right) = 0$$

(2.218) $$b_i - \sum_j a_{ij} x_j^+ \geqq 0 \qquad ((i))$$

(2.219) $$\sum_i \lambda_i^+ \left(b_i - \sum_j a_{ij} x_j^+\right) = 0 \, .$$

Für den parametrischen linearen Programmierungsansatz lauten die Kuhn-Tucker-Bedingungen:

(2.220) $$(c_j + h_j) - \sum_i \lambda_{iopt} a_{ij} \leqq 0 \qquad ((j))$$

(2.221) $$\sum_j x_{jopt} \left((c_j + h_j) - \sum_i \lambda_{iopt} a_{ij}\right) = 0$$

---

1 Vgl. hierzu die obigen Ausführungen auf S. 166.

$$(2.222)\quad b_i - \sum_j a_{ij}x_{jopt} \geqq 0 \qquad ((i))$$

$$(2.223)\quad \sum_i \lambda_{iopt}\,(b_i - \sum_j a_{ij}x_{jopt}) = 0.$$

Sofern das konvexe Programmierungsproblem eine Lösung x^+ besitzt, gibt es, wie man an diesen Gleichungssystemen ablesen kann, einen Parametervektor h mit der zugehörigen optimalen Lösung $x_{opt}(h)$, so daß gilt:

$$(2.224)\quad h_j = \partial z(x^+)/\partial x_j - c_j \qquad ((j))$$

und

$$(2.225)\quad x_{opt}(h) = x^+.$$

Setzt man $h_j = \partial z(x^+)/\partial x_j - c_j$, dann ist x^+ eine optimale Lösung des parametrischen Problems, wenn man $\lambda_{iopt} = \lambda_i^+$ nimmt. Andererseits gilt: hat man einen Vektor h mit

$$(2.226)\quad h_j = \partial z(x_{opt}(h))/\partial x_j - c_j$$

gefunden, ist $x_{opt}(h) = x^+$.[1]

Die Bedingungen (2.224) und (2.225) zeigen deutlich, daß die Übereinstimmung der optimalen Lösungen beider Programme nur durch Wahl entsprechender

---

1 Dieses Ergebnis - auch wenn es nicht auf der Basis der parametrischen linearen Programmierung formuliert wird - enthält eine Beweisaufgabe Hadley's, die hier sinngemäß wiedergegeben werden soll: f(x) möge eine konkave Funktion sein, deren globales Optimum für $x \geqq 0$ und $Ax = b$ bei x^+ erreicht sei. Die optimale Lösung eines linearen Programmierungsproblems: max $z = \nabla f(x^+)\cdot y$, $Ay = b$, $y \geqq 0$ ist dort erreicht, wo gilt: $y = x^+$; vgl. Hadley, G., Nonlinear Programming, a.a.O., S. 208.

Parameterwerte h_j zu erreichen ist. Wie eine solche Übereinstimmung hergestellt werden kann, soll an einem Zahlenbeispiel demonstriert werden[1].

III. Ein Beispiel zur Behandlung konvexer Programmierungsaufgaben im Rahmen der parametrischen linearen Programmierung (Ein-Parameter-Analyse)

Das im folgenden zu konzipierende Lösungsverfahren ist zweistufig aufgebaut. In der ersten Stufe wird das parametrische lineare Programm (2.215) gelöst. Als Ergebnis erhält man den optimalen Lösungsvektor $x_{opt}(h)$ in Abhängigkeit vom Parametervektor h. Die Beziehung $x_{opt}(h)$ wird als Angebotsfunktion interpretiert und repräsentiert die Kurve des Optimalverhaltens der Unternehmung. In der zweiten Stufe wird entsprechend der Bedingung (2.224) für jeden Parametervektor h ein Wertevektor der Variablen x bestimmt. Dieser Zusammenhang wird später als Nachfragefunktion interpretiert und stellt eine Kurve des Verhaltens der Nachfrager dar. Eine Zusammenfassung der Ergebnisse beider Stufen führt zu einem Parametervektor h, für den gilt: $x_{opt}(h) = x^+$. Gesucht wird mithin der Schnittpunkt von Angebots- und Nachfragefunktion.

1 Es muß noch darauf hingewiesen werden, daß die Zielfunktionswerte des konvexen und des parametrischen linearen Programmierungsproblems bei gleichem Lösungsvektor nicht übereinstimmen.

a) Die Formulierung der konvexen Programmierungsaufgabe und ihre Überführung in einen parametrischen linearen Programmierungsansatz

Das folgende Zahlenbeispiel soll, um den Rechenaufwand in Grenzen zu halten, möglichst klein gehalten werden. Es wird von folgender Situation ausgegangen: eine Unternehmung produziert und verkauft zwei Erzeugnisse, deren Mengen mit x_1 und x_2 bezeichnet werden sollen. Für das erste Erzeugnis möge eine geneigte, lineare Preis-Absatzfunktion bestehen; das zweite Erzeugnis wird zu einem konstanten Preis abgesetzt. Die variablen Produktionsstückkosten sind konstant und unabhängig von der produzierten Menge. In einem einstufigen Fertigungsprozeß mit drei leistungsverschiedenen Maschinen werden die Produkte erstellt. Die für das Planungsproblem relevanten Daten enthält die Tabelle 6:

		Maschinen			Preise	var. Produktionsstückkosten
		A	B	C		
Produkte	1	1	1	2	$p_1=80-0,5x_1$	$k_1=20$
	2	3	1	1	$p_2=55$	$k_2=35$
		150	70	120		
		Kapazität				

Tabelle 6: Die Datensituation für die Ein-Parameter-Analyse

Das System der Nebenbedingungen für dieses Planungsproblem lautet:

$$
\begin{aligned}
(2.227)\quad x_1 + 3x_2 &\leqq 150\\
x_1 + x_2 &\leqq 70\\
2x_1 + x_2 &\leqq 120\\
x_1, x_2 &\geqq 0\,.
\end{aligned}
$$

Die Zielfunktion lautet für dieses Beispiel:

(2.228) $z = 80x_1 - 0{,}5x_1^2 - 20x_1 + 55x_2 - 35x_2$

$= 60x_1 - 0{,}5x_1^2 + 20x_2 \rightarrow \max!$

Es handelt sich also um ein quadratisches Programmierungsproblem. Die Zielfunktion (2.228) ist so zu transformieren, daß man sie anschliessend in einem parametrischen linearen Programmierungsansatz verwenden kann.

Differenziert man die Gewinnfunktion (2.228) partiell nach x_1 und x_2, erhält man:

(2.229) $\partial z/\partial x_1 = 80 - x_1 - 20$

(2.230) $\partial z/\partial x_2 = 55 - 35.$

Setzt man die rechte Seite der Gleichung (2.229) mit (c_1+h_1) gleich, gilt:

(2.231) $80 - x_1 - 20 = c_1 + h_1$

für

(2.232) $h_1 = 80 - x_1$

(2.233) $c_1 = -20$.

Die Gleichung (2.230) wird mit c_2 gleichgesetzt:

(2.234) $c_2 = 20$.

Für die Zielfunktion des parametrischen linearen Programmierungsansatzes

(2.235) $z = (h_1+c_1)x_1 + c_2x_2$

werden folgende Informationen aus dem konvexen Programm verwendet: zunächst werden die Konstanten c_1 und c_2 gemäß den Bedingungen (2.233) und (2.234) übernommen; der Parameter h_1 in der Zielfunktion (2.235) hat sich in den Grenzen zu bewegen, die durch die Bedingung (2.232) gesetzt werden:

$$(2.236) \quad 0 \leqq h_1 \leqq 80 \qquad \text{für } x_1 \geqq 0 .$$

Die Zielfunktion für das parametrische lineare Programmierungsproblem lautet dann:

$$(2.237) \quad z = (h_1+c_1)x_1 + c_2x_2$$
$$= (h_1-20)x_1 + 20x_2 .$$

Diese Zielfunktion ist unter Beachtung der Restriktionen (2.227) für den Parameterbereich nach Bedingung (2.236) zu maximieren.

Bei dieser Transformation ist nichts anderes geschehen, als daß der Differentialquotient der nichtlinearen Erlösfunktion als Parameter im Rahmen eines parametrischen linearen Programmierungsansatzes betrachtet wird. Diese Transformation wird durch die Gleichung (2.232) repräsentiert. Im Falle einer nichtlinearen Erlösfunktion ersetzt man also die Grenzerlösfunktion in Abhängigkeit von der Absatzmenge durch einen Parameter, der selbstverständlich dann ebenfalls eine Funktion dieser Absatzmenge ist:

$$(2.238) \quad h_1(x_1)_M = 80 - x_1 .$$

Diese Funktion $h_1(x_1)_M$ ist die vom Absatzmarkt her bestimmte Grenzerlösfunktion oder marktliche Grenzerlösfunktion[1]. Sie kennzeichnet das Verhalten der Nachfrager und soll im folgenden als Nachfragefunktion bezeichnet werden.

b) Die Lösung des parametrischen linearen Programmierungsproblems

Es ist die Aufgabe gestellt, für alle Werte von $0 \leqq h_1 \leqq 80$ die optimalen Lösungen x_{1opt} und x_{2opt} für das parametrische lineare Programmierungsproblem (2.241) zu finden:

$$(2.241)\quad z = (h_1-20)x_1 + 20x_2 \rightarrow \max!$$

$$x_1 + 3x_2 + y_1 = 150$$

$$x_1 + x_2 + y_2 = 70$$

$$2x_1 + x_2 + y_3 = 120$$

$$x_1, x_2, y_1, y_2, y_3 \geqq 0$$

Die Variablen y_1, y_2 und y_3 stellen die Schlupfvariablen dar. Anwendung findet der Simplex-Algorithmus der linearen Programmierung. Gesucht wird zunächst eine optimale Lösung für $h_1 = 0$; von die-

1 Es wäre selbstverständlich auch möglich, den Grenzgewinn der Gleichung (2.229) durch den Parameter h_1 im parametrischen linearen Programmierungsansatz repräsentieren zu lassen. In diesem Falle lautete die Zielfunktion:

$$(2.239)\quad z = h_1x_1 + c_2x_2 = h_1x_1 + 20x_2 \,.$$

Die Gleichung (2.238) lautete dann:

$$(2.240)\quad h_1(x_1)_M = 60 - x_1$$

und könnte als marktliche Grenzgewinnfunktion bezeichnet werden. Im folgenden jedoch sollen absatzwirtschaftliche und produktionswirtschaftliche Tatbestände in den einzelnen Programmierungsansätzen getrennt werden.

ser Lösung ausgehend werden sodann durch Variation des Parameters h_1 weitere optimale Lösungen aufgesucht[1].

Gestartet wird mit dem Ausgangstableau I (vgl. Tabelle 7). Um zum Tableau II zu gelangen, wird die Variable x_2 in die Basis genommen; dafür verläßt die Variable y_1 die Basis. Dieses Tableau II ist hinsichtlich seiner Lösung dann optimal, wenn gilt:

(2.242) $z_j - \bar{c}_j = \bar{c}_B \cdot \bar{a}_j - \bar{c}_j \geqq 0$ für $\bar{c}_j = c_j + h_j$ $((j))$[2].

Die Prüfung dieser Optimalitätsbedingung kann sich auf den Term $(z_1 - \bar{c}_1)$ beschränken:

(2.243) $z_1 - \bar{c}_1 = 80/3 - h_1 \geqq 0$ oder $h_1 \leqq 80/3$.

Das Tableau II ist also solange optimal, als gilt:

(2.244) $0 \leqq h_1 \leqq 80/3$.

Die zugehörige optimale Lösung lautet:

(2.245) $x_{1opt} = 0$; $x_{2opt} = 50$.

Für Werte von h_1, die über 80/3 liegen, ist diese Lösung des Tableaus II nicht optimal, da $(z_1 - \bar{c}_1) < 0$. Jetzt ist die Variable x_1 im Austausch mit der Variablen y_2 in die Basis aufzunehmen. Man gelangt so zum Tableau III.

---

1 Auf die Vorgehensweise soll hier nicht im einzelnen eingegangen werden. Es wird auf den Beitrag von Dinkelbach verwiesen; vgl. Dinkelbach, W., Sensitivitätsanalysen, a.a.O., S. 93 ff.

2 In dieser Bedingung stellen die $\bar{c}_j$ die ursprünglichen Zielfunktionskoeffizienten des parametrischen Problems dar; $\bar{c}_B$ repräsentiert den ursprünglichen Zielfunktionskoeffizientenvektor der jeweiligen Basislösung und $\bar{a}_j$ den Spaltenvektor des jeweiligen Tableaus.

		x_1	x_2	y_1	y_2	y_3	b
I:	y_1	1	3	1	0	0	150
	y_2	1	1	0	1	0	70
	y_3	2	1	0	0	1	120
	$z_j-\bar{c}_j$	$20-h_1$	-20	0	0	0	
II:	x_2	1/3	1	1/3	0	0	50
	y_2	2/3	0	-1/3	1	0	20
	y_3	5/3	0	-1/3	0	1	70
	$z_j-\bar{c}_j$	$80/3-h_1$	0	20/3	0	0	
III:	x_2	0	1	1/2	-1/2	0	40
	x_1	1	0	-1/2	3/2	0	30
	y_3	0	0	1/2	-5/2	1	20
	$z_j-\bar{c}_j$	0	0	$20-1/2h_1$	$-40+3/2h_1$	0	
IV:	x_2	0	1	0	2	-1	20
	x_1	1	0	0	-1	1	50
	y_1	0	0	1	-5	2	40
	$z_j-\bar{c}_j$	0	0	0	$60-h_1$	$-40+h_1$	
V:	y_2	0	1/2	0	1	-1/2	10
	x_1	1	1/2	0	0	1/2	60
	y_1	0	5/2	1	0	-1/2	90
	$z_j-\bar{c}_j$	0	$-30+1/2h_1$	0	0	$-10+1/2h_1$	

Tabelle 7: Die Tableaus bei parametrischer linearer Programmierung für die Ein-Parameter-Analyse

Auf das Tableau III ist wiederum das Optimalitätskriterium anzuwenden:

(2.246) $z_3 - \bar{c}_3 = 20 - 1/2h_1 \geqq 0$ oder $h_1 \leqq 40$

(2.247) $z_4 - \bar{c}_4 = -40 + 3/2h_1 \geqq 0$ oder $h_1 \geqq 80/3$.

Das Tableau III ist solange optimal, als gilt:

(2.248) $80/3 \leqq h_1 \leqq 40$;

das optimale Ergebnis lautet:

(2.249) $x_{1opt} = 30$; $x_{2opt} = 40$.

Für Werte von h_1 über 40 wird $(z_3-\bar{c}_3)$ negativ; die Variable y_1 kann in die Basis aufgenommen werden; dafür verläßt die Variable y_3 die Basis. Man erhält das Tableau IV. Hier lauten die Optimalitätskriterien:

(2.250) $z_4-\bar{c}_4 = 60-h_1 \geqq 0$ oder $h_1 \leqq 60$

(2.251) $z_5-\bar{c}_5 =-40+h_1 \geqq 0$ oder $h_1 \geqq 40$.

Dieses Tableau IV ist also solange optimal, als gilt:

(2.252) $40 \leqq h_1 \leqq 60$;

das optimale Ergebnis lautet:

(2.253) $x_{1opt} = 50$; $x_{2opt} = 20$.

Für Werte von h_1 schließlich über 60 muß die Variable y_2 im Austausch gegen die Variable x_2 in die Basis aufgenommen werden. Das Ergebnis enthält das Tableau V. Werden auf dieses Tableau die Optimalitätskriterien angewendet, ergibt sich:

(2.254) $z_2-\bar{c}_2 = -30 + 1/2h_1 \geqq 0$ oder $h_1 \geqq 60$

(2.255) $z_5-\bar{c}_5 = -10 + 1/2h_1 \geqq 0$ oder $h_1 \geqq 20$.

Die Bedingung (2.255) wird von der Bedingung (2.254) dominiert, ist also in ihr bereits enthalten, so daß dieses Tableau V solange optimal ist, als gilt:

(2.256) $60 \leqq h_1 \leqq 80$;

das optimale Ergebnis lautet:

(2.257) $x_{1opt} = 60$; $x_{2opt} = 0$.

Mit dem Tableau V ist die Rechnung beendet: für den gesamten Wertebereich $0 \leqq h_1 \leqq 80$ sind die entsprechenden optimalen Lösungen ermittelt worden.

Aus der Gesamtheit dieser Rechnungen ist wiederum eine Grenzerlösfunktion abzuleiten; dieses Mal aber eine Grenzerlösfunktion aus der Sicht des Unternehmens oder Betriebes, die als "betriebliche" Grenzerlösfunktion gekennzeichnet werden kann. Sie ist das Gegenstück zur marktlichen Grenzerlösfunktion und soll im folgenden als Angebotsfunktion bezeichnet werden, da sie eine Kurve des Optimalverhaltens der Unternehmung darstellt.

c) Die Ableitung der Angebotsfunktion (betriebliche Grenzerlösfunktion)

Wie im vorhergehenden Abschnitt dargestellt wurde, existiert für jeweils einen bestimmten Wertebereich von h_1 eine zugehörige optimale Lösung. Der Zusammenhang zwischen den Wertebereichen des Parameters und den optimalen Lösungen soll näher untersucht werden. Dabei genügt es, wenn vom optimalen Lösungsvektor nur die Variable x_1 betrachtet wird. Die Tabelle 8 enthält eine Zusammenstellung der relevanten Größen des durchgerechneten Zahlenbeispiels:

Tableau	Parameterbereich für h_1	$x_{1\,opt}$
II	0 - 80/3	0
III	80/3 - 40	30
IV	40 - 60	50
V	60 - 80	60

Tabelle 8: Parameterbereiche und optimale Lösungen im Rahmen der parametrischen linearen Programmierung

Diese in Tabelle 8 enthaltenen, aufgrund der Rechnung gewonnenen Informationen können noch erweitert werden, wenn einmal die Frage gestellt wird: wie groß ist der Parameter h_1 für alle Lösungen, die z.B. zwischen $0 \leqq x_1 \leqq 30$ liegen, für alle Lösungen also, die durch eine Linearkombination der benachbarten optimalen Basislösungen II und III gewonnen werden können? Der gesuchte Parameterwert hat, da er für Lösungen gelten soll, die aus Kombinationen zweier optimaler Basislösungen entstehen, auch sämtliche Bedingungen zu erfüllen, die für diese Basislösungen existieren. Diese Bedingungen lauten:

(2.258) $0 \leqq h_1 \leqq 80/3$ und $80/3 \leqq h_1 \leqq 40$.

Einzig und allein der Parameterwert $h_1 = 80/3$ erfüllt sämtliche Bedingungen zugleich.

Werden diese Überlegungen für jede Linearkombination benachbarter optimaler Basislösungen angestellt, gelangt man zur Tabelle 9.

Tableau	Parameterbereich für h_1	Lösungsbereich für $x_{1\,opt}$
II	0 - 80/3	0
II/III	80/3	0 - 30
III	80/3 - 40	30
III/IV	40	30 - 50
IV	40 - 60	50
IV/V	60	50 - 60
V	60 - 80	60

Tabelle 9: Vollständige Beschreibung der Beziehungen zwischen Parameter- und Lösungswerten

Diese in der Tabelle 9 vollzogene vollständige Zuordnung von Parameterwerten zu optimalen Lösungswerten führt zu der bereits oben angesprochenen betrieblichen Grenzerlösfunktion bzw. Angebotsfunktion:

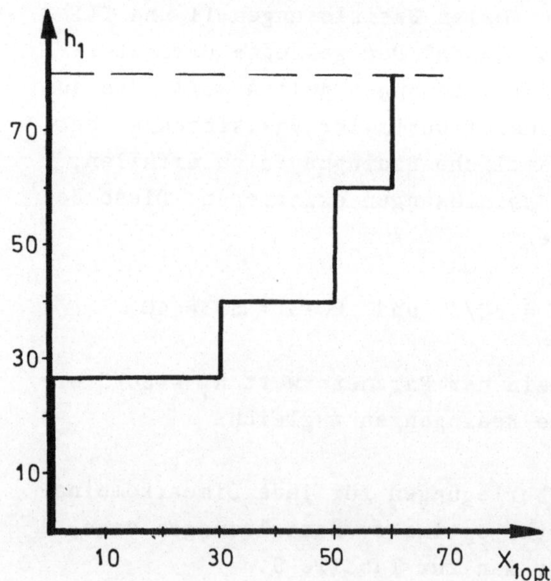

Abb. 19: Graphische Darstellung der Angebotsfunktion

Diese Angebotsfunktion muß näher erläutert werden. Sie ist eine Treppenfunktion, deren vertikalen Abschnitte - aus der Sicht der Abszissenachse - Basislösungen, deren horizontalen Abschnitte Linearkombinationen zweier benachbarter Basislösungen repräsentieren. Für jede Basislösung existiert ein Bereich von Parameterwerten, während für eine Linearkombination von Basislösungen jeweils nur ein bestimmter Parameterwert gilt.

Materiell besagt die abgebildete Angebotsfunktion folgendes: für jeden möglichen Parameterwert h_1 und damit für jeden möglichen Grenzerlös, der durch den Absatz einer zusätzlichen Einheit des Erzeugnisses x_1 erzielt werden kann, gibt es eine gewinnmaximale Produktions- und Absatzmenge x_{1opt}. Anders formuliert: die Angebotsfunktion beantwortet die Frage danach, welche Produktions- und Absatzmenge für alternativ vorgegebene Grenzerlöse die optimale Menge ist. Sie stellt somit eine Kurve des Optimalverhaltens der Unternehmung in Abhängigkeit von alternativen Grenzerlösen dar.

d) Die Gegenüberstellung von Angebots- und Nachfragefunktion und die Ableitung der Gleichgewichtsbedingung

In den letzten Abschnitten sind zwei verschiedene Konzeptionen von Grenzerlösfunktionen entwickelt worden: die marktliche und die betriebliche Grenzerlösfunktion. Die Nachfragefunktion (marktliche Grenzerlösfunktion) gibt an, welche Mengen eines Erzeugnisses bei alternativ festzulegenden Grenzerlösen auf dem Absatzmarkt absetzbar sind. Sie ist eine Kurve des Verhaltens der Nachfrager. Diese Funktion sei mit $h_1(x_1)_M$ bezeichnet. Sie lautet für das Zahlenbeispiel:

(2.259) $h_1(x_1)_M = 80 - x_1$.

Mit sinkendem (wachsendem) Grenzerlös erhöhen (verringern) sind die absetzbaren Mengen.

Die Angebotsfunktion (betriebliche Grenzerlösfunktion) ordnet jedem möglichen Grenzerlös die optimale Produktions- und Absatzmenge zu. Sie ist eine Kurve des zielsetzungsgerechten Verhaltens der Unternehmung und sei im folgenden mit $h_1(x_1)_B$ bezeichnet[1]. Dabei gilt, daß mit sinkendem (wachsendem) Grenzerlös die optimalen Produktions- und Absatzmengen sich verringern (erhöhen).

Gesucht ist derjenige Grenzerlös, bei dem die vom Absatzmarkt her geforderte Nachfragemenge gerade übereinstimmt mit der vom Unternehmen angebotenen Produktionsmenge. Diese Forderung ist identisch mit der Aussage, daß diejenige Absatz- bzw. Produktionsmenge gesucht ist, bei der die betrieblichen und die marktlichen Grenzerlöse gerade übereinstimmen. Die optimale Absatzmenge x_{1opt} erhält man über die folgende Gleichgewichtsbedingung:

(2.260) $h_1(x_{1opt})_M = h_1(x_{1opt})_B$.

---

1 Der Einfachheit halber sei im folgenden von einer Funktion gesprochen.

Graphisch läßt sich diese optimale Absatzmenge wie folgt bestimmen:

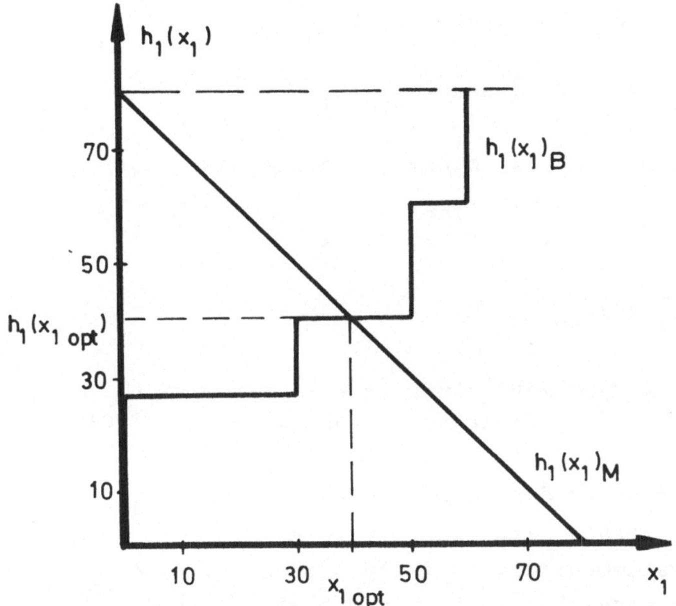

Abb. 20: Gegenüberstellung von Angebots- und Nachfragefunktion

Bei der Absatzmenge $x_1 = x_{1opt} = 40$ stimmen die betrieblichen und die marktlichen Grenzerlöse überein, oder, anders formuliert, bei einem Grenzerlös in Höhe von 40 stimmen die nachgefragte Menge und die angebotene Menge gerade überein.

Es wurde oben festgestellt, daß der konvexe Programmierungsansatz und der parametrische lineare Programmierungsansatz dann äquivalent sind, d.h. zu demselben optimalen Lösungsvektor x^+ führen, wenn die Bedingungen gelten:

(2.261) $h_j = \partial z(x^+)/\partial x_j - c_j$

$x_{opt}(h) = x^+.$

Für das Zahlenbeispiel gilt dann:

(2.262) $\partial z(x_1^+)/\partial x_1 = 60 - x_1^+$ und $c_1 = -20$.

Dann lautet die Bedingung (2.261):

(2.263) $h_1 = 80 - x_1^+$ und $x_{1opt}(h_1) = x_1^+$.

Wie der Abbildung 20 entnommen werden kann, ist für $h_1 = 40$ und damit $x_{1opt} = 40$ gerade die Bedingung (2.263) erfüllt, so daß gilt:

(2.264) $x_1^+ = x_{1opt} = 40$.

Die Gleichgewichtsbedingung (2.261) ist also identisch mit der Gleichgewichtsbedingung (2.260).

Die optimalen Produktions- und Absatzmengen x_{1opt} und x_{2opt} lassen sich mithilfe folgender Überlegungen bestimmen: die optimale Lösung ist eine bestimmte Linearkombination der Basislösungen III und IV; sämtliche Linearkombinationen dieser Basislösungen liegen auf einer Kante des Lösungsgebiets, die durch die Nebenbedingung

(2.265) $x_1+x_2 = 70$ für $30 \leqq x_1 \leqq 50$ und $40 \geqq x_2 \geqq 20$

beschrieben wird. Für $h_1 = 40$ und $x_{1opt} = 40$ ist dann $x_{2opt} = 30$.

Ergänzend zur graphischen Lösung dieses konvexen Programmierungsproblems soll im nächsten Abschnitt eine tabellarische Lösungsform vorgestellt werden.

e) Die tabellarische Form zur Lösung des konvexen Programmierungsansatzes

Für die tabellarische Lösungsform bieten sich zwei verschiedene Vorgehensweisen an.

Die erste tabellarische Lösungsform besteht darin, daß man von den optimalen Produktionsmengen ausgeht und für jede mögliche Menge prüft, ob die marktlichen Grenzerlöse mit den betrieblichen Grenzerlösen übereinstimmen oder nicht. Man beginnt mit der ersten gefundenen optimalen Lösung und prüft, ob die Gleichgewichtsbedingung erfüllt ist. Ist diese erfüllt, hat man die optimale Lösung des Entscheidungsproblems gefunden. Andernfalls prüft man, ob eine Linearkombination der ersten und zweiten gefundenen optimalen Lösung (es handelt sich stets um benachbarte Basislösungen) zu einer Übereinstimmung zwischen marktlichen und betrieblichen Grenzerlösen führt ... usw. ... (vgl. Tabelle 10). Benötigt werden somit die $h_1(x_1)_B$-Funktion und die $h_1(x_1)_M$-Funktion.

Tableau	$h_1(x_1)_B$	Lösungsbereich für x_{1opt}	$h_1(x_1)_M$ $=80-x_1$
II	0 - 80/3	0	80
II/III	80/3	0 - 30	80 - 50
III	80/3 - 40	30	50
III/IV	40	30 - 50	50 - 30
IV	40 - 60	50	30
IV/V	60	50 - 60	30 - 20
V	60 - 80	60	20

Tabelle 10: Tabellarische Lösungsform des konvexen Programmierungsproblems im Rahmen der Ein-Parameter-Analyse (1. Vorgehensweise)

Wie der Tabelle 10 zu entnehmen ist, liegen in dem Bereich $30 \leq x_1 \leq 50$ die betrieblichen Grenzerlöse im Bereich der marktlichen Grenzerlöse. Da eine mengenmäßige Lösung in diesem Bereich nur für einen betrieblichen Grenzerlös von $h_1 = 40$ zulässig ist und marktlicher und betrieblicher Grenzerlös übereinstimmen müssen, lautet die optimale Lösung mithin: $h_1 = 40$; $x_{1opt} = 40$. Sodann kann wieder die optimale Absatzmenge des Produktes x_2 errechnet werden.

Die zweite Möglichkeit, zu einer optimalen Lösung des konvexen Programmierungsproblems zu gelangen, besteht darin, daß man von den Grenzerlösen ausgeht und für jeden möglichen Grenzerlös prüft, ob die betriebliche Angebotsmenge mit der marktlichen Nachfragemenge übereinstimmt oder nicht. Die Vorgehensweise veranschaulicht die Tabelle 11:

Tableau	$h_1(x_1)_B$	Lösungsbereich für x_{1opt}	$x_{1M}=80-h_1$
II	0 - 80/3	0	80 - 160/3
II/III	80/3	0 - 30	160/3
III	80/3 - 40	30	160/3 - 40
III/IV	40	30 - 50	40
IV	40 - 60	50	40 - 20
IV/V	60	50 - 60	20
V	60 - 80	60	20 - 0

Tabelle 11: Tabellarische Lösungsform des konvexen Programmierungsproblems im Rahmen der Ein-Parameter-Analyse (2. Vorgehensweise)

Aus der Tabelle 11 ist wiederum zu ersehen, daß nur für einen Grenzerlös in Höhe von $h_1 = 40$ die nachgefragte Menge in den Bereich der angebotenen Mengen fällt. Auch diese Vorgehensweise führt zu demselben optimalen Ergebnis des konvexen Programmierungsproblems.

Zum Abschluß soll noch einmal die prinzipielle Vorgehensweise beschrieben werden, mit der ein konvexes Programmierungsproblem mithilfe eines parametrischen linearen Programmierungsansatzes gelöst werden kann. Der Gradientenvektor $\nabla z(x)$ der Zielfunktion des konvexen Problems wird als Parametervektor h in das parametrische lineare Programm aufgenommen. Sodann werden sämtliche optimalen Basislösungen und die Linearkombinationen benachbarter optimaler Basislösungen daraufhin überprüft, ob es einen Lösungsvektor x^1 gibt, bei dem gerade der Parametervektor h übereinstimmt mit dem Gradientenvektor $\nabla z(x^1)$. Bei Übereinstimmung gilt: $x^1 = x_{opt}$.

Betrachtet man das Lösungsverfahren in den Tabellen 10 und 11, wird deutlich, daß es nicht zweckmäßig ist, zunächst alle möglichen Basislösungen zu generieren, um dann anschließend die optimale Lösung des Problems zu suchen. Die Ermittlung neuer Basislösungen und die Suche nach dem Optimum haben vielmehr abwechselnd zu erfolgen. Die prinzipielle Vorgehensweise wäre dann:

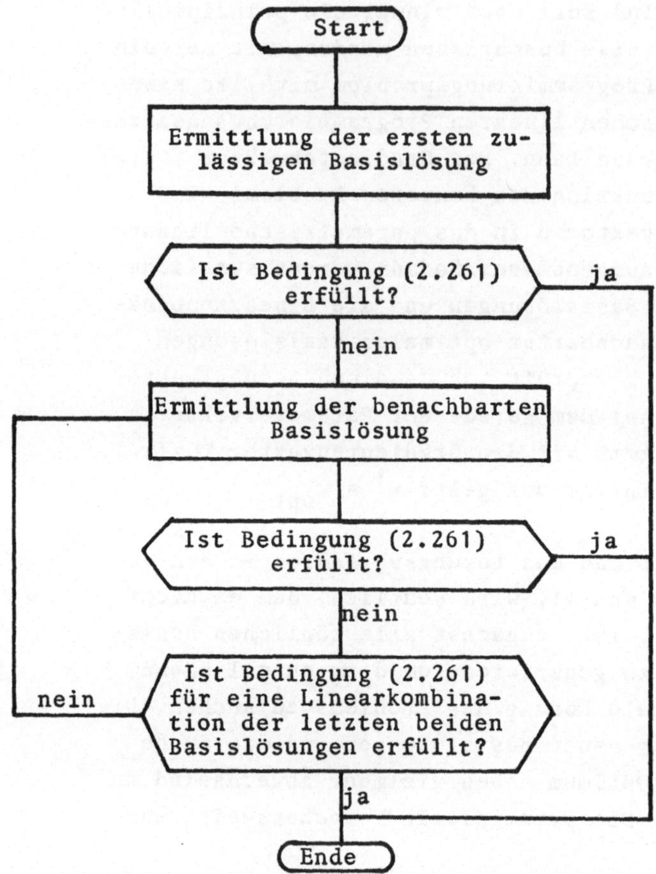

Abb. 21: Das Ablaufschema des Lösungsprozesses

Die Suche nach der optimalen Lösung endet nach endlich vielen Schritten, da es nur eine endliche Zahl von Basislösungen gibt.

f) Die ökonomische Bedeutung der Parameter im Rahmen der parametrischen linearen Programmierung

Betrachtet man die Zielfunktion des parametrischen linearen Programmierungsproblems

$$(2.266) \quad z = \sum_j (c_j + h_j) x_j \ ,$$

lassen die Größen c_j und h_j - stets bezogen auf eine gewinnmaximale simultane Produktions- und Absatzplanung - verschiedene ökonomische Interpretationen zu.

Möglichkeit 1: $h_j > 0$ und $c_j < 0$: die Parameter können als Grenzerlöse oder Grenznettoerlöse interpretiert werden, die Konstanten repräsentieren variable Produktionsstückkosten. Diese Möglichkeit ist bisher betrachtet worden.

Möglichkeit 2: $h_j > 0$ und $c_j = 0$: hier stellen die Parameter Grenzgewinngrößen dar.

In beiden Fällen ist die Beziehung zwischen Parameterwerten und den Niveaus der ihnen zugeordneten Variablen von der Art, wie sie in Abbildung 20 graphisch dargestellt wurde.

Möglichkeit 3: $h_j < 0$ und $c_j > 0$: die Parameter sind hier als Grenzkosten zu interpretieren, sei es in bezug auf die Produktionsmengen (Grenzproduktionskosten), Absatzmengen (Grenzwerbekosten) oder Werbemittel (Grenzwerbemittelkosten). Bei den Größen c_j handelt es sich um konstante Absatzpreise. In welcher Beziehung stehen die Parameterwerte und die Niveaus der ihnen zugeordneten Variablen? Als Beispiel sollen die Grenzwerbekosten herangezogen werden. Bei konvexem Verlauf der Werbekostenfunktion steigen mit zunehmenden Grenzwerbekosten die absetzbaren Mengen auf dem Markt (marktliche Grenzwerbekosten). Vom Betrieb her gesehen aber wird die Angebotsmenge eines Produktes mit wachsenden Grenzwerbekosten immer weiter abnehmen, da das Erzeugnis durch einen sinkenden Zielbeitrag von anderen Produkten aus dem Programm verdrängt wird (betriebliche Grenzwerbekosten). Graphisch läßt sich diese Situation wie folgt darstellen:

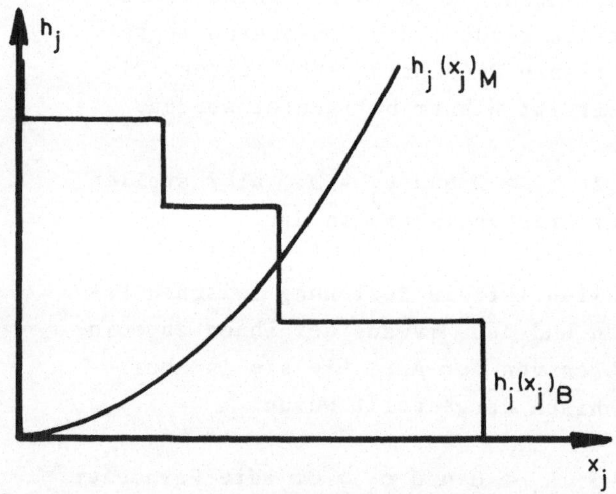

Abb. 22: Die Darstellung von betrieblichen und marktlichen Grenzwerbekostenfunktionen

Bei allen aufgezeigten Möglichkeiten hat stets zu gelten: $h_j + c_j \neq 0$ für alle $j = 1,\ldots,j_n$, d.h. die optimalen Lösungen der konvexen Programmierungsprobleme liegen alle auf dem Rande des Lösungsraums.

IV. Die Ausdehnung der Betrachtung auf eine Zwei-Parameter-Analyse

a) Die Problemformulierung

Das konvexe Programmierungsproblem des Abschnitts III führte zu einem parametrischen linearen Programmierungsansatz mit einem Parameter. Die ursprüngliche Zielfunktion war separabel und quadratisch. Zudem erfolgte die Generierung von optimalen Basislösungen unabhängig von der Suche nach der optimalen Problemlösung. Im folgenden soll eine Problemstruktur untersucht werden, die zu einer nichtquadratischen, separablen Zielfunktion sowie linearen Nebenbedingungen führt. Das Aufsuchen neuer Basislösungen und die Suche nach der optimalen Problemlösung haben entsprechend dem Ablaufschema der Abbildung 21 Zug um Zug zu erfolgen.

Grundlage für die nachfolgenden Erörterungen bildet wiederum ein Zahlenbeispiel. Zu maximieren ist die Zielfunktion

$$(2.267)\quad z = 90x_1 + 105x_2 - 1/64x_1^3 - 1/30x_2^3$$

unter Beachtung der Nebenbedingungen

$$(2.268)\quad \begin{aligned} x_1 + 3x_2 &\leqq 150 \\ x_1 + x_2 &\leqq 70 \\ 2x_1 + x_2 &\leqq 120 \\ x_1, x_2 &\geqq 0 . \end{aligned}$$

Die Zielfunktion verläuft im zulässigen Bereich konkav.

Die hinter diesem Zahlenbeispiel verborgene ökonomische Modellvorstellung könnte lauten: bei konstanten Absatzpreisen und variablen Produktionsstückkosten für jedes Erzeugnis ist das gewinnmaximale Absatzprogramm zu bestimmen, wobei für beide Erzeugnisse Werbekosten eingesetzt werden müssen. Die Werbekostenfunktionen für die beiden Erzeugnisse sind

$$(2.269) \quad K_{w1} = 1/64x_1^3 \text{ und } K_{w2} = 1/30x_2^3 .$$

Bildet man die partiellen Ableitungen der Zielfunktion

$$(2.270) \quad \partial z/\partial x_1 = 90 - 3/64x_1^2$$

$$\partial z/\partial x_2 = 105 - 1/10x_2^2$$

und definiert

$$(2.271) \quad c_1=90 \; ; \; c_2=105 \; ; \; h_1=3/64x_1^2 \; ; \; h_2=1/10x_2^2 ,$$

dann lautet die Zielfunktion des parametrischen linearen Programms:

$$(2.272) \quad z = (90-h_1)x_1 + (105-h_2)x_2 .$$

Diese Zielfunktion ist unter Berücksichtigung der Restriktionen (2.268) zu maximieren, wobei zusätzlich der Variationsbereich der Parameter begrenzt wird auf

$$(2.273) \quad 0 \leqq h_1 \leqq 90 \text{ und } 0 \leqq h_2 \leqq 105 .$$

b) Die tabellarisch-analytische Lösungsform

Die Funktionen h(x) in (2.271) stellen die Nachfragefunktionen (marktliche Grenzwerbekostenfunktionen) dar. Ihnen gegenüberzustellen sind die im folgenden noch abzuleitenden Angebotsfunktionen (betriebliche Grenzwerbekostenfunktionen). Wir beginnen mit dem Ausgangstableau I der Tabelle 12 und prüfen dessen Lösung auf Optimalität. Hierzu ermittelt man den zulässigen Bereich für die Parameter h_1 und h_2 sowie die Lösungen für x_1 und x_2. Diese Lösungswerte setzt man sodann in die Nachfragefunktionen (2.271) ein und bestimmt die zu dieser Lösung gehörigen marktlichen Grenzwerbekosten. Anschließend ist zu prüfen, ob eine Gleichheit von marktlichen und betrieblichen Grenzwerbekosten vorliegt (vgl. hierzu die Tabellen 12 und 13). Die Basislösung des Tableaus I ist keine optimale Problemlösung. Durch Austausch der Variablen x_2 und y_1 gelangt man zum Tableau II. Den optimalen Lösungsvektor, den zulässigen Parameterbereich sowie die mithilfe der Basislösungen ermittelten marktlichen Grenzwerbekosten zeigt die Tabelle 13. Eine Gleichheit von marktlichen und betrieblichen Grenzwerbekosten ist nicht herzustellen.

Zu prüfen wäre jetzt noch, ob eine Linearkombination der Basislösungen I und II eine solche Gleichheit herbeiführt. Da für den angegebenen Lösungsbereich - vgl. Tabelle 13 - sämtliche Parameter-Beschränkungen zugleich erfüllt sein müssen, erhält man: aus den Bedingungen

(2.274) $h_1 \geqq 90$; $h_2 \geqq 105$; $h_1 \geqq 55+1/3h_2$; $h_2 \leqq 105$

folgt

(2.275) $h_1 \geqq 90$; $h_2 = 105$.

Auch die Linearkombinationen der Basislösungen I und II führen nicht zu einer Übereinstimmung von marktlichen und betrieblichen Grenzwerbekosten.

Durch Austausch der Variablen x_1 und y_2 erhält man das Tableau III. Auch dessen Lösungsvektor führt nicht zum Optimum des konvexen Programmierungsproblems.

Es ist jetzt zu prüfen, ob eine Linearkombination der Basislösungen II und III eine Gleichheit von marktlichen und betrieblichen Grenzwerbekosten ermöglicht. Hierzu sind wiederum die beiden Basislösungen gemeinsamen Parameterbegrenzungen zu ermitteln. Wie die Tabelle 13 zeigt, ist die optimale Lösung immer noch nicht erreicht.

Es wird deshalb eine neue Basislösung aufgesucht, die im Tableau IV enthalten ist. Auch diese Lösung IV stellt nicht das Optimum des ursprünglichen Problems dar, so daß jetzt die Linearkombinationen der Basislösungen III und IV auf Optimalität hin zu prüfen sind. Es zeigt sich, wie der Tabelle 13 zu entnehmen ist, daß eine Kombination der Basislösungen III und IV zugleich die optimale Lösung sein muß, da sich die zulässigen Bereiche von betrieblichen und marktlichen Grenzwerbekosten überschneiden und es somit einen gemeinsamen Bereich für beide Grenzwerbekosten-Konzeptionen gibt.

Wie lassen sich die optimalen Absatzmengen bestimmen, bei denen die betrieblichen und die marktlichen Grenzwerbekosten identisch sind? Zunächst soll ein analytischer Lösungsweg vorgestellt und anschließend eine graphische Lösungsmethode entwickelt werden.

		x_1	x_2	y_1	y_2	y_3	b
I:	y_1	1	3	1	0	0	150
	y_2	1	1	0	1	0	70
	y_3	2	1	0	0	1	120
	z_j-c_j	-90	-105	0	0	0	
		h_1	0	0	0	0	
		0	h_2	0	0	0	
II:	x_2	1/3	1	1/3	0	0	50
	y_2	2/3	0	-1/3	1	0	20
	y_3	5/3	0	-1/3	0	1	70
	z_j-c_j	-55	0	35	0	0	
		h_1	0	0	0	0	
		$-1/3h_2$	0	$-1/3h_2$	0	0	
III:	x_2	0	1	1/2	-1/2	0	40
	x_1	1	0	-1/2	3/2	0	30
	y_3	0	0	1/2	-5/2	1	20
	z_j-c_j	0	0	15/2	165/2	0	
		0	0	$1/2h_1$	$-3/2h_1$	0	
		0	0	$-1/2h_2$	$1/2h_2$	0	
IV:	x_2	0	1	0	2	-1	20
	x_1	1	0	0	-1	1	50
	y_1	0	0	1	-5	2	40
	z_j-c_j	0	0	0	120	-15	
		0	0	0	h_1	$-h_1$	
		0	0	0	$-2h_2$	h_2	

Tabelle 12: Ein Zahlenbeispiel zur Zwei-Parameter-Analyse

Tableau	$h(x)_B$	Lösungsbereich (x_1, x_2)	$h(x)_M$
I	$h_1 \geqq 90$ $h_2 \geqq 105$	$x_1=0$ $x_2=0$	$h_1=0$ $h_2=0$
II	$h_1 \geqq 55+1/3h_2$ $h_2 \leqq 105$	$x_1=0$ $x_2=50$	$h_1=0$ $h_2=250$
I/II	$h_1 \geqq 90$ $h_2=105$	$x_1=0$ $0 \leqq x_2 \leqq 50$	$h_1=0$ $0 \leqq h_2 \leqq 250$
III	$h_1 \geqq -15+h_2$ $h_1 \leqq 55+1/3h_2$	$x_1=30$ $x_2=40$	$h_1=42,2$ $h_2=160$
II/III	$h_1=55+1/3h_2$ $h_2 \leqq 105$	$0 \leqq x_1 \leqq 30$ $50 \geqq x_2 \geqq 40$	$0 \leqq h_1 \leqq 42,2$ $250 \geqq h_2 \geqq 160$
IV	$h_1 \geqq -120+2h_2$ $h_1 \leqq -15+h_2$	$x_1=50$ $x_2=20$	$h_1=117,2$ $h_2=40$
III/IV	$h_1= -15+h_2$ $h_2 \leqq 105$	$30 \leqq x_1 \leqq 50$ $40 \geqq x_2 \geqq 20$	$42,2 \leqq h_1 \leqq 117,2$ $160 \geqq h_2 \geqq 40$

Tabelle 13: Tabellarische Lösungsform bei einer Zwei-Parameter-Analyse

Der analytische Lösungsweg geht von den Parameter- und Lösungsbereichen der Lösung III/IV aus:

$$(2.276)\quad h_1 = -15 + h_2 \quad \text{und} \quad h_2 \leqq 105$$

$$(2.277)\quad 30 \leqq x_1 \leqq 50$$
$$40 \geqq x_2 \geqq 20.$$

Setzt man in die Gleichung (2.276) für die Parameter h_1 und h_2 die Funktionen der marktlichen Grenzwerbekosten (2.271) ein, erhält man:

(2.278) $3/64x_1^2 = -15 + 1/10x_2^2$ und $1/10x_2^2 \leqq 105$.

Die Bedingung $1/10x_2^2 \leqq 105$ ist redundant, da sie als Grenzfall in der Gleichung für $3/64x_1^2 \leqq 90$ enthalten ist; es gilt nämlich stets: $h_1 = 3/64x_1^2 \leqq 90$. Die Gleichung in (2.278) enthält sämtliche Kombinationen von Erzeugnismengen, die nachgefragt werden.

Der von der Produktionsseite her determinierte Lösungsbereich der Variablen wird durch (2.277) bestimmt, wobei jedoch nur Linearkombinationen der ursprünglichen Basislösungen infrage kommen. Sämtliche Linearkombinationen liegen auf der linearen Funktion:

(2.279) $x_1 + x_2 = 70$,

die eine Restriktion des zu lösenden Planungsproblems darstellt.

Durch die Gleichung (2.279) werden die vom Betrieb angebotenen Kombinationen von Absatzmengen definiert. Von diesen möglichen Kombinationen von Absatzmengen soll die Kombination realisiert werden, die die Gleichung in (2.278) erfüllt. Wir haben damit zwei Gleichungen gefunden, die zusammen die optimalen Absatzmengen des ursprünglichen konvexen Programmierungsproblems determinieren. Die Lösung der Gleichungen (2.278) und (2.279) ergibt:

(2.280) $x_{1opt} = 40$ und $x_{2opt} = 30$.

c) Die graphische Lösungsform

Für dieses zweidimensionale Problem kann auch eine graphische Lösungsmöglichkeit angegeben werden, die im Prinzip wie folgt durchzuführen ist. Für jede mögliche Absatzmengenkombination sind die zugehörigen betrieblichen und marktlichen Grenzwerbekosten zu bestimmen. Dort, wo betriebliche und marktliche Grenzwerbekosten identisch sind, ist die optimale Lösung des Problems. Relevant sind nur solche Absatzmengenkombinationen, die auf dem Rande des durch die linearen Nebenbedingungen beschriebenen Lösungsbereiches liegen.

Die in der Tabelle 12 enthaltenen Tableaus und ihre Ergebnisse können unter folgender Fragestellung betrachtet werden: welches qualitative und quantitative Absatzprogramm bzw. welche Absatzprogramme bietet die Unternehmung bei welcher Relation der Grenzwerbekosten an?
Graphisch ergibt sich folgendes Bild:

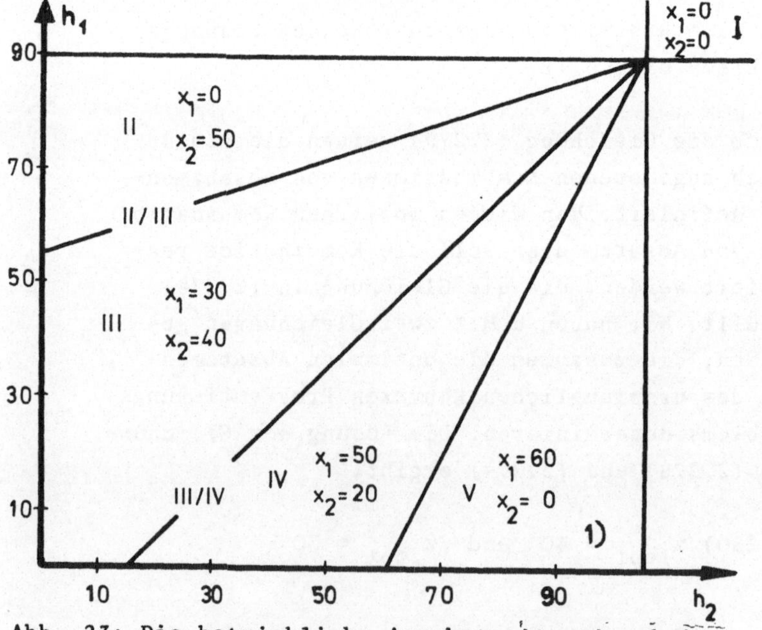

Abb. 23: Die betriebliche Angebotssituation bei alternativen Relationen der Grenzwerbekosten

1 Siehe folgende Seite

In der Abbildung 23 stellen die römischen Ziffern wiederum die verschiedenen Tableaus der Tabelle 12 dar. Die zu jedem dieser Tableaus gehörige Basislösung ist solange optimal, als die Parameter h_1 und h_2 den für dieses Tableau zulässigen Bereich der Parameterwerte nicht verlassen. Für jede Basislösung existiert somit ein bestimmter Zulässigkeitsbereich der Parameter, während jede Linearkombination von benachbarten Basislösungen nur zulässig ist für eine bestimmte lineare Funktion, die zwischen den Parametern besteht. Auch hier gilt wieder die grundsätzliche Aussage, daß mit steigenden (sinkenden) Grenzwerbekosten für ein Erzeugnis dessen Absatzmenge abnimmt (zunimmt).

Nach der Darstellung der betrieblichen Angebotssituation soll die marktliche Nachfragesituation erläutert werden. Es galten Grenzwerbekostenfunktionen der Art

$$(2.281)\quad h_1 = 3/64x_1^2 \; ; \; h_2 = 1/10x_2^2 \; .$$

Diese marktlichen Grenzwerbekostenbeträge fallen an, wenn ein bestimmtes Absatzprogramm realisiert werden soll. Für alternative Absatzprogramme sind die zugehörigen Grenzwerbekostenbeträge zu bestimmen. Als mögliche Programme werden die in der Tabelle 12 ermittelten Basislösungen sowie einige Linearkombinationen herangezogen. Man erhält so die Tabelle 14.[1]

---

1 der Vorseite: Das offen gebliebene Feld repräsentiert sämtliche zulässigen Kombinationen von Grenzwerbekosten, die für die nicht mehr ermittelte Basislösung V (x_1 = 60 ; x_2 = 0) gelten.

1 Auf eine analytische Bestimmung der $h_1(h_2)$-Funktionen sei hier verzichtet. Diese Funktionen sind für jede Restriktion $g(x_1,x_2)$ zu definieren.

x_1	0	0	15	30	40	50	55	60
x_2	0	50	45	40	30	20	10	0
h_1	0	0	10,6	42,2	75	117,2	141,8	168,8
h_2	0	250	202,5	160	90	40	10	0

Tabelle 14: Die Ermittlung der marktlichen Grenzwerbekosten für alternative Absatzmengenkombinationen

Graphisch sieht die Verknüpfung der marktlichen Grenzwerbekosten für verschiedene Absatzmengenkombinationen der Erzeugnisse wie folgt aus:

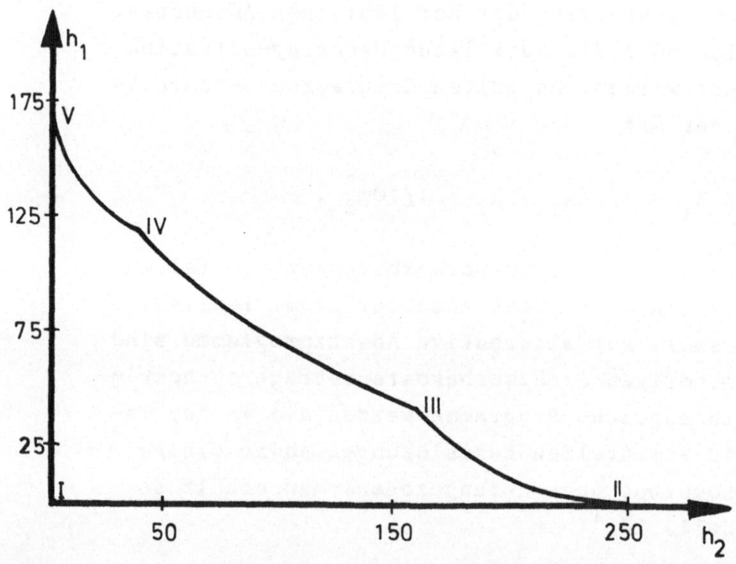

Abb. 24: Die Darstellung der Beziehungen zwischen den marktlichen Grenzwerbekosten bei alternativen Absatzmengenkombinationen

Eine Zusammenfassung der Abbildungen 23 und 24 ermöglicht es, den Punkt zu bestimmen, in dem die marktlichen mit den betrieblichen Grenzwerbekosten übereinstimmen.

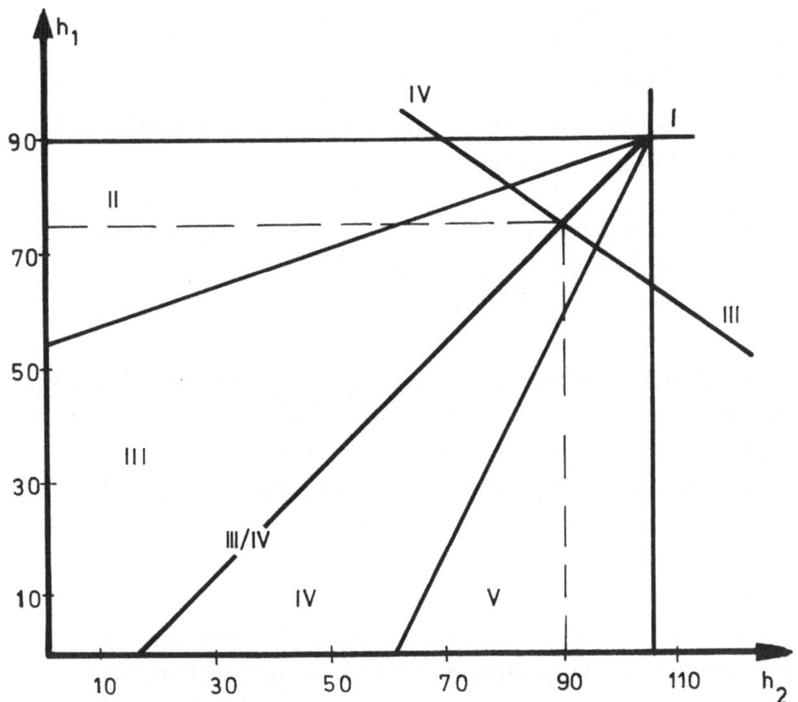

Abb. 25: Gegenüberstellung von marktlichen und betrieblichen Grenzwerbekosten

In der Abbildung 25 ist nur der Teil der marktlichen Grenzwerbekosten eingezeichnet, der in den Bereich der betrieblichen Grenzwerbekosten fällt. Es handelt sich um die Kombinationen von marktlichen Grenzwerbekosten, die den Linearkombinationen der Basislösungen III und IV entsprechen. Man sieht, daß eine Übereinstimmung von marktlichen und betrieblichen Grenzwerbekosten nur in einem Punkt erzielt wird, nämlich dort, wo die betrieblichen Grenzwerbekosten III/IV den marktlichen Grenzwerbekosten III/IV entsprechen:

(2.282) $h_1 = 75$; $n_2 = 90$.

Daraus folgt als optimale Lösung gemäß (2.281):

(2.283) $x_{1opt} = 40$; $x_{2opt} = 30$.

V. Ausblick auf den Fall eines n-dimensionalen konvexen Programmierungsansatzes und seine Lösung mit Hilfe der parametrischen linearen Programmierung

a) Die Notwendigkeit einer Modifizierung des bisherigen Lösungsweges

Die Vorgehensweise zur Lösung konvexer Programmierungsprobleme mithilfe der parametrischen linearen Programmierung läßt sich wie folgt kurz zusammenfassen. Gesucht wird ein Parametervektor h mit der zugehörigen optimalen Lösung $x_{opt}(h)$ im Rahmen der parametrischen linearen Programmierung, der übereinstimmt mit dem Gradientenvektor der Zielfunktion des konvexen Programmierungsansatzes an der Stelle x^+. Der optimale Lösungsvektor des konvexen Programms ist dann identisch mit dem optimalen Lösungsvektor des parametrischen linearen Programms: $x_{opt}(h) = x^+$. Diese Übereinstimmung von Gradienten- und Parametervektor kann man dadurch erreichen, daß man jede Basislösung und jede mögliche Kombination benachbarter Basislösungen daraufhin überprüft, ob deren Lösungsvektoren zu einer Identität von Gradienten- und Parametervektor führen.

Unter dem Begriff der 'benachbarten' Basislösungen ist folgendes zu verstehen. Basislösungen befinden sich in den Ecken oder Extremalpunkten des Lösungsraumes; Extremalpunkte sind benachbart zum Extremalpunkt x^o, wenn sie zusammen mit x^o auf einer Hyperfläche liegen, die Rand des Lösungsraumes ist.

Bei der Behandlung der obigen zwei-dimensionalen Programmierungsprobleme ist diese Vorgehensweise noch unproblematisch. Da jeweils nur zwei Basislösungen benachbart sind, können sämtliche Basislösungen und deren Linearkombinationen ohne Schwierigkeiten auf ihre Optimalität hin geprüft werden.

Denn das Optimum eines solchen Programmierungsproblems kann nur in einer Ecke (Basislösung) oder auf einer Kante (Linearkombination zweier benachbarter Basislösungen) liegen.

Bei einem drei-dimensionalen Programmierungsproblem kann das Optimum in einer Ecke (Basislösung), einer Kante (Linearkombination zweier benachbarter Basislösungen) oder auch auf einer Fläche (Kombination dreier benachbarter Basislösungen) gefunden werden.

Bei einem n-dimensionalen Programm schließlich sind sämtliche Basislösungen und Linearkombinationen von zwei bis n benachbarten Basislösungen auf ihre Optimalität hin zu prüfen. Zwar ist die Zahl der Basislösungen endlich, dennoch wächst die Zahl der Prüfungen auf Optimalität der Lösungsvektoren mit zunehmender Dimension des Planungsproblems überproportional an.

Wenn es gelänge, eine Basislösung x^o zu finden, zu der eine Menge von benachbarten Basislösungen x^γ für $\gamma = 1,\dots, \gamma_n$ gehört, so daß eine Linearkombination dieser Basislösungen x^γ für $\gamma = 0,\dots,\gamma_n$ auf jeden Fall die optimale Lösung enthielte, könnte die Prüfung auf Optimalität durch die Abstimmung von Gradienten- und Parametervektor auf die Nachbarschaft von x^o beschränkt werden.

Es wird behauptet, daß eine derartige Basislösung x^o sich dadurch auszeichnet, daß sie im Vergleich mit allen anderen Basislösungen keinen kleineren Zielfunktionswert aufweist.

Zu zeigen ist also folgende Aussage: ist x^o eine Basislösung mit nicht kleinerem Zielfunktionswert als alle übrigen zulässigen Basislösungen des

Problems, so muß eine optimale Lösung auf einer Hyperfläche liegen, die durch diese Basislösung x^o und zu x^o benachbarte Basislösungen festgelegt werden kann.

Der optimale Zielerreichungsgrad sei z_{opt}. Gilt

(2.284) $z(x^o) = z_{opt}$,

ist die Aussage richtig. In der Abbildung 26 ist diese Situation für ein zweidimensionales Problem noch einmal dargestellt.

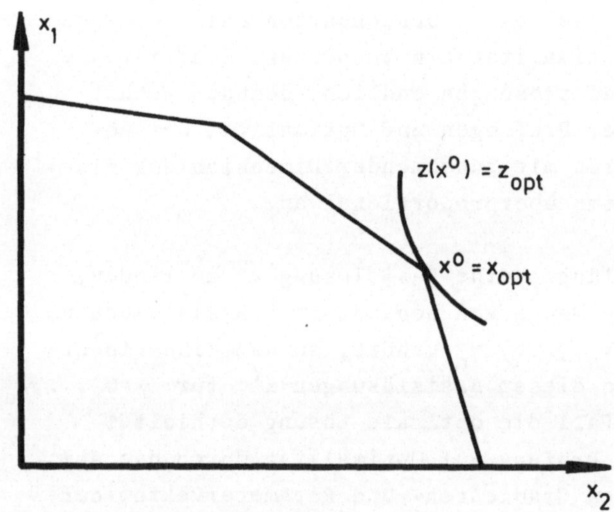

Abb. 26: Graphische Darstellung eines konvexen Programmierungsproblems bei Identität von Basislösung x^o und optimaler Lösung x_{opt}

Ist dagegen

(2.285) $z(x^o) < z_{opt}$,

gibt es genau eine optimale Lösung x_{opt} und diese

liegt nach Voraussetzung auf dem Rande des Lösungsraums. Man betrachte die Teilmenge des Lösungsraumes

(2.286) $\{ x \mid z(x) > z(x^o) \}$.

Diese Teilmenge enthält Punkte genau einer Randfläche des Lösungsraumes und x^o ist Element dieser Randfläche. Dieser Sachverhalt ist in Abbildung 27 dargestellt worden. Dabei kann die gesamte Randfläche (Möglichkeit I) oder nur ein Teil der Randfläche (Möglichkeit II) in der Teilmenge (2.286) enthalten sein.

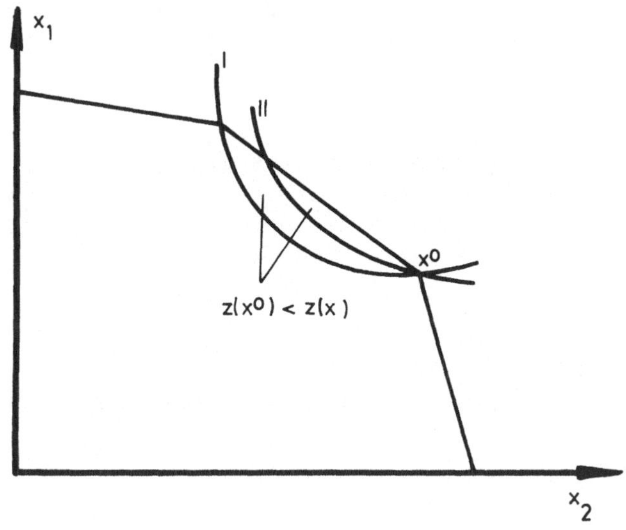

Abb. 27: Graphische Darstellung der Teilmenge nach Bedingung (2.286) und deren Lage im Lösungsraum

Enthielte die Teilmenge nach (2.286) Elemente mehrerer Randflächen, enthielte sie auch mindestens einen Extremalpunkt, der einen größeren Zielfunktionswert als x^o haben würde. Das wäre aber ein Widerspruch. Diese Situation ist in der Abbildung 28 dargestellt worden.

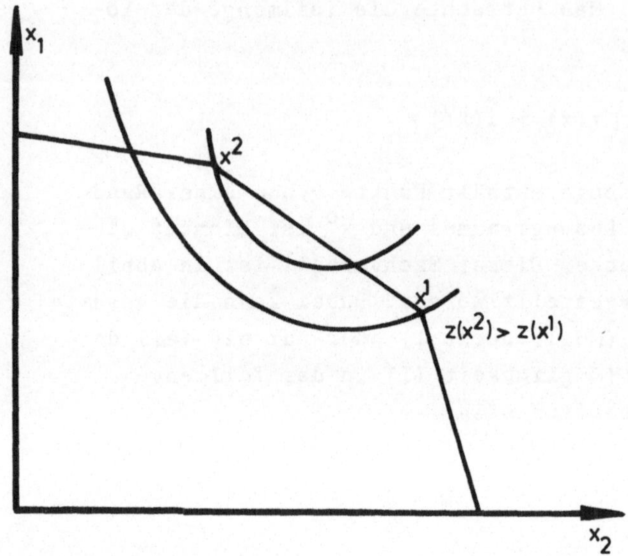

Abb. 28: Graphische Darstellung eines konvexen Programmierungsproblems (es gilt gemäß (2.286): $x^1 \neq x^0$)

Es sei angenommen, die Basislösung x^o sei identisch mit der Basislösung x^1 der Abbildung 28. In der Teilmenge nach (2.286) wären dann Punkte zweier Randflächen des Lösungsraums enthalten. Dann muß gelten: $z(x^2) > z(x^1)$, und x^1 kann nicht identisch mit x^o sein. Für die Konstellation der Abbildung 28 gilt: $x^2 = x^o$.

Jeder Punkt der Randfläche, die in der Teilmenge (2.286) enthalten ist, läßt sich durch eine Linearkombination von x^o und auf dieser Randfläche liegenden benachbarten Eckpunkten darstellen. Das gilt insbesondere für die optimale Lösung x_{opt}.

Die Behandlung konvexer Programmierungsprobleme mit Hilfe eines parametrischen linearen Programmierungsansatzes läßt sich somit in zwei Teilaufgaben trennen: zunächst einmal ist diejenige Basislösung x^o des parametrischen linearen Programms zu finden, die im Vergleich mit allen anderen Basislösungen keinen kleineren Zielfunktionswert aufweist. Ist diese Basislösung gefunden, kann sie auf ihre mögliche Optimalität hin geprüft werden. Ist die Basislösung x^o keine optimale Lösung des ursprünglichen Problems, sind deren benachbarten Basislösungen aufzusuchen und diejenige Linearkombination von Basislösungen zu ermitteln, die zu einer Gleichheit von Gradienten- und Parametervektor führt. Übrig bleibt die Klärung zweier Probleme:

(1) wie findet man die Basislösung x^o und

(2) welche der zu x^o benachbarten Basislösungen sind mit x^o zu einer Linearkombination zu verbinden, um zur optimalen Lösung x_{opt} zu gelangen?

Die Suche nach der Basislösung x^o erfolgt innerhalb des parametrischen linearen Programmierungsansatzes. Auswahlkriterium für die neu in die Basis aufzunehmenden Variablen sind deren Dualwerte

$$(2.287)\quad z_j - \bar{c}_j = h_B' \bar{a}_j - h_j \;,\; z_j - \bar{c}_j < 0 \qquad ((j)),$$

wobei gilt:

$$(2.288)\quad z_j = h_B' \bar{a}_j \quad \text{und} \quad \bar{c}_j = h_j \qquad ((j))$$

und

$$(2.289)\quad h_j = \partial z(x)/\partial x_j - c_j \qquad ((j)).$$

h_B' ist der Parametervektor (Zeilenvektor) der Basisvariablen des jeweils betrachteten Tableaus, $\bar{a}_j$ der Spaltenvektor der Variablen j dieses Tableaus. In dieser ersten Phase des Lösungsvorganges werden die Dualwerte (2.287) nicht als explizite Funktionen der Parameter definiert;

vielmehr werden die Gradienten und damit die Parameter nach (2.289) an der Stelle x ermittelt und für die Berechnung der Dualwerte (2.287) verwendet.

Es soll aber nicht diejenige Variable neu in die Basis aufgenommen werden, deren Auswahlkriterium minimal ist, sondern gesucht wird eine Nichtbasisvariable, deren Aufnahme in die Basis den größten Zuwachs der Zielgröße der konkaven Zielfunktion ermöglicht. Die aufgrund des Auswahlkriteriums (2.287) möglichen neuen Basisvariablen sind also daraufhin zu überprüfen, in welchem Maße sie den Zielfunktionswert erhöhen. Zu diesem Zweck sind die möglichen neuen Basislösungen hinsichtlich ihres Zielbeitrages miteinander zu vergleichen und diejenige Basislösung und damit die neu in die Basis aufzunehmende Nichtbasisvariable zu wählen, die den größten Zielerreichungsgrad gewährleistet. Diese Vorgehensweise erlaubt es, die Basislösung x^o aufzusuchen. In der zweiten Phase des Lösungsvorganges ist vom Tableau der Basislösung x^o auszugehen. Gilt für die Variablen dieses Tableaus

$$(2.290) \quad z_j - \bar{c}_j = h_B' \bar{a}_j - h_j \geqq 0$$

für

$$(2.291) \quad h_j = \partial z(x^o)/\partial x_j - c_j \qquad ((j)) ,$$

dann ist x^o eine optimale Lösung des konvexen Programmierungsproblems.

Gilt statt (2.290)

$$(2.292) \quad z_j - \bar{c}_j < 0 \qquad ((j))$$

für eine oder mehrere Variablen j, so sind alle diejenigen Basislösungen und deren Tableaus zu ermitteln, die jeweils eine dieser Variablen in der Basis enthalten. Diese Menge benachbarter Basislösungen wird mit der Basislösung x^o zu einer Linearkombination vereint, um die optimale Lösung zu bestimmen. Zu diesem Zweck sind die Dualwerte dieser Basislösungen als explizite Funktionen der Parameter zu definieren. Die Ermittlung des Optimums ist im Rahmen der Ein- und Zwei-Parameter-Analyse ausführlich behandelt worden.

b) Ein Demonstrationsbeispiel

An einem kleinen Zahlenbeispiel sollen die soeben angestellten Überlegungen demonstriert werden. Wir betrachten eine Unternehmung, die drei verschiedene Erzeugnisse produzieren und absetzen kann. Die Absatzsituation jedes dieser drei Erzeugnisse sei durch eine linear fallende Preis-Absatzfunktion gekennzeichnet. Produziert werden kann auf drei Maschinen. Eine absatzmäßige Verflechtung möge nicht bestehen. Die notwendigen Informationen für dieses Planungsproblem enthält die Tabelle 15.

		Maschinen A	B	C	Preis-Absatzfunktion	var. Produktionsstückkosten
Erzeugnis	1	1	1	4	$p_1=150 - \frac{1}{2}x_1$	20
	2	2	1	3	$p_2=160 - \frac{1}{2}x_2$	50
	3	3	1	3	$p_3=120 - \frac{1}{2}x_3$	35
Kapazität		120	70	240		

Tabelle 15: Beschreibung der Datensituation für die Drei-Parameter-Analyse

Die Zielfunktion des konvexen Programmierungsproblems lautet dann:

$$(2.293)\quad z=130x_1 - \frac{1}{2}x_1^2 + 110x_2 - \frac{1}{2}x_2^2 + 85x_3 - \frac{1}{2}x_3^2 .$$ [1]

Sie ist zu maximieren unter Beachtung der Nebenbedingungen:

$$(2.294)\quad \begin{aligned} x_1 + 2x_2 + 3x_3 + x_4 &= 120 \\ x_1 + x_2 + x_3 + x_5 &= 70 \\ 4x_1 + 3x_2 + 3x_3 + x_6 &= 240 \\ x_1, x_2, x_3, x_4, x_5, x_6 &\geqq 0 . \end{aligned}$$

Um die folgenden Darstellungen zu erleichtern, werden die Schlupfvariablen mit x_4, x_5 und x_6 bezeichnet.

Die Gradienten lauten:

$$(2.295)\quad \begin{aligned} \partial z/\partial x_1 &= 130 - x_1 = h_1 & \partial z/\partial x_4 &= h_4 = 0 \\ \partial z/\partial x_2 &= 110 - x_2 = h_2 & \partial z/\partial x_5 &= h_5 = 0 \\ \partial z/\partial x_3 &= 85 - x_3 = h_3 & \partial z/\partial x_6 &= h_6 = 0. \end{aligned}$$

1 Auf eine Differenzierung nach absatz- und produktionswirtschaftlichen Größen soll hier verzichtet werden, d.h., es gelten die Optimalitätsbedingungen:

$h_j = \partial z(x^+)/\partial x_j - c_j$ und $x_{opt}(h)=x^+$ für $c_j=0$ ((j)).

Die Zielfunktionskoeffizienten der Schlupfvariablen sind Null; die Gradienten der Zielfunktion in bezug auf diese Variablen sind dann ebenfalls Null.

Die Zielfunktion des parametrischen linearen Programms lautet

$$(2.296)\quad z = h_1x_1 + h_2x_2 + h_3x_3$$

und ist unter Beachtung der Restriktionen (2.294) zu maximieren.[1] Die Parameter können in den Grenzen

$$(2.297)\quad \begin{aligned} 0 &\leq h_1 \leq 130 \\ 0 &\leq h_2 \leq 110 \\ 0 &\leq h_3 \leq 85 \end{aligned}$$

variiert werden.
Bislang wurden für jedes Tableau die Dualwerte

$$(2.298)\quad z_j - \bar{c}_j = h_B' \bar{a}_j - h_j \qquad ((j))$$

als explizite Funktionen der Parameter formuliert. In der ersten Phase des Lösungsvorganges wird von diesem Prinzip abgewichen: für jede gefundene Lösung werden die Gradienten (2.295) und damit die Parameter h_j für diese Lösungswerte bestimmt. Diese Werte werden sodann für die Errechnung der Dualwerte (2.298) verwendet. Die Dualwerte werden somit nicht im Zuge der Matrix-Transformationen bestimmt, sodern für jede gefundene Lösung gemäß Gleichung (2.298) neu errechnet.

Das gleiche gilt für die Errechnung der Zielfunktionswerte (2.293) für jede Basislösung. Diese sind mithilfe der Gleichung (2.293) zu bestimmen, können also ebenfalls nicht im Zuge der Matrix-Transformationen gewonnen werden.

---

1 In diesem Beispiel sind die Parameter h als Grenzgewinne zu interpretieren.

In der ersten Phase des Lösungsvorganges sind die in Tabelle 16 enthaltenen Rechnungen durchzuführen. Begonnen wird mit dem Ausgangstableau I. Für dieses Tableau und seine Lösung sind die Dualwerte gemäß (2.298) und der Zielfunktionswert gemäß (2.293) zu errechnen. Die Lösung lautet:

(2.299) $(x_1, x_2, x_3, x_4, x_5, x_6) = (0,0,0,120,70,240)$.

Die Gradienten $\partial z/\partial x_j = h_j$ und damit die Parameter h_j lauten für diese Lösung:

(2.300) $h_1 = 130 \; ; \; h_2 = 110 \; ; \; h_3 = 85 \; ; \; h_4 = h_5 = h_6 = 0$.

Der Parametervektor h_B' der Basisvariablen lautet:

(2.301) $h_B' = (0,0,0)$.

Mithilfe der Werte in den Bedingungen (2.300) und (2.301) lassen sich die Dualwerte (2.298) bestimmen.

Setzt man die Lösungswerte (2.299) in die Zielfunktion (2.293) ein, ergibt sich ein Zielfunktionswert von Null.

In diesem Tableau I wird diejenige Nichtbasisvariable gesucht, die im Austausch gegen eine Basisvariable zur größten Steigerung des Zielfunktionswertes führt. Die größte Zunahme des Zielfunktionswertes wird erzielt, wenn man die Variable x_1 gegen die Variable x_6 austauscht. Man erhält das Tableau II mit der Lösung

(2.302) $(x_1, x_2, x_3, x_4, x_5, x_6) = (60,0,0,60,10,0)$.

Die Gradienten $\partial z/\partial x_j = h_j$ lauten für diese Lösung:

(2.303) $h_1 = 70 \; ; \; h_2 = 110 \; ; \; h_3 = 85 \; ; \; h_4 = h_5 = h_6 = 0$.

Für den Parametervektor h_B' gilt:

(2.304) $h_B' = (0 , 0 , 70)$.

Mithilfe von (2.303) und (2.304) lassen sich dann die Dualwerte (2.298) errechnen. Die Zielfunktion (2.293) nimmt für die Lösung (2.302) einen Wert von 6000 an.

Von den Nichtbasisvariablen x_2 und x_3 des Tableaus II, die in die Basis aufgenommen werden könnten, wird die Variable x_2 gewählt; man gelangt zum Tableau III. Der Zielfunktionswert dieser Basislösung beträgt 7050. Von den Nichtbasisvariablen x_3 und x_5 des Tableaus III wird die Variable x_3 gewählt, da sie den Zielfunktionwert am stärksten ansteigen läßt; die Aufnahme der Variablen x_5 in die Basis ergäbe wiederum das Tableau II. Die Lösung des Tableaus IV führt zu einem Zielfunktionswert in Höhe von 7100. Ausgehend vom Tableau IV könnte noch die Variable x_4 im Austausch gegen die Variable x_3 neu in die Basis aufgenommen werden. Dieses Vorgehen würde jedoch wieder zum Tableau III führen und lediglich einen Zielfunktionswert in Höhe von 7050 erbringen. Wir haben somit in dem Tableau IV dasjenige gefunden, das keinen kleineren Zielfunktionswert im Vergleich mit allen anderen Tableaus aufweist.

Dieses Tableau IV enthält für das weitere Vorgehen zwei wichtige Informationen. Der negative Dualwert der Variablen x_4 zeigt an, daß das Optimum des konvexen Programmierungsproblems noch nicht gefunden ist. Zugleich läßt sich feststellen, daß von allen Basislösungen, die zu dieser Basislösung IV benachbart sind, nur eine in die folgende Betrachtung einbezogen zu werden braucht: die Basislösung des Tableaus III.

		x_1	x_2	x_3	x_4	x_5	x_6	b
I:	x_4	1	2	3	1	0	0	120
	x_5	1	1	1	0	1	0	70
	x_6	4	3	3	0	0	1	240
	z_j-c_j	-130	-110	- 85	0	0	0	0
II:	x_4	0	5/4	9/4	1	0	-1/4	60
	x_5	0	1/4	1/4	0	1	-1/4	10
	x_1	1	3/4	3/4	0	0	1/4	60
	z_j-c_j	0	-115/2	-65/2	0	0	35/2	6000
III:	x_4	0	0	1	1	-5	1	10
	x_2	0	1	1	0	4	-1	40
	x_1	1	0	0	0	-3	1	30
	z_j-c_j	0	0	-15	0	-20	30	7050
IV:	x_3	0	0	1	1	-5	1	10
	x_2	0	1	0	-1	9	-2	30
	x_1	1	0	0	0	-3	1	30
	z_j-c_j	0	0	0	-5	45	15	7100

Tabelle 16: Ein Zahlenbeispiel zur Drei-Parameter-Analyse

Dies läßt sich wie folgt erklären: da das Optimum noch nicht erreicht ist, muß der Zielfunktionswert des Optimums über dem der Basislösung IV liegen. Eine Erhöhung des Zielfunktionswertes ist aber nur noch möglich, wenn die Variable x_4 mit einem positiven Wert in der Lösung erscheint. Würde man die Variable x_4 im Austausch gegen die Variable x_3 in die Basis nehmen, gelänge man zur Basislösung des Tableaus III. Auch diese Lösung stellt nicht die optimale Lösung dar. Folglich kann das Optimum nur eine Linearkombination der Basislösungen III und IV sein.

Hier beginnt die zweite Phase des Lösungsvorganges. Für die Tableaus III und IV sind die Dualwerte

$$(2.305) \quad z_j - \bar{c}_j = h_B' \bar{a}_j - h_j \qquad ((j))$$

zu bestimmen, nun aber als explizite Funktionen der Parameter. Da eine Linearkombination der Basislösungen III und IV zugleich die optimale Lösung darstellt, sind die Optimalitätsbedingungen für beide Basislösungen zugleich zu formulieren. Diese Vorgehensweise wurde im Rahmen der Ein- und Zwei-Parameter-Analyse bereits ausführlich erläutert.

Für das Tableau III erhält man folgendes System von Optimalitätsbedingungen:

$$(2.306) \quad \begin{aligned} h_2 - h_3 &\geqq 0 \\ 4h_2 - 3h_1 &\geqq 0 \\ -h_2 + h_1 &\geqq 0 . \end{aligned}$$

Für das Tableau IV gelten folgende Bedingungen:

$$(2.307) \quad \begin{aligned} h_3 - h_2 &\geqq 0 \\ -5h_3 + 9h_2 - 3h_1 &\geqq 0 \\ h_3 - 2h_2 + h_1 &\geqq 0 . \end{aligned}$$

Für jede Linearkombination dieser Basislösungen III und IV gelten die Bedingungssysteme (2.306) und (2.307) zugleich. Man erhält dann ein Bedingungssystem der Form

$$(2.308) \quad \begin{aligned} h_2 - h_3 &= 0 \\ 4h_2 - 3h_1 &\geqq 0 \\ -h_2 + h_1 &\geqq 0 \end{aligned} \quad \text{oder} \quad \begin{aligned} h_2 &= h_3 \\ h_3 \leqq h_1 &\leqq 4/3h_3 , \end{aligned}$$

sofern in den letzten zwei Bedingungen des Systems (2.308) der Parameter h_2 durch den Parameter h_3 ersetzt wird.

Setzt man für die Parameter h_1, h_2 und h_3 in (2.308) die Gradienten des Gleichungssystems

(2.295) ein, erhält man einen Lösungsbereich für die Variablen x_1, x_2 und x_3, der eine Gleichheit zwischen den betrieblichen und den marktlichen Grenzerlösen herstellt. Der Lösungsbereich beschreibt nichts anderes als die Marktnachfrage:

(2.309) $110 - x_2 = 85 - x_3$

(2.310) $85 - x_3 \leqq 130 - x_1 \leqq 4/3\ (85 - x_3).$

Bei der Parameterkonstellation (2.308) wird das Unternehmen Mengen der Erzeugnisse produzieren und absetzen, die sich in den Grenzen

(2.311)
$$\begin{aligned} 30 &\leqq x_1 \leqq 30 \\ 40 &\geqq x_2 \geqq 30 \\ 0 &\leqq x_3 \leqq 10 \end{aligned}$$

bewegen.

Das Ungleichungssystem (2.311) entspricht aber genau den Restriktionen:

(2.312)
$$\begin{aligned} x_1 + x_2 + x_3 &= 70 \\ 4x_1 + 3x_2 + 3x_3 &= 240\ . \end{aligned}$$

Man besitzt somit drei Gleichungen - (2.309) und (2.312) -, um die drei Variablen x_1, x_2 und x_3 zu bestimmen. Die Nebenbedingung (2.310) ist für jede Lösung aus dem Lösungsbereich (2.311) erfüllt.

Da bereits nach (2.311) bekannt ist, daß $x_1 = x_{1opt} = 30$, reduziert sich (2.312) auf die Gleichung

(2.313) $x_2 + x_3 = 40\ .$

Aus den verbleibenden zwei Bestimmungsgleichungen (2.309) und (2.313) errechnen sich die optimalen Werte für die Variablen x_2 und x_3:

(2.314) $x_{2opt} = 32{,}5\ ;\ x_{3opt} = 7{,}5\ .$

Der optimale Zielfunktionswert lautet:

(2.315) $\max z = 7106{,}25 = z_{opt}.$

Teil 3

Möglichkeiten zur Berücksichtigung der Unsicherheit in Entscheidungsmodellen zur Produktions- und Absatzplanung

"Menschliches Handeln ist prinzipiell in die nähere oder fernere Zukunft gerichtet".[1] Diese Zukunftsgerichtetheit hat zur Folge, daß Entscheidungen

(1) auf Prognosen basieren und
(2) stets unter Unsicherheit zu treffen sind[2].

Die Entscheidungsfindung unter Unsicherheit beruht darauf, daß sich das Entscheidungssubjekt bei seinen Prognosen im Zustand unvollkommener Information befindet.

In diesem Teil sollen die Konsequenzen dargestellt werden, die sich ergeben, wenn man von der deterministischen Modellanalyse, wie sie im Teil 2 dieser Arbeit durchgeführt wurde, übergeht zur Analyse der Produktions- und Absatzplanung unter Unsicherheit. Gerade die streng funktionale Verknüpfung von Absatzmengen und absatzpolitischen Instrumenten in der Form absatzwirtschaftlicher Erklärungsmodelle muß überprüft werden. Die oben abgeleiteten grundsätzlichen Beziehungen bleiben weiterhin bestehen, zur Diskussion steht aber die Determiniertheit der Wirkungen absatzpolitischer Maßnahmen.

---

1 Wild, J., Unternehmerische Entscheidungen, Prognosen und Wahrscheinlichkeit, a.a.O., S. 60.

2 Vgl. ebenda, S. 60.

1. Kap.:

Begriff und Arten der Entscheidung unter Unsicherheit und der Einfluß der Unsicherheit auf den Entscheidungsprozeß

A. Traditionelle Ansätze zur Behandlung des Entscheidungsproblems unter Unsicherheit

Bei der Kennzeichnung einer allgemeinen Entscheidungssituation im Teil 1 dieser Arbeit wurde festgestellt, daß der Zielerreichungsgrad von der jeweils ergriffenen Strategie und dem Eintreffen einer bestimmten Datenkonstellation abhängt. Sämtliche Strategien, Datenkonstellationen und Zielgrößen ließen sich in einer Entscheidungsmatrix zusammenfassen.

Diese Entscheidungsmatrix enthält noch keine Aussage darüber, mit welchem Grad an Sicherheit bzw. Unsicherheit die verschiedenen, als möglich erachteten Datenkonstellationen eintreten können. In der Literatur findet man daher eine Klassifizierung der Entscheidungssituationen nach dem Informationsstand des Entscheidungsträgers:[1/2]

---

1 In Anlehnung an Gutenberg, E., Der Absatz, a.a.O., S. 59 ff.

2 Diese Klassifizierung der Entscheidungssituationen nach den verfügbaren Informationen findet man bei Borch, K.H., a.a.O., S. 125; Bühlmann, H., Loeffel, H., Nievergelt, E., a.a.O., S. 3; Gäfgen, G., a.a.O., S. 106 ff und S. 129 ff; Haas, G., Unsicherheit und Risiko in der Preisbildung, Köln-Berlin-Bonn-München 1965, S. 11 f; Hax, H., Die Koordination von Entscheidungen, a.a.O., S. 34 ff; Heinen, E., Die Zielfunktion der Unternehmung, a.a.O., S. 30 f; Horvâth, P., Betriebliche Entscheidungen, a.a.O., S. 57; Knight, F.H., Risk, Uncertainty and Profit, 7. Aufl., London 1948; Miller, D.W., Starr, M.K., a.a.O., S. 80 f; Schneeweiß, H., a.a.O., S. 12; Schneider, D., Investition und Finanzierung, a.a.O., S. 66 f; Sturm, S.. Mehrstufige Entscheidungen unter Ungewißheit, Meisenheim am Glan 1970, S. 1 f.

(1) Entscheidungen unter Sicherheit: erwartet wird eine einzige Datenkonstellation, deren Eintritt sicher ist;

(2) Entscheidungen unter Risiko: eine von mehreren möglichen Datenkonstellationen tritt ein; die Eintrittswahrscheinlichkeiten (objektive oder statistische Wahrscheinlichkeiten) der Datenkonstellationen sind bekannt;

(3) Entscheidungen unter Unsicherheit: es wird mit dem Eintritt mehrerer möglicher Datenkonstellationen gerechnet; wahrscheinlichkeitstheoretische Aussagen über den Eintritt der verschiedenen Konstellationen lassen sich jedoch nicht mehr treffen.

Neben diesen drei Entscheidungssituationen findet man in der Literatur noch eine vierte, besondere Entscheidungssituation erwähnt: die Spielsituation. Die möglichen Datenkonstellationen "resultieren hier aus der Wahl von Strategien rational handelnder Gegenspieler"[1]. Die Entscheidungssituationen bei Risiko und Unsicherheit könnten dann als Spiele gegen die Natur angesehen werden[2].

Für die verschiedenen Entscheidungssituationen aufgrund eines unterschiedlichen Informationsstandes bzw. der Arten von Gegenspielern sind eine Vielzahl von Verhaltensregeln oder Entscheidungskriterien entwickelt worden, die es ermöglichen sollen, eine Entscheidung für eine der in Betracht gezogenen Strategien zu treffen. Auf diese Verfahren soll hier

---

1 Horváth, P., Betriebliche Entscheidungen, a.a.O., S. 58; vgl. auch Bühlmann, H., Loeffel, H., Nievergelt, E., a.a.O., S. 3.

2 Vgl. hierzu Borch, K.H., a.a.O., S. 11; Krelle, W., Präferenz- und Entscheidungstheorie, Tübingen 1968, S. 113 ff; Schneeweiß, H., a.a.O., S. 12; Schneider, D., Investition und Finanzierung, a.a.O., S. 67.

nicht eingegangen werden; es wird auf die Literatur verwiesen[1].

Die Behandlung des Entscheidungsproblems bei Unsicherheit in der oben skizzierten Art und Weise ist auf mannigfaltige Kritik gestoßen. Diese Kritik soll aber nicht Gegenstand dieses Teils der Arbeit sein. Vielmehr soll der Versuch unternommen werden, die aufgrund der kritischen Untersuchungen gewonnenen Teilergebnisse zusammenzustellen und als Ausgangsbasis für die Behandlung des Unsicherheitsproblems bei der Planung im Bereich der Leistungserstellung und Leistungsverwertung zu nehmen.

B. Grundlagen und Grundtatbestände für eine Berücksichtigung der Unsicherheit im Rahmen der Produktions- und Absatzplanung

I. Die Beschreibung einer Entscheidungssituation unter Unsicherheit

Betrachtet werden soll ein nichtlineares Programmierungsproblem der Art

$$(3.1) \quad z = z(x_1, \ldots, x_{j_n}) \longrightarrow \max!$$

$$\sum_j a_{ij} x_j \leqq b_i \qquad ((i))$$

$$x_j \geqq 0 \qquad ((j)).$$

---

1 Vgl. Borch, K.H., a.a.O., S. 23 ff und 125 ff; Gäfgen, G., a.a.O., S. 325 ff; Haas, C., a.a.O., S. 83 ff; Hax, H., Die Koordination von Entscheidungen, a.a.O., S. 35 ff; Heinen, E., Zielsystem, a.a.O., S. 159 ff; derselbe, Die Zielfunktion der Unternehmung, a.a.O., S. 31 ff; Horváth, P., Betriebliche Entscheidungen, a.a.O., S. 60 ff; Koch, H., Betriebliche Planung, a.a.O., S. 124 ff; Miller, D.W., Starr, M.K., a.a.O., S. 82 ff; Schneeweiß, H., a.a.O., S. 17 ff und 32 ff; Schneider, D., Investition und Finanzierung, a.a.O., S. 108 ff; Wittmann, W., Unternehmung und unvollkommene Information, a.a.O., S.38 ff und 148 ff.

Programmierungsansätze mit dieser Struktur wurden im 2. Teil dieser Arbeit konzipiert. Es soll zunächst einmal geprüft werden, welche Informationen vorliegen müssen, um Entscheidungsmodelle dieser Art als deterministische Ansätze formulieren und lösen zu können.

Die Informationsannahmen beziehen sich auf die Zielsetzung und das Entscheidungsfeld in sachlicher und zeitlicher Hinsicht. Das sachliche und zeitliche Entscheidungsfeld schlagen sich nieder in den Variablen und Daten, die in einem Programmierungsproblem enthalten sind. Bekannt sein muß also neben der Zielsetzung, unter der das Entscheidungsproblem analysiert wird,

(1) die Menge aller Aktionsparameter, über die eine Unternehmung in bezug auf ein bestimmtes Planungsproblem und einen fixierten Planungszeitraum verfügt;

(2) die Menge aller Daten, die in einem Entscheidungsproblem einen Einfluß auf das Planungsergebnis ausüben können;

(3) die Struktur des Entscheidungsproblems, das im Programmierungsansatz abgebildet werden soll. Hier geht es um die Frage, in welcher Form die Daten und Variablen zu Erklärungsmodellen und Nebenbedingungen verknüpft sind.

Aus (1) bis (3) folgt, daß die Menge aller Erklärungsmodelle und Nebenbedingungen sowie deren Struktur bekannt sein müssen.

Von einer Entscheidung unter Unsicherheit oder Ungewißheit kann man daher immer dann sprechen, wenn die Menge der Aktionsparameter, die Menge der Daten oder die Struktur des Entscheidungsmodells - stets bezogen auf ein bestimmtes Entscheidungsproblem und einen festgelegten Planungszeitraum - nicht bekannt sind. Daraus folgt zugleich, daß die Menge der Erklärungsmodelle und Nebenbedingungen nur unvollständig beschrieben werden kann.

Überträgt man diese Aussagen auf das obige Konzept einer allgemeinen Entscheidungssituation, kann man feststellen, daß bei der Entscheidungsmatrix weder die Zahl der Strategien noch die Anzahl der möglichen Datenkonstellationen festliegt und somit die Existenz einer solchen Matrix in Frage gestellt ist[1].

Für die in dieser Arbeit aufgegriffene Problemstellung der kurzfristigen Produktions- und Absatzplanung werden weiter unten zwei Konzeptionen vorgestellt, die den Unsicherheitsbegriff unterschiedlich weit fassen. Der erste Ansatz zur Berücksichtigung der Unsicherheit im Entscheidungsmodell, das Risiken-Chancen-Konzept, beschränkt sich auf die Unsicherheit bezüglich der Modelldaten: nicht exakt bekannt ist die wertmäßige Höhe der Koeffizienten in den Erklärungsmodellen und Nebenbedingungen. Diese Eingrenzung des Unsicherheitsproblems herrscht in der Literatur vor[2].

---

1 Diesen umfassenden Unsicherheitsbegriff mit der damit verbundenen Schlußfolgerung vertritt Horváth, der feststellt, daß "nicht nur die Wahrscheinlichkeiten für die Umweltzustände, sondern diese selbst und auch die eigenen möglichen Aktionen .. ja zum Teil unbekannt (sind)"; Horváth, P., Betriebliche Entscheidungen, a.a.O., S.58, ähnlich auf den Seiten 63 f; Koch bezweifelt vor allem, "daß sämtliche nur denkbaren Datenkonstellationen erfaßt sind ..."; Koch, H., Betriebliche Planung, a.a.O., S. 122; vgl. hierzu auch die Ausführungen von Albach, H., Entscheidungsprozeß und Informationsfluß in der Unternehmensorganisation, a.a.O., S. 361 ff.

2 Vgl. hierzu Gutenberg, E., Der Absatz, a.a.O., S.57; Haas, C., a.a.O., S. 25; Jacob, H., Preispolitik, a.a.O., S. 245; derselbe, Zum Problem der Unsicherheit bei Investitionsentscheidungen, in: ZfB, 37. Jg., 1967, S. 153 ff, hier S. 153 (im folgenden zitiert als "Unsicherheit"); Koch, H., Betriebliche Planung, a.a.O., S. 107; Krelle, W., Preistheorie, a.a.O., S. 15 und 588; derselbe, Unsicherheit und

Ein verhaltensorientierter Ansatz, der als zweites Konzept im Rahmen dieses Teils vorgestellt werden soll, berücksichtigt die Unsicherheit hinsichtlich der Aktionsparameter und Daten sowie der Modellstruktur.

Der Grad an Unsicherheit hinsichtlich der Modellstruktur sowie der Aktionsparameter und Daten ist aber auch von der Politik der Informationsbeschaffung abhängig. Das Entscheidungsproblem unter Unsicherheit umfaßt somit zwei Teilaspekte, die streng genommen wiederum nur simultan behandelt werden können: zum einen kann über eine Politik der Informationsbeschaffung der Unsicherheitsgrad gemindert werden; zum anderen ist im Rahmen der Entscheidungsfindung die Ungewißheit explizit zu berücksichtigen. So fordert Gäfgen, daß neben entscheidungstheoretischen Modellen eine Theorie des rationalen Sammelns und Verarbeitens von Informationen aufgestellt werden muß und spricht demzufolge von (1) rationalen Entscheidungen über bestmögliche Informationshandlungen und (2) rationale Entscheidungen über Handlungen bei Ungewißheit[1]. D. Schneider unterscheidet zwischen der Optimierung der Informationsbeschaffung und der Informationsauswertung[2/3]. Im folgenden soll von einem gegebenen Informationsstand zu einem bestimmten Zeitpunkt -

---

Risiko in der Preisbildung, in: Preistheorie, hrsg. von A.E. Ott, Köln, Berlin 1965, S. 390 ff, hier S. 390; Schneider, D., Investition und Finanzierung, a.a.O., S. 63 und 65; Wittmann, W., Unternehmung und unvollkommene Information, a.a.O., S. 13.

1 Vgl. Gäfgen, G., a.a.O., S. 128 und 135.

2 Vgl. Schneider, D., Investition und Finanzierung, a.a.O., S. 65.

3 Vgl. zu diesen Überlegungen auch Koch, H., Betriebliche Planung, a.a.O., S. 109 und Wittmann, W., Unternehmung und unvollkommene Information, a.a.O., S. 38 f und 82.

dem Planungszeitpunkt - ausgegangen werden[1].

Zugelassen wird aber eine Variabilität des Informationsstandes im Zeitablauf, die zwei Ursachen haben kann. Einmal sind bei dynamischen Entscheidungsmodellen die Prognosen über die Entwicklung der relevanten Daten und Variablen für sämtliche Teilperioden zu treffen. Mit wachsender Entfernung der Teilperioden vom Planungszeitpunkt werden sich diese Vorhersagen als immer schwieriger und ungenauer erweisen. Der Informationsstand einer bestimmten Teilperiode variiert daher mit der Entfernung dieser Periode vom Planungszeitpunkt. Zum zweiten muß zu Beginn jeder Teilperiode eine Entscheidung hinsichtlich der für diese Periode geltenden Aktionsparameter getroffen werden. Da auch diese Entscheidung unter Unsicherheit getroffen wird, werden sich am Ende der Teilperiode Abweichungen zwischen den geplanten und den realisierten Größen ergeben. Diese Divergenzen können analysiert werden; das Ergebnis dieser Abweichungsanalyse führt über eine Revision der Zukunftsvorstellungen zu modifizierten Planungsüberlegungen[2].

---

1 Auf die Probleme, die mit der Informationsbeschaffung und der Bestimmung eines Informationsoptimums verbunden sind, weisen hin: Albach, H., Entscheidungsprozeß und Informationsfluß in der Unternehmensorganisation, a.a.O., S. 363 ff; Gäfgen, G., a.a.O., S. 128 f und 135; Haas, C., a.a.O., S. 23 f; Hax, H., Die Koordination von Entscheidungen, a.a.O., S. 23 f und 42 ff; Schneider, D., Investition und Finanzierung, a.a.O., S. 39 ff; Waldmann, J., a.a.O., S.244 ff; Wagner,H.,a.a.O.,S.271

2 Vgl. zur Kontrollfunktion die Ausführungen von Ackoff, R.L., The Development of Operations Research as a Science, a.a.O., S. 286 f; Ackoff, R.L., Gupta, S.K., Minas, J.S., Scientific Method, a.a.O., S. 298 ff; Churchman, C.W., Ackoff, R.L., Arnoff, E.L., a.a.O., S. 543 ff; Frese, E., Kontrolle und Unternehmensführung. Entscheidungs- und organisationstheoretische Grundfragen, Wiesbaden 1968; Meffert, H., Marketing, a.a.O., S. 404 ff; Stern, M.E., a.a.O., S. 181 ff.

In den folgenden Kapiteln 2 und 3 sollen zwei Konzeptionen vorgestellt werden, die auf völlig unterschiedliche Art und Weise eine Entscheidungssituation unter Unsicherheit betrachten und analysieren. Die erste Konzeption soll als Risiken-Chancen-Konzept, die zweite als verhaltensorientierter Ansatz bezeichnet werden. Zuvor jedoch soll das Problem der Konkurrenzbeziehungen zwischen verschiedenen Anbietern gleicher Erzeugnisse in die Unsicherheitstheorie eingebettet werden.

II. Die Erweiterung der absatzwirtschaftlichen Erklärungsmodelle um Konkurrenzbeziehungen zwischen verschiedenen Anbietern gleicher Erzeugnisse

Im Rahmen der oben durchgeführten deterministischen Modellanalyse wurde ein Problemkreis nicht angesprochen: das Konkurrenzproblem. Sämtliche behandelten absatzwirtschaftlichen Erklärungsmodelle waren auf die Marktformen des Monopols und des Polypols auf unvollkommenen Märkten zugeschnitten. Die Marktform des Oligopols wurde stets ausgeklammert. Im folgenden soll untersucht werden, auch welche Art und Weise die bislang konzipierten absatzwirtschaftlichen Erklärungsmodelle modifiziert werden müssen, um auch das Konkurrenzproblem zu erfassen.

Zunächst ist der Begriff und das Wesen der Konkurrenz näher zu erläutern. Von einer Konkurrenz zwischen verschiedenen Anbietern bestimmter Erzeugnisse soll immer dann gesprochen werden, wenn diese Anbieter absatzmäßig verflochtene Erzeugnisse auf einem Markt anbieten, wobei die Abhängigkeit der Erzeugnisse untereinander durch die Gleichgerichtetheit der Bedürfnisbefriedigung gegeben ist (substitutive Güter).

Im Prinzip gelten hier wiederum die Aussagen, die oben im Rahmen der absatzmäßigen Verflechtung der Erzeugnisse getroffen wurden. Diese Aussagen sind aber in dreierlei Hinsicht einzuschränken: erstens steht hinter jedem Erzeugnis ein anderes anbietendes Unternehmen; zweitens ist nur die bedarfsbedingte absatzmäßige Verflechtung relevant und drittens bestehen ausschließlich substitutionale Beziehungen zwischen den angebotenen Erzeugnissen. Bietet also ein bestimmtes Unternehmen auf einem bestimmten Markt ein bestimmtes Erzeugnis an und steht dieses Produkt in einer bedarfsbedingten absatzmäßigen Verflechtung substitutionaler Art zu Erzeugnissen anderer Unternehmungen, die ihre Leistungen ebenfalls auf diesem Markt anbieten, so herrscht Konkurrenz zwischen den Anbietern. Die Konkurrenzbeziehung zwischen den Anbietern resultiert mithin aus den Interdependenzen zwischen den angebotenen Erzeugnissen. Primär konkurrieren die Erzeugnisse um die vorhandene Marktnachfrage[1].

Welche Konsequenzen ergeben sich für die Formulierung absatzwirtschaftlicher Erklärungsmodelle, wenn Konkurrenzbeziehungen der soeben beschriebenen Art in ihnen erfaßt werden sollen? Betrachtet werden f_n verschiedene Unternehmungen f ($f=1,\ldots,f_n$), die ein bestimmtes, gleichartiges Erzeugnis e auf einem Markt anbieten. Jedes Unternehmen besitzt zwei Aktionsparameter, um die Absatzmenge des betrachteten Erzeugnisses zu beeinflussen: den Absatzpreis und die Werbekosten[2]. Das System der kombinierten Preis-Werbekosten-Absatzfunktionen lautet dann:

---

1 Eine mehr unternehmensbezogene Umschreibung des Konkurrenzproblems findet sich bei Blöchliger, C., a.a.O., S. 37; Edler, F., a.a.O., S. 191 ff; Gutenberg, E., Der Absatz, a.a.O., S. 266; Jacob, H., Preispolitik, a.a.O., S. 45 und 154; Krelle, W., Preistheorie, a.a.O., S. 13.

2 Eine Voroptimierung des Werbemitteleinsatzes ist hier - im Gegensatz zum obigen Fall der eigentlichen absatzmäßigen Verflechtung zwischen den Erzeugnissen - grundsätzlich möglich.

$$(3.2)\quad ABSME_{ef=1}=ABSME_{ef=1}(ABSPR_{ef=1},WERBKO_{ef=1},\ldots,ABSPR_{ef=f_n},WERBKO_{ef=f_n})$$

$$\vdots$$

$$ABSME_{ef=f_n}=ABSME_{ef=f_n}(ABSPR_{ef=1},WERBKO_{ef=1},\ldots,ABSPR_{ef=f_n},WERBKO_{ef=f_n})$$

((e)).

Die Absatzmenge eines bestimmten Erzeugnisses e, das von einem der f_n Unternehmungen angeboten wird, hängt von der absatzpolitischen Aktivität sämtlicher f_n Anbieter ab[1].

Das Absatzfunktionen-System (3.2) beschreibt die potentielle Absatzsituation auf einem bestimmten Markt für alle dort agierenden Unternehmungen. Die Absatzpreise und Werbekosten sämtlicher Anbieter sind die unabhängigen Variablen des Gleichungssystems.

Diese Darstellung der Marktsituation muß scharf getrennt werden von der betriebsindividuellen Absatzsituation, die sich durch folgende kombinierte Preis-Werbekosten-Absatzfunktion für ein bestimmtes Unternehmen f=1 darstellen läßt:

$$(3.3)\quad ABSME_{ef=1}=ABSME_{ef=1}(ABSPR_{ef=1},WERBKO_{ef=1},ABSPR'_{ef=2},WERBKO'_{ef=2},\ldots,ABSPR'_{ef=f_n},WERBKO'_{ef=f_n})$$

((e)).

1 Explizite Formulierungen dieser Absatzfunktionen-Systeme findet man u.a. bei Gupta, S.K., Krishnan, K.S., a.a.O., S. 1036 ff; Krishnan, K.S., Gupta, S.K., Mathematical Model for a Duopolistic Market, in: MS, Vol. 13, 1967 A, S. 568 ff, hier S. 568 f; Shacun, M.F., Advertising Expenditures in Coupled Markets - A Game Theory Approach, in: MS, Vol. 11, 1965 B, S. B-42 ff, hier S. B-42 f; derselbe, A Dynamic Model for Competitive Marketing in Coupled Markets, in: MS, Vol. 12, 1966 B u.C., S. B-525 ff, hier S. B-526; derselbe, Competitive Organizational Structures in Coupled Markets, in: MS, Vol. 13, 1968 B, S. B-663 ff, hier S. B-663 f.

Die Absatzmenge eines Erzeugnisses e, das von einer bestimmten Unternehmung f=1 angeboten wird, hängt ab von

(1) den eigenen absatzpolitischen, d.h. preis- und werbepolitischen Aktivitäten und
(2) den erwarteten Absatzmaßnahmen der Konkurrenten f=2 bis $f=f_n$.

Das Absatzfunktionen-System (3.3), das für eine bestimmte Unternehmung gilt, weist zwei unabhängige Variablen auf, nämlich den Preis und den Werbekosteneinsatz der betrachteten Unternehmung sowie $(2f_n-2)$ Parameter, die die absatzpolitische Aktivität der Konkurrenten beschreiben. Für jedes einzelne Unternehmen stellen die absatzwirtschaftlichen Maßnahmen der Konkurrenten, die im Erklärungsmodell enthalten sind, Daten dar, nicht aber Variablen. Diese Daten weisen aber eine Besonderheit auf: sie sind durch die eigenen absatzpolitischen Aktivitäten beeinflußbar:

$$(3.4)\quad ABSPR'_{ef} = ABSPR'_{ef}(ABSPR_{ef=1}, WERBKO_{ef=1})$$

$$WERBKO'_{ef} = WERBKO'_{ef}(ABSPR_{ef=1}, WERBKO_{ef=1})$$

$$((f=2,\ldots,f_n)).$$

Die erwarteten Absatzpreise und Werbekosten der Konkurrenten werden durch die eigenen Absatzmaßnahmen beeinflußt. In dem Gleichungssystem (3.4) kommt die oligopolistische Interdependenz zum Ausdruck[1]. Die einzelnen Funktionen werden auch Reaktionsfunktionen genannt[2]: sie beschreiben das Konkurrenzverhalten in Abhängigkeit vom eigenen Verhalten.

---

1 Vgl. zu diesem Begriff Gutenberg, E., Der Absatz, a.a.O., S. 268.

2 Vgl. Krelle, W., Preistheorie, a.a.O., S. 13 f.

Die Gleichungssysteme (3.3) und (3.4) stellen zusammengenommen das absatzwirtschaftliche Erklärungsmodell einer bestimmten Unternehmung dar.

Im Rahmen einer deterministischen Modellanalyse ist nicht nur die funktionale Verknüpfung zwischen Absatzmenge und eigenen sowie fremden absatzpolitischen Instrumenten bekannt - siehe Gleichungssystem (3.3) - sondern auch die Form der Reaktionsfunktionen (3.4). Damit läßt sich ein Absatzfunktionen-System definieren, das nur noch die eigenen absatzpolitischen Instrumente enthält[1].

Führt man die Unsicherheit in die Überlegungen ein, muß sich diese sowohl auf das Absatzfunktionen-System (3.3) als auch auf das System der Reaktionsfunktionen (3.4) beziehen. Hinsichtlich des Gleichungssystems (3.3) gelten die obigen allgemeinen Aussagen zum Unsicherheitsproblem unverändert. Hinzu kommt die Ungewißheit bezüglich des Konkurrentenverhaltens: das betrachtete Unternehmen weiß nicht genau, ob seine Konkurrenten überhaupt auf seine absatzpolitischen Maßnahmen reagieren werden oder nicht; unklar ist der Unternehmung ferner, mit welchen absatzpolitischen Instrumenten die Konkurrenz reagieren wird, und schließlich herrscht Unklarheit darüber, wie stark die Reaktionen der Konkurrenten ausfallen werden. Somit kann das Konkurrenzproblem in das Konzept der oben beschriebenen allgemeinen Datenunsicherheit aufgenommen werden. Die Hervorhebung einer besonderen Konkurrenz- oder Spielsituation erübrigt sich[2].

---

1 Auf die Darstellung deterministischer Entscheidungsmodelle zur Preis- und/oder Werbekostenplanung unter oligopolistischen Marktverhältnissen sei verzichtet; verwiesen sei auf die explizit marginalanalytischen Modellansätze von Blöchliger, C., a.a.O., S. 37 ff; Edler, F., a.a.O., S. 191 ff; Gutenberg, E., Der Absatz, a.a.O., S. 270 ff; Jacob, H., Preispolitik, a.a.O., S. 155 ff; derselbe, Der Absatz, a.a.O., S. 406 ff; Krelle, W., Preistheorie, a.a.O., S. 245 ff; Ott, A.E., Grundzüge, a.a.O., S. 209 ff.

2 Diese Ansicht vertreten auch Haas, C. a.a.O., S. 62 und Schneider, D., Investition und Finanzierung, a.a.O., S. 67 f.

2. Kap.:

Das Risiken-Chancen-Konzept zur Berücksichtigung der Unsicherheit im Rahmen der Produktions- und Absatzplanung

A. Die Erläuterung der Grundkonzeption

Das Risiken-Chancen-Konzept, das in Anlehnung an Jacob[1] entwickelt wird, erfaßt explizit die Datenunsicherheit im Entscheidungsmodell. Es liefert jedoch keine optimale Verhaltensweise bei Unsicherheit hinsichtlich der wertmäßigen Höhe der Koeffizienten in den Erklärungsmodellen und Nebenbedingungen. Vielmehr zeigt dieses Konzept die Risiken und Chancen auf, die mit dem Ergreifen einer bestimmten Strategie verbunden sind. Eine Wertung dieser Risiken und Chancen wird nicht vorgenommen.

Mit einer Entscheidung unter Unsicherheit sind in der Regel Risiken verbunden[2]. Kann im Rahmen der gewählten Entscheidungssituation die relevante Datenkonstellation nicht mit Sicherheit erfaßt werden, ist vielmehr mit mehreren möglichen Umweltzuständen zu rechnen, so sind mit einer bestimmten Entscheidung oder Strategie

---

1 Vgl. Jacob, H., Unsicherheit, a.a.O., S. 164 ff.

2 Es sei im folgenden von Entscheidungssituationen abgesehen, die eine derartige Flexibilität in der Entscheidungsfindung aufweisen, daß einmal getroffene Entscheidungen aufgrund einer veränderten Datensituation ohne Gewinneinbußen revidiert werden können. Die zu analysierenden Entscheidungssituationen sind also dadurch gekennzeichnet, daß entweder keine Korrigierbarkeit der getroffenen Entscheidungen möglich ist oder eine vorhandene Flexibilität in der Entscheidungsfindung nur durch Hinnahme von Gewinneinbußen erzielt werden kann. Vgl. zum Problem der Flexibilität in der Entscheidungsfindung Jacob, H., Flexibilitätsüberlegungen in der Investitionsrechnung, in: ZfB, 37. Jg., 1967, S. 1 ff und Meffert, H., Zum Problem der betriebswirtschaftlichen Flexibilität, in: ZfB, 39. Jg., 1969, S. 779 ff.

mehrere Konsequenzen verbunden. "Wenn und solange Unsicherheit über die Folgen von derartigen Maßnahmen herrscht, so lange sind diese Maßnahmen mit dem Risiko des Mißlingens behaftet. Dieses Risiko ist nichts anderes als der Ausfluß der Unsicherheit"[1] In diesem Sinne äußern sich auch die meisten anderen Autoren, wenn auch die Inhalte des Risikobegriffes durchaus variieren[2].

Mit dem Auftreten des Risikobegriffes werden zwei Fragen aufgeworfen: wie läßt sich das Risiko innerhalb einer bestimmten Entscheidungssituation quantifizieren und in welchem Verhältnis steht das dann so definierte Risiko zum Ziel der Gewinnmaximierung?

Zunächst ist auf einen grundlegenden Tatbestand hinzuweisen, der vor allem bei D. Schneider sehr betont wird: bei den Entscheidungen unter Unsicherheit geht es nicht darum, die ex post ermittelte, zielsetzungsgerechte Entscheidung zu finden; gesucht werden muß vielmehr eine Entscheidung, die bei der vorhandenen Informationslage am vernünftigsten erscheint. Entsprechend kann der Risikobegriff auch nicht auf der im Nachhinein ermittelten optimalen Entscheidung basieren, sondern ist auf den im Planungszeitpunkt bestehenden Informationsstand zu beziehen[3]. Die Ab-

---

1 Gutenberg, E., Der Absatz, a.a.O., S. 57.

2 Vgl. u.a. Haas, C., a.a.O., S. 13 ff, der eine Vielzahl von speziellen Risikobegriffen nennt; Krelle, W., Preistheorie, a.a.O., S. 15 und 588; derselbe, Unsicherheit und Risiko in der Preisbildung, a.a.O., S. 391; Koch, H., Betriebliche Planung, a.a.O., S. 108 in Verbindung mit S. 134; Schneider, D., Investition und Finanzierung, a.a.O., S. 65 f; Wittmann, W., Unternehmung und unvollkommene Information, a.a.O., S. 34 ff und 55.

3 Vgl. Schneider, D., Investition und Finanzierung, a.a.O., S. 63 ff.

leitung eines Risikomaßes auf der Grundlage einer ex post ermittelten optimalen Lösung würde dieses Maß für die Entscheidungsfindung unter Unsicherheit untauglich erscheinen lassen, da das Risiko dann immer erst nach vollzogener Entscheidung ermittelt werden könnte[1].

Die Beantwortung der Frage nach der Messung des Risikos erfordert es, noch einmal auf die Entscheidungssituation unter Unsicherheit zurückzugehen. Ungewißheit möge herrschen über die Höhe der künftig geltenden Modellkoeffizienten. Unbeantwortet bleibt jedoch noch die Frage nach der Spannweite der möglichen Ausprägungen, die ein bestimmtes Datum annehmen kann. Es soll daher im folgenden die Hypothese gelten, daß die Zahl der möglichen Ausprägungen begrenzt ist[2]. Diese Annahme erlaubt es, für jedes entscheidungsrelevante Datum einen Variationsbereich anzugeben, innerhalb dessen sich die Erwartungen bewegen.

Für die Messung des Risikos sind die Unter- und Obergrenzen der Variationsbereiche der verschiedenen Daten von Interesse. Man betrachte das oben aufgeführte Programmierungsproblem (3.1). Die Werte der dort enthaltenen Koeffizienten mögen nun innerhalb eines bestimmten Bereiches variieren können. Es läßt sich vorab festlegen, welche der beiden Grenzen des Variationsbereiches sämtlicher Koeffizienten zu einem niedrigeren Zielerreichungs-

---

1 Dieser Mangel haftet beispielsweise dem Risikobegriff Köhlers an; vgl. Köhler, R., Das Problem "richtiger" preispolitischer Entscheidungen bei unvollkommener Voraussicht, in: ZfbF, 20. Jg., 1968, S. 249 ff, hier S. 249 ff.

2 Vgl. hierzu die Überlegungen von Schneider, D., Investition und Finanzierung, a.a.O., S. 69 ff.

grad führen werden. Sodann werden die auf diese Weise herausgefundenen Werte der Daten zu einer fiktiven Datenkonstellation zusammengefaßt. Diese Konstellation stellt den denkbar ungünstigsten Zustand dar, der für die gegebene Entscheidungssituation eintreten kann (Basisdatenkonstellation). Für diese im Sinne der Zielsetzung schlechteste Zukunftslage existiert eine optimale Strategie (Basisstrategie) mit einem zugehörigen optimalen Zielerreichungsgrad (Basiszielgröße)[1]. Dieser Zielfunktionswert bildet die Grundlage für die Messung des Risikos.

Wird eine andere Strategie als die Basisstrategie ergriffen und tritt die Basisdatenkonstellation ein, wird sich ein Zielerreichungsgrad ergeben, der unterhalb der Basiszielgröße liegt. Diese negative Differenz von erwartetem Zielerreichungsgrad und Basiszielgröße wird als das mit einer Strategie verbundene Risiko bezeichnet.

Mit einer Strategie können unterschiedlich hohe Risiken verbunden sein, da es mehrere Datenkonstellationen geben kann, die bei einem Zusammentreffen mit dieser Strategie Zielerreichungsgrade ermöglichen, die unterhalb der Basiszielgröße liegen.

---

1 Beispielsweise gilt für das Programm (3.1) unter der Annahme, daß die Zielfunktion positive und negative Koeffizienten enthält und für die Restriktionen $a_{ij} > 0$ und $b_i > 0$ ((i,j)) gesetzt wird, folgende Aussage: je größer a_{ij} für ((i,j)), je kleiner b_i für ((i)), je kleiner die positiven Zielfunktionskoeffizienten und je größer die negativen Zielfunktionskoeffizienten, desto niedriger ist der Zielerreichungsgrad einer optimalen Strategie.

In welcher Beziehung steht dieser Risikobegriff zum Ziel der Gewinnmaximierung? Mit einer bestimmten Strategie sind nicht nur unterschiedlich hohe Risiken verbunden, sondern gleichzeitig auch verschieden große Chancen. Der Begriff Chance ist dabei definiert als positive Differenz von erwartetem Zielerreichungsgrad und Basiszielgröße[1]. Auch hier sind wiederum mehrere Datenkonstellationen denkbar, die in Verbindung mit einer bestimmten Strategie zu Zielgrößen führen, die über der Basiszielgröße liegen. Wird die Basisstrategie ergriffen und trifft diese auf die Basisdatenkonstellation, ergibt sich die Basiszielgröße; bei Eintritt anderer Datenkonstellationen eröffnen sich Chancen, aber keine Risiken. Wird aber eine andere als die Basisstrategie ergriffen, sind mit dieser Maßnahme stets zugleich Chancen und Risiken verbunden.

Das Konzept der reinen Gewinnmaximierung kann nicht mehr angewendet werden, da es jegliche Risikobetrachtungen ausschließt. Das Gewinnstreben durch Nutzung der Chancen ist in Einklang zu bringen mit dem Streben nach Sicherheit durch Beachtung der Risiken.

Ebenso wie sich eine hypothetische Datenkonstellation konstruieren läßt, die die ungünstigsten Umweltbedingungen für ein bestimmtes Entscheidungsproblem und einen vorgegebenen Planungszeitraum

---

1 Auch Wittmann verwendet den Terminus Chance, durch den "die Möglichkeit ausgedrückt wird, in Wirklichkeit günstiger abzuschneiden, als es aufgrund der Planungsüberlegungen zu erwarten ist"; Wittmann, W., Unternehmung und unvollkommene Information, a.a.O., S. 37. Wittmanns Definition der Chance macht deutlich, daß er die Datenunsicherheit nicht vollständig in seiner Entscheidungssituation erfaßt hat, da es sonst nicht vorkommen kann, daß ein tatsächliches Ergebnis nicht innerhalb der möglichen Planungsergebnisse liegt.

enthält, ist es auch möglich, diejenigen Ober- oder Untergrenzen der relevanten Daten zu bestimmen, die einen möglichst günstigen Zielerreichungsgrad bedingen. Dieser denkbar günstigste Umweltzustand führt zu einer optimalen Strategie, die den größtmöglichen Zielerreichungsgrad überhaupt entstehen läßt. Man kennt somit a priori die ungünstigste und günstigste Datenkonstellation mit den damit verbundenen Strategien und Zielerreichungsgraden. Diese beiden 'Grenzstrategien' und sämtliche zwischen ihnen liegenden Strategien seien mit dem Begriff des Operationsbereiches beschrieben, den Wittmann als Handlungsraum bzw. Freiheitsbereich für die Aktionen einer Unternehmung umschreibt[1].

Mit der Messung der Chancen und Risiken alternativer Strategien ist aber erst ein Schritt auf dem Wege zu einer Entscheidung getan. Die Frage, für welche der möglichen Strategien sich eine Unternehmung tatsächlich entscheidet, ist noch nicht beantwortet. Eine Entscheidung kann prinzipiell nur abgeleitet werden, wenn es gelingt, die Risikoneigung des Entscheidungsträgers explizit anzugeben. Hierin liegt die Schwierigkeit, eine "Lösung" des Entscheidungsproblems bei Unsicherheit zu finden. Ohne den Versuch zu unternehmen, neben die bereits existierende Vielfalt von Risiko- oder Präferenzfunktionen ein weiteres Erklärungsmodell zu stellen, kann man zumindest feststellen, daß die Risikoneigung von zwei wesentlichen Gruppen von Einflußgrößen abhängt: zum einen sind es die Faktoren, die im Entscheidungsträger selbst begründet liegen - seine persönlichen Präferenzen, seine Risikoscheu oder Risikofreudigkeit; auf der

---

1 Vgl. Wittmann, W., Unternehmung und unvollkommene Information, a.a.O., S. 146.

anderen Seite jedoch lassen sich auch wirtschaftliche Einflüsse auf die Risikoneigung nennen wie z.B. die leistungs- und finanzwirtschaftlichen Gegebenheiten einer Unternehmung[1].

B. Das Aufzeigen der Unsicherheit mit Hilfe des Risiken-Chancen-Konzepts anhand eines Beispiels

I. Die Formulierung der Ausgangssituation

Ausgangspunkt der folgenden Überlegungen ist das nichtlineare Programmierungsproblem

$$(3.5) \quad z = z(x_1, \ldots, x_{j_n}) \rightarrow \max!$$

$$\sum_j a_{ij} x_j \leqq b_i \qquad ((i))$$

$$x_j \geqq 0 \qquad ((j)).$$

Unsicherheit möge grundsätzlich hinsichtlich der für dieses Entscheidungsproblem relevanten Daten bestehen. Entscheidend bei den Planungsmodellen, die in dieser Arbeit entwickelt wurden, dürfte die Unsicherheit hinsichtlich der zukünftigen Absatzentwicklung sein, so daß im folgenden lediglich die Koeffizienten der Absatzfunktionen mit Unsicherheit behaftet sein mögen.

Die bisher getroffenen Annahmen erlauben es, das Entscheidungsproblem sachlich zu dekomponieren. Sachliche Dekomposition soll bedeuten, daß der Innenbereich - die produktionswirtschaftliche Seite -

---

1 Siehe hierzu Gutenberg, E., Der Absatz, a.a.O., S. 60; Haas, C., a.a.O., S. 24 und 119 f; Schneider, D., Investition und Finanzierung, a.a.O., S. 83 ff.

der Unternehmung modellmäßig vom Außenbereich - dem absatzwirtschaftlichen Sektor - der Unternehmung getrennt wird. Um die Verflechtungen, die zwischen den Variablen des Produktions- und Absatzbereiches herrschen, nicht zu zerschneiden, soll eines der beiden Teilbereichsmodelle als parametrisches Problem formuliert werden. Da die Datenunsicherheit auf den absatzwirtschaftlichen Bereich beschränkt bleibt, empfiehlt es sich, den Produktionssektor der Unternehmung als parametrisches Programmierungsmodell zu formulieren. Als Parameter gehen in dieses Modell die absatzwirtschaftlichen Einflußgrößen ein.

Diese Parameter sind in dem auf den Absatzbereich zugeschnittenen Teilbereichsmodell näher zu beschreiben. Das absatzwirtschaftliche Partialmodell wird durch das System der absatzbezogenen Erklärungsmodelle beschrieben, die die Verknüpfungen zwischen den absatzpolitischen Instrumenten und deren Absatzwirkungen beschreiben. Da die Unsicherheit auf die Koeffizienten dieser Erklärungsmodelle beschränkt ist, gilt weiterhin das Konzept der Absatzfunktionen.

Es handelt sich bei diesen Überlegungen um eine Übertragung der Ergebnisse aus dem Teil 2, Kapitel 4, C: dort wurde gezeigt, wie sich konvexe Programmierungsprobleme mithilfe der parametrischen linearen Programmierung lösen lassen. Die Formulierung des parametrischen Programms und die Definition der Parameter als Gradienten der nichtlinearen Zielfunktion werden lediglich ökonomisch interpretiert und unter dem Begriff der sachlichen Dekomposition zusammengefaßt.

Dieses so skizzierte Entscheidungsproblem unter Unsicherheit kann formal wie folgt dargestellt werden. Der Produktionsbereich wird als parametrisches lineares Programm formuliert:

$$(3.6)\quad z = \sum_j (h_j - c_j)x_j \rightarrow \max!$$

$$\sum_j a_{ij}x_j \leqq b_i \qquad ((i))$$

$$x_j \geqq 0 \qquad ((j)).$$

Die Größen h_j stellen die absatzwirtschaftlichen Parameter dar, die Größen c_j sind die bekannten variablen Produktionsstückkosten und die Konstanten a_{ij} schließlich sind die bekannten Produktionskoeffizienten.

Der Absatzbereich der Unternehmung wird durch ein System von absatzwirtschaftlichen Erklärungsmodellen beschrieben:

$$(3.7)\quad \begin{aligned} h_{j=1} &= h_{j=1}(x_1,\ldots,x_{j_n};\ d_{11},\ldots,d_{1j_n}) \\ &\vdots \\ h_{j=j_n} &= h_{j=j_n}(x_1,\ldots,x_{j_n};\ d_{j_n1},\ldots,d_{j_nj_n}). \end{aligned}$$

Hierin stellen die Größen d die absatzwirtschaftlichen Koeffizienten dar, über deren Höhe Ungewißheit herrscht. Ihr Variationsbereich ist jedoch bekannt:

$$(3.8)\quad \underline{d}_{j_1j_2} \leqq d_{j_1j_2} \leqq \bar{d}_{j_1j_2} \qquad ((j_1=1,\ldots,j_n)) \quad ((j_2=1,\ldots,j_n)).$$

Dabei stellt $\underline{d}$ die Untergrenze, $\bar{d}$ die Obergrenze des Variationsbereiches dar.

Die vorliegende Modellstruktur (3.6) bis (3.8) erlaubt es wiederum, die parametrische lineare Programmierung zur Behandlung des ursprünglich konvexen Programmierungsproblems (3.5) heranzuziehen. Als zusätzliche Schwierigkeit ist jedoch die Variabilität der absatzwirtschaftlichen Koeffizienten (3.8) anzusehen. Im folgenden Abschnitt soll anhand eines kleinen Zahlenbeispiels demonstriert werden, auf welche Art und Weise das Chancen-Risiken-Konzept zum Aufzeigen der Unsicherheit verwendet wird.

II. Ein Demonstrationsbeispiel

Grundlage der folgenden Erörterungen soll wiederum das Zahlenbeispiel des 4. Kapitels, Abschnitt C. III. im zweiten Teil dieser Arbeit sein. Die Formulierung des parametrischen linearen Programmierungsproblems für den Produktionssektor der Unternehmung ergab folgendes lineares Gleichungssystem:

$$(3.9)\quad \begin{aligned} z = (h_1-20)x_1 + 20x_2 &\rightarrow \max! \\ x_1 + 3x_2 &\leqq 150 \\ x_1 + x_2 &\leqq 70 \\ 2x_1 + x_2 &\leqq 120 \\ x_1, x_2 &\geqq 0. \end{aligned}$$

Es soll angenommen werden, daß lediglich die Absatzfunktion des Erzeugnisses 1 nicht mit Sicherheit bekannt ist. Das Produkt 2 dagegen läßt sich in unbeschränkten Mengen zu einem konstanten und bekannten Preis absetzen. Die Kurve des Optimalverhaltens der Unternehmung in Abhängigkeit vom absatzwirtschaftlichen Parameter h_1 zeigt die Abbildung 29. Sie enthält die Angebotsfunktion des Unternehmens (betriebliche Grenzerlösfunktion).

Die Preis-Absatzfunktion für das Produkt 1 lautet:

(3.10) $p_1 = p^o - d_1 x_1$,

wobei die Strukturparameter p^o und d_1 innerhalb folgender Grenzen variieren mögen:

(3.11) $60 \leqq p^o \leqq 70$; $1/3 \leqq d_1 \leqq 1/2$.

Da der Parameter h_1 die marktliche Grenzerlösfunktion repräsentiert, gilt:

(3.12) $h_1 = p^o - 2d_1 x_1$.

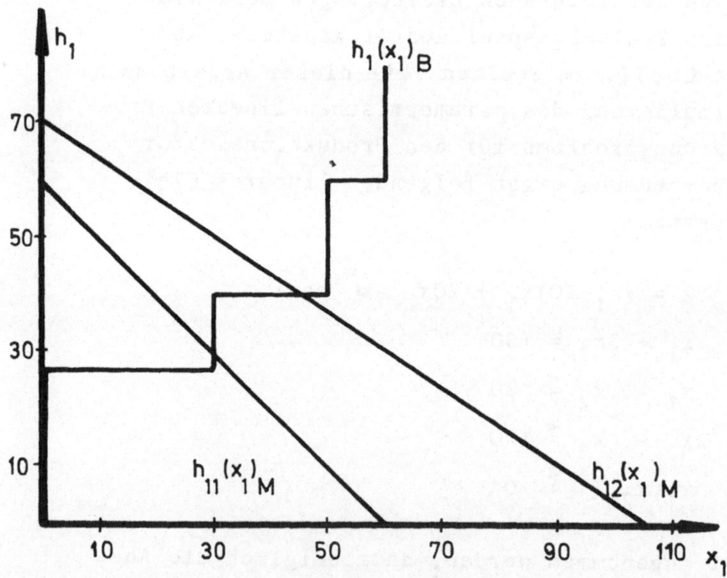

Abb. 29: Graphische Darstellung der betrieblichen und marktlichen Grenzerlösfunktionen

Die im Sinne der Zielsetzung ungünstigste Datenkonstellation tritt ein, wenn gilt:

(3.13) $p^o = 60$; $d_1 = 1/2$.

Dann lautet die marktliche Grenzerlösfunktion (vgl. Abbildung 29):

(3.14) $h_{11} = 60 - x_1$.

Die für diese Datenkonstellation geltende Strategie lautet dann:

(3.15) $x_{1opt} = 30$; $x_{2opt} = 40$; $p_{1opt} = 45$.

Der Gewinn dieser Strategie bei Eintreffen der Datenkonstellation (3.13) beträgt 1.550 Geldeinheiten.

Die günstigste Datenkonstellation gilt, wenn die Strukturparameter folgende Werte annehmen:

(3.16) $p^o = 70$; $d_1 = 1/3$.

Hier lautet die marktliche Grenzerlösfunktion (vgl. Abbildung 29):

(3.17) $h_{12} = 70 - 2/3x_1$.

Die optimale Strategie lautet hier:

(3.18) $x_{1opt} = 45$; $x_{2opt} = 25$; $p_{1opt} = 55$.

Der Gewinn beträgt 2075 Geldeinheiten.

Der Operationsbereich, innerhalb dessen sich die Strategien der Unternehmung bewegen können, wird durch folgendes System von Ungleichungen repräsentiert:

$$(3.19)\quad \begin{aligned} 30 &\leqq x_{1opt} \leqq 45 \\ 40 &\geqq x_{2opt} \geqq 25 \\ 45 &\leqq p_{1opt} \leqq 55 \;. \end{aligned}$$

Wie lassen sich jetzt die Chancen und Risiken bestimmen, die mit dem Ergreifen einer bestimmten Strategie bei Eintreffen alternativer Datenkonstellationen verbunden sind? Zunächst sei die Annahme getroffen, daß die Unternehmung hinsichtlich ihrer Preisentscheidungen für die Planungsperiode gebunden ist: Preiskorrekturen sind nicht möglich. Eine Substitution von Produktionsmengen sei ebenfalls ausgeschlossen. Hinsichtlich der Absatzmengen können also ungeplante Größen auftreten, die sich in Lagerbestandsveränderungen ausdrücken.

Wird die Strategie (3.15) ergriffen und trifft diese Aktion auf die günstigste Datenkonstellation (3.16), ändert sich an der Gewinnsituation nichts. Aufgrund der getroffenen Annahmen ist diese Basisstrategie ohne jegliches Risiko, aber auch ohne eine Gewinnchance[1]. Der Nachfrageüberhang deutet lediglich an, daß die tatsächlich eingetretene Datenkonstellation wesentlich günstiger ist als die der Entscheidung zugrundegelegten Konstellation.

---

1 Gewinnchancen eröffnen sich auch für diese Strategie, wenn kurzfristig Anpassungsmaßnahmen möglich sind, sei es durch Preiskorrekturen oder Produktionsverteilungsmaßnahmen.

Wird dagegen die Strategie (3.18) ergriffen, so eröffnen sich zunächst Gewinnchancen in Höhe von 2075 - 1550 = 525 Geldeinheiten. Gleichzeitig tritt aber mit dem Ergreifen dieser Strategie auch ein Risiko auf. Tritt nicht die günstige, sondern die ungünstige Datenkonstellation ein, kann vom Produkt 1 lediglich eine Menge von 10 Stück abgesetzt werden, wenn wieder die obigen Annahmen gelten. Der erzielbare Gewinn beträgt dann 850 Geldeinheiten. Das Risiko ist folglich mit 1550 - 850 = 700 Geldeinheiten anzusetzen. Eine Gewinnchance in Höhe von 525 steht einem Risiko in Höhe von 700 gegenüber.

Die Risiko-Chancen-Überlegungen haben sich bislang nur auf die beiden Grenzstrategien beschränkt. Selbstverständlich ist es möglich, aus den Variationsbereichen (3.11) für die Strukturparameter bestimmte Werte zu wählen - ggfs. über Stichprobenziehungen - und für jede der so gewonnenen Datenkonstellationen die optimale Strategie zu bestimmen; jede Strategie wird sodann mit den verschiedenen Datenkonstellationen konfrontiert, um die Risiken und Chancen zu ermitteln.

Das Risiken-Chancen-Konzept weist folgende charakteristische Merkmale auf. Es basiert auf dem Funktionen-Konzept und erfaßt somit nur die Unsicherheit hinsichtlich der Höhe der Strukturparameter. Diese Datenunsicherheit wird jedoch explizit in der Modellanalyse berücksichtigt. Einen Lösungsvorschlag enthält dieses Konzept nicht; die Frage der Gewichtung von Risiken und Chancen bleibt außerhalb des eigentlichen Modellansatzes[1].

---

1 Eine Übertragung und Erweiterung des Konzeptes von Jacob auf die betriebliche Kapitaldisposition nimmt Wagner vor; vgl. <u>Wagner, H.</u>, a.a.O., S. 288 ff.

3. Kap.:

Das Konzept der verhaltensorientierten Theorie der Unternehmung und seine Übertragung auf Probleme der Produktions- und Absatzplanung

A. Die Grundzüge des verhaltensorientierten Ansatzes

Das im folgenden in seinen Grundzügen zu erläuternde Konzept einer verhaltensorientierten Theorie der Unternehmung wird in enger Anlehnung an R.M. Cyert und J.G. March entwickelt[1]. Der Entscheidungsprozeß innerhalb einer Unternehmung läßt sich im Prinzip auf der Grundlage dreier Gruppen von Einflußfaktoren analysieren, die sich auf
(1) die Ziele der Organisation,
(2) die Erwartungen der Organisation und
(3) die Entscheidungen der Organisation
auswirken.

Innerhalb der Einflußfaktoren, die die Organisationsziele berühren, lassen sich wiederum zwei Gruppen unterscheiden. Die erste Gruppe von Einflußfaktoren bestimmt darüber, welche Ziele die Organisation verfolgen soll. Hier geht es um Fragen der Koalitionsbildung, der Arbeitsteilung im Rahmen der Entscheidungsfunktion sowie der Problemdefinition. Es gilt, daß Ziele erst durch Probleme entstehen und die Ziele für ein bestimmtes Problem von denjenigen Organisationsteilnehmern gesetzt werden, die für eine Problemlösung zu sorgen haben.

---

1 Vgl. Cyert, R.M., March, J.G., A Behavioral Theory of the Firm, Englewood Cliffs, N.J., 2nd Printing, 1964, S. 114 ff. Da dieser Abschnitt ausschließlich auf diesem Beitrag beruht, wird auf weitere Zitate im Text verzichtet.

Die zweite Gruppe von Einflußfaktoren, die auf die Ziele der Organisation einwirken, bestimmen das Niveau der Zielerreichung - das Anspruchsniveau - für jedes einzelne Ziel. Hier sind es vor allem das Anspruchsniveau der Vergangenheit und das Ausmaß, in dem das Anspruchsniveau in der Vergangenheit erreicht wurde.

Die zweite Gruppe von Faktoren beeinflußt die Erwartungen der Organisation. Erwartungen sind das Ergebnis von Schlußfolgerungen auf der Grundlage der verfügbaren Informationen. So werden z.B. die Absatzmengenerwartungen mithilfe des Verfahrens des 'Exponential Smoothing' gebildet.

Schließlich gibt es Einflußfaktoren, die die Entscheidungsfindung innerhalb von Organisationen berühren. Die Entscheidungsfindung ist eine Reaktion auf ein gestelltes Problem und basiert auf Entscheidungsregeln. Diese sollen eine Strategie fixieren, die das Anspruchsniveau der aufgestellten Ziele erreicht. Damit geht es um alle diejenigen Faktoren, die Einfluß nehmen können auf die Definition des Problems, auf die Formulierung der Entscheidungsregeln und auf die Reihenfolge der zu prüfenden Strategien.

Innerhalb dieser drei Teilbereiche: Ziele, Erwartungen und Entscheidungen der Organisation werden vier Konzepte postuliert, die den eigentlichen Kern des verhaltensorientierten Ansatzes darstellen. Diese Konzepte sind:

(1) die Quasi-Lösung von Konflikten,
(2) die Vermeidung von Unsicherheit,
(3) die problemorientierte Suche und
(4) das organisatorische Lernen.

Bei der Quasi-Lösung von Konflikten geht es um folgenden Sachverhalt: eine Koalition innerhalb einer Organisation besteht aus mehreren Mitgliedern, die verschiedene Ziele verfolgen. Man benötigt daher Instrumente, um diesen Zielkonflikt zu lösen. Zunächst werden die Ziele als eine Menge unabhängiger Nebenbedingungen angesehen, die ein bestimmtes Anspruchsniveau repräsentieren. Mögliche Konflikte zwischen den Zielen werden mit Hilfe dreier Instrumente "gelöst". Diese Instrument sind

(1) die lokale Rationalität,
(2) Entscheidungsregeln, die zu befriedigenden Lösungen führen und
(3) das sequentielle Erfüllen der Ziele.

Alle drei Instrumente dienen letztlich dazu, Konflikte zwischen verschiedenen Zielen erst gar nicht entstehen zu lassen. Es handelt sich also nicht um eine Lösung von Konfliktsituationen, sondern um eine Vermeidung solcher Konkurrenzbeziehungen.

Der Begriff der lokalen Rationalität besagt folgendes: Entscheidungsprobleme werden in Teilprobleme aufgespalten und verschiedenen Teilen der Organisation zur Lösung übertragen. Es besteht dabei die Tendenz, daß sich diese Organisationseinheiten nur mit einer beschränkten Menge von Teilproblemen und einer begrenzten Anzahl von Zielen beschäftigen;im Extremfall wird ein Spezialproblem unter Beachtung eines einzigen Zieles gelöst. Dieses Prinzip der Delegation von Entscheidungsbefugnissen hinsichtlich der Sach- und Formalziele erfordert eine Koordinierung der Teilentscheidungen, die durch die bereits oben angesprochenen Instrumente: Entscheidungsregeln auf der Basis befriedigender Lösungen und sequentielles Erfüllen der Ziele gefördert werden kann.

Die Möglichkeit, mithilfe der Entscheidungsregeln befriedigende Lösungen zu finden, wird in vielen Fällen dazu führen, daß die verschiedenen Teilbereichsentscheidungen konsistent miteinander sind. Diese Tendenz wird dadurch unterstützt, daß den Zielen zu verschiedenen Zeiten eine unterschiedlich hohe Aufmerksamkeit geschenkt wird, d.h. im Zeitablauf können sich die Ziele selbst oder deren Anspruchsniveaus ändern.

Das zweite wichtige Konzept innerhalb der verhaltensorientierten Theorie der Unternehmung ist das der Vermeidung von Unsicherheit. Statt Entscheidungen auf der Grundlage langfristiger Prognosen aufzubauen, werden Entscheidungsregeln verwendet, die kurzfristig Verhaltensänderungen aufgrund kurzfristiger feedback-Informationen ermöglichen. Die taktischen Maßnahmen ersetzen strategische Konzeptionen. Hinsichtlich des Konkurrentenverhaltens z.B. kann von einer weitgehend kontrollierten Umwelt ausgegangen werden, da alle Unternehmungen von konventionellen, branchenüblichen Praktiken Gebrauch machen. Bei der Erfassung der künftigen Absatzsituation für ein Produkt begnügt man sich mit einem Prognosewert für die Absatzmenge; allein dieser prognostizierte Wert liegt dann der Absatzplanung zugrunde.

Drittens gilt das Konzept der problemorientierten Suche nach Lösungen. Ein Problem tritt auf, wenn die Organisation eines oder mehrerer ihrer Ziele nicht erfüllen kann; hier beginnt die Suche nach Problemlösungen, die erst dann abgeschlossen ist, wenn entweder eine Strategie gefunden ist, welche die gesteckten Ziele erfüllt, oder das Anspruchsniveau gesenkt wird, so daß eine der bereits verfügbaren Strategien als befriedigende Lösung angesehen werden kann. Die Suchregeln sind einfach strukturiert: gesucht wird in der Umgebung der aufgetretenen Störung, wobei Strategien entwickelt werden, die sich in der Nachbarschaft der gerade verfügbaren Alternative befinden.

Schließlich ist als viertes Konzept das Lernverhalten in Organisationen zu nennen. Organisationen zeigen im Zeitablauf ein adaptives Verhalten. Dieses Anpassungsverhalten bezieht sich auf die gesetzten Ziele, die Aufmerksamkeitsregeln und die Suchregeln. Organisationen verändern im Zeitablauf ihre Ziele und die Zielerreichungsgrade; die Einflußfaktoren für solche Änderungen wurden bereits oben angesprochen. Die Intensität, mit der die Umwelt beobachtet wird, ist für die verschiedenen Umweltfaktoren unterschiedlich. Der Aufmerksamkeitsgrad, mit dem Umweltveränderungen (z.B. Maßnahmen der Konkurrenz) registriert werden, variiert im Zeitablauf und kann sich dabei auf andere Umweltfaktoren verlagern.

Da schließlich die Suche nach Lösungen problemorientiert ist, wird sich mit einer Veränderung der Probleme auch das Suchverhalten dieser neuen Situation anpassen. Die erfolgreiche Suche in einer bestimmten Richtung wird in der Zukunft dazu führen, ebenfalls wieder die Suche in dieser Richtung zu beginnen. Genau der entgegengesetzte Fall gilt, wenn die Suche in einer bestimmten Richtung erfolglos geblieben ist.

Die Grundstruktur eines solchen, in seinen Grundzügen behandelten Entscheidungsprozesses in Organisationen ist in der folgenden Abbildung noch einmal übersichtlich zusammengefaßt.

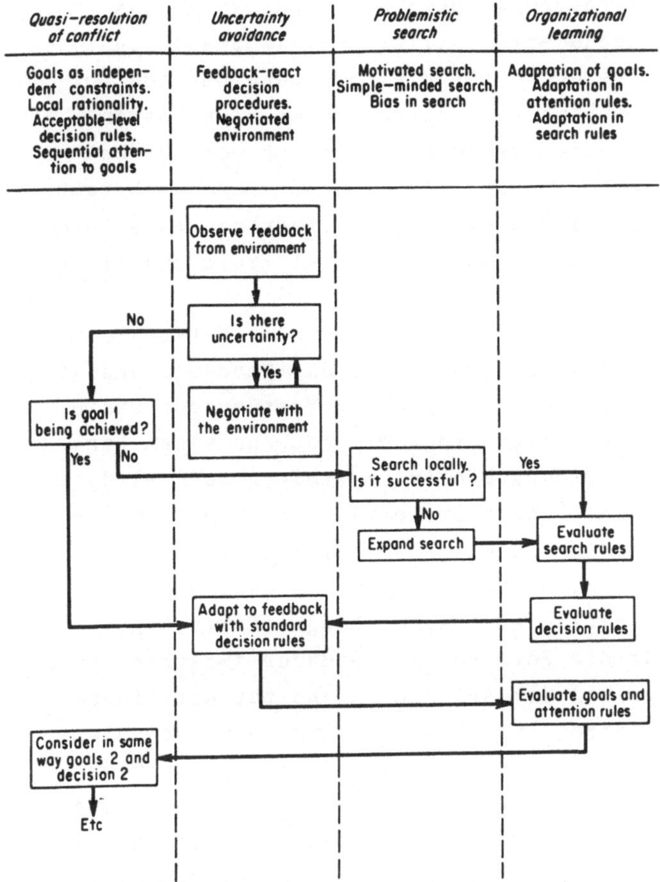

Abb. 30: Die Grundstruktur eines Entscheidungsprozesses im Rahmen der verhaltensorientierten Theorie der Unternehmung (Quelle: Cyert, R.M., March, J.G., a.a.O., S. 126)

Die Abbildung 30 bezieht sich auf den Entscheidungsprozeß einer bestimmten Organisationseinheit. Diese hat eine bestimmte Teilentscheidung zu treffen. Zur Beurteilung wird lediglich ein Ziel herangezogen. Die vier Spalten der Abbildung repräsentieren die vier Grundkonzepte des verhaltensorientierten Ansatzes. Der Prozeß beginnt mit einer feedback-Information, anhand derer die vorher getroffene Entscheidung hinsichtlich ihrer Zielerreichung überprüft wird. Wurde das Anspruchsniveau erreicht, werden die Standard-Entscheidungsregeln für die Ableitung der nun zu ergreifenden Strategie herangezogen. Ist das Anspruchsniveau dagegen nicht erreicht worden, beginnt die problemorientierte Suche. Daran schließt sich die Anpassung der Such-, Aufmerksamkeits- und Entscheidungsregeln sowie der Zielerreichungsgrade an.

Bemerkenswert im Zusammenhang mit der Entscheidungsfindung unter Unsicherheit ist das Konzept, das in der Verhaltenstheorie für die Erfassung der Unsicherheit entwickelt wurde. Wie noch an einem konkreten Entscheidungsproblem zu zeigen sein wird, faßt die verhaltensorientierte Theorie der Unternehmung den Begriff der Unsicherheit sehr weit. So besteht z.B. keinerlei Kenntnis über die absatzwirtschaftlichen Zusammenhänge: Erklärungsmodelle für die Form der Beziehungen zwischen der Absatzmenge und der Art und Intensität der eingesetzten absatzpolitischen Instrumente werden nicht aufgestellt. Das gleiche gilt für die produktionswirtschaftlichen Erklärungsmodelle. Gleichsam als Reaktion auf diese umfassende Unsicherheit in der Umwelt der Unternehmung muß das Konzept der 'Vermeidung von Unsicherheit' verstanden werden. Dieses Ausweichen vor der Unsicherheit drückt sich in der Art, wie die Erwartungen und die Entscheidungsregeln formuliert sind, aus. Erwartungen werden allein aufgrund von Erfahrungen in der Vergangenheit gebildet; die Entscheidungsregeln erlauben kurzfristige Verhaltensänderungen aufgrund laufend gewonnener feedback-Informationen. Die dadurch mögliche Negierung der Unsicherheit wird durch die Formulierung der Ziele als Anspruchsniveaus unterstützt: solange diese Zielerreichungsgrade nicht unterschritten werden, wird mit den Standard-Entscheidungsregeln operiert.

B. Die Produktions- und Absatzplanung auf der Grundlage des verhaltenstheoretischen Ansatzes

I. Das "General Model of Price and Output Determination" von Cyert/March

Dieser Abschnitt soll die wesentlichen Elemente des "General Model of Price and Output Determination" von R.M. Cyert und J.G. March[1/2] beschreiben. Es handelt sich um einen verhaltensorientierten Modellansatz zur Produktions- und Absatzplanung in einem oligopolistisch strukturierten Markt.

Betrachtet wird eine Einprodukt-Unternehmung, die in jeder Teilperiode folgende Entscheidungen zu treffen hat:

---

1 Der folgende Abschnitt bezieht sich ausschließlich auf den Beitrag von Cyert/March, so daß auf weitere Zitate verzichtet werden kann; vgl. Cyert, R.M., March, J.G., a.a.O., S. 149 ff; vgl. hierzu auch den Beitrag von Cohen, K.J., Cyert, R.M., March, J.G., Soelberg, P.O., A General Model of Price and Output Determination, in: Symposium on Simulation Models: Methodology and Applications to the Behavioral Sciences, ed. by A.C. Hoggatt and F.E. Balderston, Cincinnati, Ohio 1963, S. 250 ff.

2 Modellansätze dieser Art, wenn auch von unterschiedlicher Komplexität und divergierenden Problemstellungen, sind in den Beiträgen folgender Autoren enthalten: Amstutz, A.E., Computer Simulation of Competitive Market Response, Cambridge, Mass. 1967, S. 120 ff; Bonini, C.P., Simulation of Information and Decision Systems in the Firm, 2nd Printing, Englewood Cliffs, N.J. 1964; Cohen, K.J., Cyert, R.M., Theory of the Firm: Resource Allocation in a Market Economy, Englewood Cliffs, N.J. 1965, S. 329 ff; Forrester, J.W., Industrial Dynamics, 2nd Printing, Cambridge, Mass. 1962; Howard, J.A., Morgenroth, W.M., Information Processing Model of Executive Decision, in: MS, Vol. 13, 1968 A, S. 416 ff; Kotler, P., Competitive Strategies for New Product Marketing over the Life Cycle, in: MS, Vol. 12, 1966 B u. C, S. B-104 ff; Kotler, P., Schultz, R.L., Marketing Simulations: Review and Prospects, in: JoB, Vol. 43, 1970, S. 237 ff, hier S. 258 ff; Naylor, T.H., Vernon, J.M., Microeconomics and Decision Models of the Firm, New York etc. 1969, S. 446 ff; Weymar, H., Industrial Dynamics: Interaction between the Firm and its Market, in: Marketing and the Computer, ed. by W. Alderson and S.J. Shapiro, Englewood Cliffs, N.J. 1963, S. 260 ff.

(1) Bestimmung des Absatzpreises, der nicht aufgrund der Absatzmengenentscheidung über die Absatzfunktion abgeleitet werden kann;
(2) Fixierung der Produktions- und Lagermengen;
(3) Ableitung einer Marketing-Strategie, die die Verkaufsbemühungen und den Werbekosteneinsatz umfaßt.

Für jede dieser Teilentscheidungen existieren ein oder mehrere Teilziele. Die Suche nach befriedigenden Lösungen orientiert sich an diesen Teilzielen. Die Verknüpfung zwischen den Teilbereichsentscheidungen wird durch feedback-Informationen und erweitertes Suchverhalten hergestellt.

Für diese Entscheidungssituation gelten drei Gruppen von Teilzielen:

(1) das Gewinnziel, das als Anspruchsniveau formuliert ist und in erster Linie als Kriterium für die Absatzpreisentscheidungen verwendet wird;
(2) eine Gruppe von Produktions- und Lagerzielen: die Lagermengen können innerhalb bestimmter Unter- und Obergrenzen variieren, wobei die Bereichsgrenzen ihrerseits wieder durch die vergangene Absatztätigkeit verändert werden können. Das Produktionsziel ist ein Produktionsglättungsziel in der Form wiederum von Ober- und Untergrenzen. Diese Teilziele werden zur Beurteilung der Produktions- und Lagerentscheidungen herangezogen;
(3) eine Gruppe von Absatzzielen: es werden Anspruchsniveaus für den Marktanteil und den mengenmäßigen Absatz bzw. den Umsatz gesetzt. Diese Teilziele dienen der Überprüfung der geplanten Marketing-Strategien, sind aber auch relevant für die Preisentscheidungen.

Der gesamte Entscheidungsprozeß ist somit in drei unabhängige Teilentscheidungen aufgeteilt worden. Jede dieser Teilbereichsentscheidungen basiert auf feedback-Informationen bezüglich der Zielerfüllung in der vergangenen Teilperiode. Diese Rückkopplung gestattet eine laufende Anpassung der Ziele sowie der Entscheidungs- und Suchregeln. Im Prinzip verläuft der Entscheidungsprozeß in jedem Teilbereich entsprechend dem Ablaufschema der Abbildung 31.

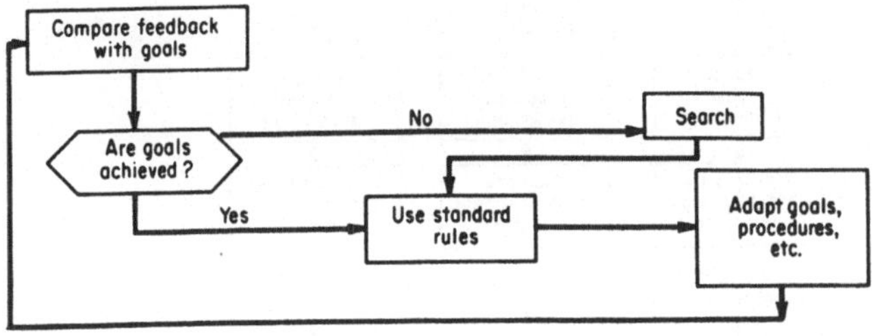

Abb. 31: Das Ablaufschema eines Entscheidungsprozesses (Quelle: Cyert, R.M., March, J.G., a.a.O., S. 151)

Der Verlauf des Entscheidungsprozesses für die drei Teilbereichsentscheidungen: Produktions- und Lagerplanung, Preisplanung und Absatzplanung soll näher betrachtet werden. Die Produktions- und Lagermengenentscheidung ist in ihren Grundzügen im Ablaufdiagramm der Abbildung 32 enthalten.

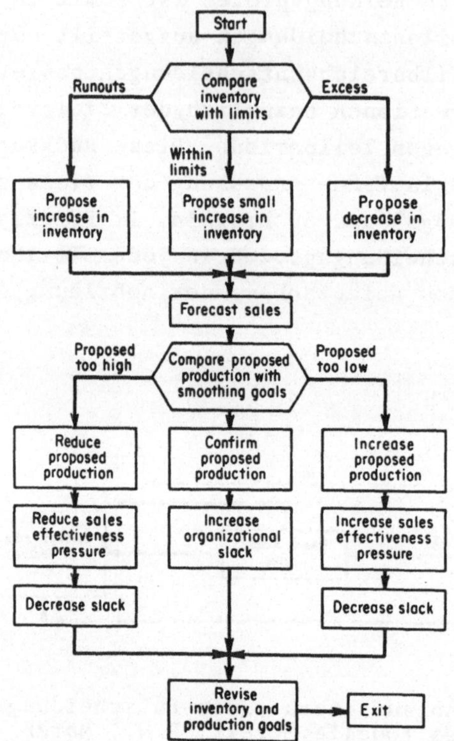

Abb. 32: Das Ablaufschema für die Produktions- und Lagermengenentscheidung (Quelle: Cyert, R.M., March, J.G., a.a.O., S. 152)

Die geplante Produktionsmenge setzt sich aus der geplanten Lagerbestandsveränderung und der prognostizierten Absatzmenge zusammen. Übersteigt die geplante Produktionsmenge die Obergrenze des Produktionszieles, wird die Produktion gesenkt. Gleichzeitig sinkt der Druck auf die Absatzabteilung: die Verkaufsbemühungen können verringert werden. Im umgekehrten Falle verstärkt sich der Druck auf die Absatzabteilung, die Verkaufsbemühungen zu intensivieren. Dieser Druckindex ist zusammen mit dem Konzept des 'organizational slack' ein Instrument zur Koordination der Entscheidungen in den drei Teilbereichen.

"When an organization is failing to perform up to expectations, there is a tendency for pressure to built up within an organization, and this pressure generally results in attempts to achieve better performance. On the other hand, when the organization has been successful in achieving its expectations for a period of time, pressure is relaxed and organizational slack in the form of inefficiency creeps in"[1]. Die Variation des 'organizational slack' bedeutet letztlich eine verminderte oder verstärkte Nutzung der den Organisationseinheiten zur Verfügung gestellten Ressourcen und kann somit ebenfalls als Druckindex betrachtet werden.

Die Preisentscheidung orientiert sich vor allem am Gewinnziel, den Kosten und dem Konkurrenzverhalten. Sie wird außerdem durch Preissenkungswünsche der Absatzabteilung beeinflußt. Das Ablaufschema des Preisentscheidungsprozesses enthält die Abbildung 33.

1 Bonini, C.P., a.a.O., S. 19.

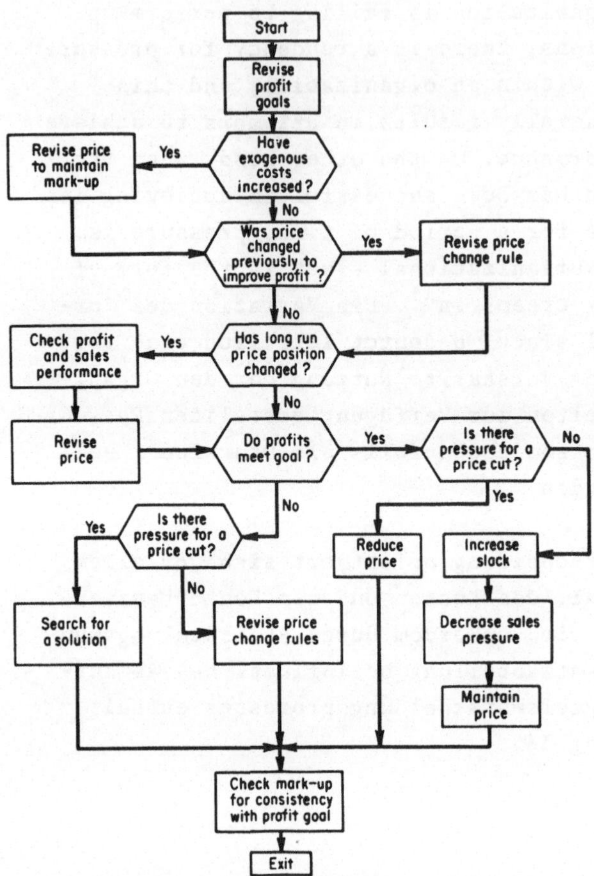

Abb. 33: Das Ablaufschema für die Preisentscheidung (Quelle: Cyert, R.M., March, J.G., a.a.O., S. 154)

Schließlich ist noch die Absatzentscheidung zu analysieren. Verwendet werden zwei 'absatzpolitische Instrumente':

(1) 'sales effectiveness pressure', der ein Index für die Wirkung der Absatzbemühungen ist und eine Aggregation derjenigen absatzpolitischen Instrumente repräsentiert, die die Effizienz der Absatzmaßnahmen beeinflussen;

(2) der Werbekosteneinsatz, der als prozentualer Anteil des Umsatzvolumens ermittelt wird.

Beide Instrumente wirken direkt auf das Absatzvolumen ein. Relevante Zielgrößen sind die Absatzmenge und der Marktanteil, die als Anspruchsniveaus formuliert sind. Das Ablaufschema zeigt die Abbildung 34.

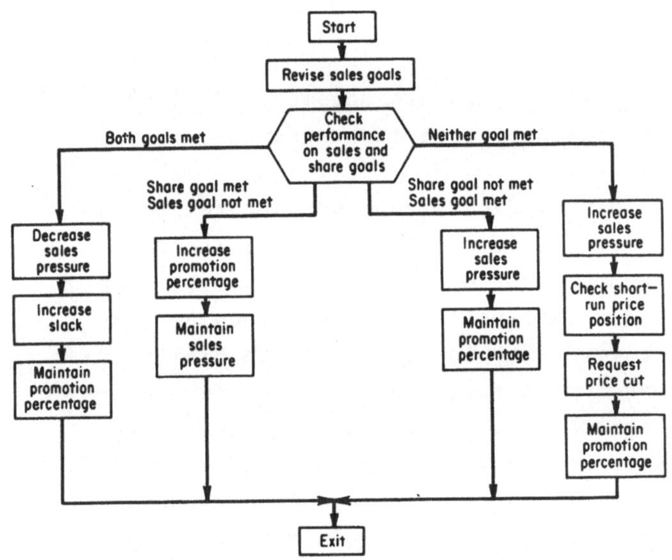

Abb. 34: Das Ablaufschema der Absatzentscheidung (Quelle: Cyert, R.M., March, J.G., a.a.O., S. 157)

Eine Absatzmengenentscheidung wird nicht getroffen. Die effektive Absatzmenge wird über ein Marktmodell ermittelt, das zunächst das Absatzvolumen für alle auf dem Markt vertretenen Oligopolisten in Abhängigkeit eines Konjunkturindex, der geforderten Absatzpreise, der eingesetzten Werbekosten sowie des 'sales effectiveness pressure' bestimmt. Dieses gesamte Absatzvolumen wird dann auf die einzelnen Unternehmen verteilt; Verteilungsschlüssel ist die Stärke der absatzpolitischen Aktivität, stets bezogen auf die von allen Unternehmen ergriffenen Maßnahmen (relative Preisposition, Anteil der Werbekosten einer Unternehmung an den von allen Unternehmungen eingesetzten Werbekosten, relativer 'sales effectiveness pressure'). Die Einführung des Marktmodells dient dazu, dieses soeben skizzierte Entscheidungsmodell in einer konkreten Marktsituation zu testen[1].

II. Beurteilung und Erweiterungsmöglichkeiten des verhaltensorientierten Ansatzes

Stellt man einmal die Vorzüge und Nachteile des verhaltensorientierten Ansatzes einer Theorie der Unternehmung von Cyert/March zusammen, kann man folgendes feststellen: das Phänomen der Unsicherheit wird zwar in seiner ganzen Breite erkannt - man könnte fast von einer totalen Unsicherheit sprechen -, es wird aber gleichzeitig durch das Konzept der 'Vermeidung von Unsicherheit bei den Planungsüberlegungen' weitgehend aus dem Entscheidungsprozeß eliminiert. Lediglich über die feedback-Informationen und die damit verbundenen Abweichungsanalysen und Planrevisionen bleibt die Unsicherheit im Planungsansatz erhalten. Diese weitgehende Negierung der Unsicherheit ist letztlich auch dafür verantwortlich, daß die Planung immer nur für eine Teilperiode durchgeführt wird: zeitlich vertikale Interdependenzen werden nicht beachtet.

---

1 Vgl. hierzu Cyert, R.M., March, J.G., a.a.O., S. 173 ff.

Besonders zu bemerken ist, daß die Unternehmung als Organisation betrachtet wird, in der mehrere Entscheidungsträger fungieren. Die Entscheidungsfunktion ist dezentralisiert, die verschiedenen Organisationseinheiten treffen ihre Entscheidungen weitgehend unabhängig voneinander. Zudem wird berücksichtigt, daß die Entscheidungsträger unterschiedliche Ziele verfolgen können. Schließlich sind auch Kommunikationsprozesse in dem Entscheidungsmodell enthalten. Diese Kommunikationsprozesse sorgen für eine Abstimmung der Teilbereichsentscheidungen. Diese Abstimmung kommt vor allem über die Druckindizes zustande.

Zu bemängeln sind vor allem drei Dinge. Zum einen wird eine Einprodukt-Unternehmung betrachtet; dies führt zu einer erheblichen Vereinfachung der Modellanalyse, da sämtliche Abstimmungsprobleme im Produktions-, Lager- und Absatzbereich entfallen können, die im Rahmen einer Mehrprodukt-Unternehmung erhebliche Relevanz besitzen.

Der zweite Mangel besteht darin, daß dieses komplexe Entscheidungsmodell für jede der konkurrierenden Unternehmungen zu konzipieren ist. Folglich wird der Absatzmarkt mit allen auf diesem Markt anbietenden Firmen analysiert. Eine entscheidungsorientierte Theorie der Unternehmung hat aber den Standpunkt einer einzelnen Unternehmung einzunehmen, die das Konkurrentenverhalten zwar in ihr Kalkül einbezieht, aber sicherlich nicht in der Lage ist, den komplexen Entscheidungsprozeß ihrer Konkurrenten in ihre Planungsüberlegungen einzubeziehen.

Schließlich muß die Vorgehensweise bemängelt werden, in der die künftigen Absatzmöglichkeiten prognostiziert werden. Hier wird das einfachste Verfahren des 'exponential smoothing' verwendet:

die prognostizierte Absatzmenge ist ein gewogenes arithmetisches Mittel der prognostizierten Absatzmenge der vergangenen Teilperiode und der effektiven Absatzmenge der Vorperiode. Es wird also ein Absatzprognoseverfahren verwendet, das keinerlei Bezug auf die absatzpolitischen Aktivitäten nimmt, obwohl es andererseits als Grundlage absatzpolitischer Entscheidungen dienen soll. Absatzwirtschaftliche Erklärungsmodelles die eine Beziehung zwischen der Absatzmenge und den absatzpolitischen Instrumenten herstellen, werden nicht formuliert.

In jüngster Zeit sind Erklärungsmodelle entwickelt worden, die das Verhalten des einzelnen Konsumenten in Abhängigkeit von der absatzpolitischen Aktivität der Unternehmungen auf der Grundlage soziologischer und psychologischer Konzepte beschreiben. Es ist hier nicht der Platz, auf diese komplexen Käuferverhaltensmodelle einzugehen; es sei auf die Literatur verwiesen[1]. Diese Ansätze dürften eine Möglichkeit bieten, die Absatzprognose realitätsnäher zu gestalten.

---

1 Vgl. hierzu u.a. Amstutz, A.E., a.a.O., S. 153 ff; Kotler, P., Schultz, R.L., a.a.O., S. 249 ff und 254 ff; Lavington, M.R., A Practical Microsimulation Model for Consumer Marketing, in: ORQ, Vol. 21, 1970, S. 25 ff; Meffert, H., Modelle des Käuferverhaltens und ihr Aussagewert für das Marketing, in: ZfdgStw., Bd. 127, 1971, S. 326 ff; Nicosia, F.M., Consumer Decision Processes: Marketing and Advertising Implications, Englewood Cliffs, N.J. 1966.

Verzeichnis der verwendeten Symbole

$a, \bar{a}$	Generelle Kennzeichnung für die Koeffizienten der Nebenbedingungen
A	Koeffizientenmatrix
$b, \bar{b}$	Generelle Kennzeichnung für die rechten Seiten der Nebenbedingungen
$c, \bar{c}$	Generelle Kennzeichnung für die Zielfunktionskoeffizienten
d	Anstieg der linearen Preis-Absatzfunktion
D	Symmetrische Koeffizientenmatrix
$\bar{d}$	Index für die Parameter im Rahmen der parametrischen linearen Programmierung ($\bar{d}=1,...,\bar{d}_n$)
e	Index für die Erzeugnisarten ($e=1,...,e_n$)
e_q	Index für die Erzeugnisartenkombinationen ($e_q=1,...,e_{q_n}$)
f	Index für die konkurrierenden Unternehmen ($f=1,...,f_n$)
g	Index für die Betriebsabteilungen bzw. Betriebsmittel ($g=1,...,g_n$)
h	Parameter im Rahmen der parametrischen linearen Programmierung
i	Genereller Index für die Art der Nebenbedingungen ($i=1,...,i_n$)
I	Einheitsmatrix
j	Genereller Index für die Art der Variablen ($j=1,...,j_n$)
k	Index für die Intervalle im Rahmen der linearen Approximationstechnik ($k=1,...,k_n$)
K_L	gesamte mengenabhängige Lagerkosten
k_p	variable Stückkosten der Produktion

K_p	gesamte variable Produktionskosten
K_w	Werbekosten
l	Index für die Rabattgruppen $(l=1,...,l_n)$
L	Konstante
m	Konstante
M_e	Index für die Menge von Erzeugnisartenkombinationen, die das Erzeugnis e enthalten $(M_e=1,...,M_{e_n})$
o	Symbol für die Kennzeichnung von beschränkenden Größen
p	Absatzpreis
p^o	Prohibitivpreis
r	Index für die Teilmärkte $(r=1,...,r_n)$
s	Index für die Produktionsstandorte $(s=1,...,s_n)$
t	Index für die Teilperioden $(t=1,...,t_n)$
$\bar{t}$	Index für die zeitliche Verzögerung in dem Wirkungen der absatzpolitischen Instrumente $(\bar{t}=0,...,\bar{t}_n)$
u	Index für die Werbemittel-Intensitätsgrade $(u=1,...,u_n)$
v	Dualvariable im Rahmen der quadratischen Programmierung
w	Index für die Werbemittelarten $(w=1,...,w_n)$
x	Generelle Kennzeichnung der Variablen
y	Generelle Kennzeichnung der Schlupfvariablen
z	Generelle Kennzeichnung des Zielfunktionswertes
$z-c, z-\bar{c}$	Generelle Kennzeichnung der Dualwerte in linearen Programmierungsproblemen

α		Konstante
ß		Gewichtungskoeffizienten für die zeitliche Verteilung der Werbewirkung
γ		Index für die benachbarten Basislösungen ($\gamma=0,\ldots,\gamma_n$)
λ		allgemeiner Parameter und zugleich Lagrange'scher Multiplikator
ABSME	(ME/PER)	Absatzmenge
$ABSME^o$	(ME/PER)	Absatzmengen-Intervall
ABSPR	(GE/ME)	Absatzpreis
$ABSPR^o$	(GE/ME)	Prohibitivpreis
AKT		Werbeaktionen
BTERL	(GE/PER)	Bruttoerlös
DSP	(GE/ME)	Deckungsspanne
ERL	(GE/ME)	Umsatzerlöse
GE		Geldeinheiten
GEW	(GE/PER)	Gewinn
GV		ganzzahlige Variable (0-1-Variable)
$LAGKAP^o$	(RE/PER)	Lagerkapazität
LAGKO	(GE/ME)	mengenabhängige Lagerkosten pro Stück
LAGKOE	(RE/ME)	Lagerkoeffizient
LAGME	(ME/PER)	Lagermenge
$LISTPR^o$	(GE/ME)	Listenpreis
ME		Mengeneinheiten
NTERL	(GE/PER)	Nettoerlös
PER		Periode
PRODKO	(GE/ME)	variable Produktionskosten pro Stück
PRODKOE	(ZE/ME)	Produktionskoeffizient
PRODME	(ME/PER)	Produktionsmenge

$PRODZE^{o}$	(ZE/PER)	Produktionskapazität
RAB	(GE/ME)	Rabattsatz
RE		Raumeinheiten
$TMLAGKAP^{o}$	(RE/PER)	Teilmarkt-Lagerkapazität
TMLAGKO	(GE/ME)	Teilmarkt-Lagerkosten pro Stück
TMLAGKOE	(RE/ME)	Teilmarkt-Lagerkoeffizient
TMLAGME	(ME/PER)	Teilmarkt-Lagermenge
TRANSKO	(GE/ME)	Transportkosten pro Stück
TRANSME	(ME/PER)	Transportmenge
WABSME	(ME/PER)	durch Werbemitteleinsatz erzielbare Absatzmenge
WE		Werbemitteleinheiten
WERBKO	(GE/PER)	Werbekosten (erzeugnisartenbezogen)
WERBFKO	(GE)	werbefixe Kosten
WF	(ME/PER)	Werbeerfolg
WKOE	(ME/AKT)	Werbewirkungskoeffizient, bezogen auf die Werbemittelaktionen
WMAKTKO	(GE/AKT)	variable Kosten je Werbemittelaktion
WMFIXKO	(GE)	fixe Kosten in bezug auf die Werbemittel
WMINTKO	(GE/WE)	variable Kosten je Werbemitteleinheit
WMITAKT	(AKT/PER)	Werbemittelaktion
$WMITAKT^{o}$	(AKT/PER)	Beschränkungen der Werbemittelaktionen
WMITINT	(WE/AKT)	Werbemittelintensität
$WMITINT^{o}$	(WE/AKT)	Beschränkungen der Werbemittelintensität
WMITKO	(GE/PER)	Werbemittelkosten
WMITME	(WE/PER)	Werbemittelmenge
WWKOE	(ME/WE)	Werbewirkungskoeffizient, bezogen auf die Werbemittelmenge
ZE		Zeiteinheiten

Verzeichnis der Abbildungen

Seite

Verzeichnis der Tabellen

Verzeichnis der Abkürzungen für die verwendeten Zeitschriften und Sammelwerke

EC	Econometrica
HBR	Harvard Business Review
HdB	Handwörterbuch der Betriebswirtschaft
HdSW	Handwörterbuch der Sozialwissenschaften
HdW	Handbuch der Werbung (hrsg. von K.C. Behrens, Wiesbaden 1970)
JfNuSt	Jahrbücher für Nationalökonomie und Statistik
JoB	The Journal of Business
JRStS	Journal of the Royal Statistical Society
MS	Management Science
NRLQ	Naval Research Logistics Quarterly
OR	The Journal of the Operations Research Society of America
ORQ	Operational Research Quarterly
SzU	Schriften zur Unternehmensführung
Ufo	Unternehmensforschung
ZfB	Zeitschrift für Betriebswirtschaft
ZfbF	Zeitschrift für betriebswirtschaftliche Forschung
ZfdgStw	Zeitschrift für die gesamte Staatswissenschaft
ZfhF	Zeitschrift für handelswissenschaftliche Forschung

Literaturverzeichnis

Ackoff, R.L., The Development of Operations Research as a Science, in: OR, Vol. 4, 1956, S. 265 ff.

Ackoff, R.L., Gupta, S.K., Minas, J.S., Scientific Method-Optimizing Applied Research Decisions, New York, London, Sydney 1962.

Adam, D., Simultane Ablauf- und Programmplanung bei Sortenfertigung mit ganzzahliger Linearer Programmierung, in: ZfB, 33. Jg., 1963, S. 233 ff.

Adam, D., Das Interdependenzproblem in der Investitionsrechnung und die Möglichkeiten einer Zurechnung von Erträgen auf einzelne Investitionsobjekte, in: Der Betrieb, 19. Jg., 1966, S. 989 ff.

Adam, D., Die Bedeutung der Restwerte von Investitionsobjekten für die Investitionsplanung in Teilperioden, in: ZfB, 38. Jg., 1968, S. 391 ff.

Adam, D., Produktionsplanung bei Sortenfertigung, Wiesbaden 1969.

Adam, D., Koordinationsprobleme bei dezentralen Entscheidungen, in: ZfB, 39. Jg., 1969, S. 615 ff.

Adam, D., Entscheidungsorientierte Kostenbewertung, Wiesbaden 1970.

Adam, D., Produktionsdurchführungsplanung, unveröffentlichtes Manuskript.

Adelson, R.M., Norman, J.M., Operational Research and Decision-making, in: ORQ, Vol. 20, 1969, S. 399 ff.

Albach, H., Entscheidungsprozeß und Informationsfluß in der Unternehmensorganisation, in: Organisation, TFB-Handbuchreihe, 1. Bd., hrsg. von E. Schnaufer und K. Agthe, Berlin, Baden-Baden 1961, S. 355 ff.

Albach, H., Produktionsplanung auf der Grundlage technischer Verbrauchsfunktionen, in: Arbeitsgemeinschaft für Forschung des Landes Nordrhein-Westfalen, Heft 105, Köln und Opladen 1962, S. 45 ff.

Alderson, W., Green, P.E., Planning and Problem Solving in Marketing, Homewood, Ill. 1964.

Allen, R.G.D., Mathematical Analysis for Economists, London 1964.

Amstutz, A.E., Computer Simulation of Competitive Market Response, Cambridge, Mass. 1967.

André, J., Matthies, H., Anwendung der linearen Planungsrechnung auf die Verteilung eines Anzeigenetats, in: ZfhF, 13. Jg., 1961, S. 450 ff.

Angermann, A., Entscheidungsmodelle, Frankfurt am Main 1963.

Ansoff, H.I., A Model for Diversification, in: MS, Vol. 4, 1958, S. 392 ff.

Arbeitskreis Hax der Schmalenbach-Gesellschaft, Unternehmerische Entscheidungen im Absatzbereich, in: ZfbF, 18. Jg., 1966, S. 759 ff.

Arrow, K.J., Decision Theory and Operations Research, in: OR, Vol. 5, 1957, S. 765 ff.

Banse, K., Vertriebs-(Absatz-)politik, in: HdB, Bd. 4, 3. Aufl., Stuttgart 1962, Sp. 5983 ff.

Bartels, G., Diversifizierung - Die gezielte Ausweitung des Leistungsprogramms der Unternehmung, Stuttgart 1966.

Baur, W., Neue Wege der betrieblichen Planung, Berlin, Heidelberg, New York 1967.

Bea, F.X., Kritische Untersuchungen über den Geltungsbereich des Prinzips der Gewinnmaximierung, Berlin 1968.

Beale, E.M.L., On Minimizing a Convex Function Subject to Linear Inequalities, in: JRStS, Series B, Vol. 17, 1955, S. 173 ff.

Beale, E.M.L., On Quadratic Programming, in: NRLQ, Vol. 6, 1959, S. 227 ff.

Beale, E.M.L., Survey of Integer Programming, in: ORQ, Vol. 16, 1965, S. 219 ff.

Behrens, K.C., Absatzwerbung in betriebswirtschaftlicher Sicht, in: ZfB, 33. Jg., 1963, S. 257 ff.

Behrens, K.C., Absatzwerbung, Wiesbaden 1963.

Behrens, K.C., Begrifflich-systematische Grundlagen der Werbung - Erscheinungsformen der Werbung, in: HdW, hrsg. von K.C. Behrens, Wiesbaden 1970, S. 3 ff.

Bellman, R.E., Some Applications of the Theory of Dynamic Programming - A Review, in: OR, Vol. 2, 1954, S. 275 ff.

Bellman, R.E., Dynamic Programming, Princeton, N.J. 1957.

Bellman, R.E., Dynamic Programming and the Smoothing Problem, in: MS, Vol. 3, 1957, S. 111 ff.

Bellman, R.E., Dreyfus, S.E., Applied Dynamic Programming, Princeton, N.J. 1962.

Benjamin, B., Jolly, W.P., Maitland, J., Operational Research and Advertising: Theories of Response, in: ORQ, Vol. 11, 1960, S. 205 ff.

Benjamin, B., Maitland, J., Operational Research and Advertising: Some Experiments in the Use of Analogies, in: ORQ, Vol. 9, 1958, S. 207 ff.

Beyeler, L., Grundlagen des kombinierten Einsatzes der Absatzmittel, Bern 1964.

Bidlingmaier, J., Die Ziele der Unternehmer, in: ZfB, 33. Jg., 1963, S. 409 ff u. 519 ff.

Bidlingmaier, J., Unternehmerziele und Unternehmerstrategien, Wiesbaden 1964.

Bidlingmaier, J., Zur Zielbildung in Unternehmungsorganisationen, in: ZfbF, 19. Jg., 1967, S. 246 ff.

Bidlingmaier, J., Unternehmerische Zielkonflikte und Ansätze zu ihrer Lösung, in: ZfB, 38. Jg., 1968, S. 149 ff.

Bidlingmaier, J., Zielkonflikte und Zielkompromisse im unternehmerischen Entscheidungsprozeß, Wiesbaden 1968.

Bidlingmaier, J., Feststellung der Werbeziele, in: HdW, S. 403 ff.

Bidlingmaier, J., Kategorien des Werbeerfolgs, in: HdW, S. 699 ff.

Bidlingmaier, J., Die Kontrolle des wirtschaftlichen Werbeerfolgs, in: HdW, S. 773 ff.

Biermann, H., Bestimmungsfaktoren einer optimalen Rabattstruktur, in: ZfbF, 19. Jg., 1967, S. 392 ff.

Bleicher, K., Zur Organisation von Entscheidungsprozessen, in: SzU, Bd. 11, 1970, S. 55 ff.

Blöchliger, C., Die theoretische Bestimmung der Reklame, Diss. Zürich, Winterthur 1959.

Blumentrath, U., Investitions- und Finanzplanung mit dem Ziel der Endwertmaximierung, Wiesbaden 1969.

Bohmer, R., Die Anwendbarkeit der linearen Programmierung auf betriebswirtschaftliche Planungsprobleme, Diss. Köln 1963.

Bonini, C.P., Simulation of Information and Decision Systems in the Firm, 2nd Printing, Englewood Cliffs, N.J. 1964.

Boot, J.C.G., Notes on Quadratic Programming: The Kuhn-Tucker and Theil-van de Panne Conditions, Degeneracy and Equality Constraints, in: MS, Vol. 8, 1962, S. 85 ff.

Boot, J.C.G., Binding Constraint Procedures of Quadratic Programming, in: EC, Vol. 31, 1963, S. 464 ff.

Boot, J.C.G., Quadratic Programming: Algorithms - Anomalies - Applications, Amsterdam 1964.

Borch, K.H., Wirtschaftliches Verhalten bei Unsicherheit, Wien-München 1969.

Boulding, K.E., Economic Analysis, 3rd Ed., New York 1955.

Bowman, E.H., Production Scheduling by the Transportation Method of Linear Programming, in: OR, Vol. 4, 1956, S. 100 ff.

Brandt, K., Struktur der Wirtschaftsdynamik, Frankfurt am Main 1952.

Brückner, P., Psychologische Methoden der Werbeforschung und Markterkundung, in: HdW, S. 731 ff.

Brunner, M., Planung in Saisonunternehmungen. Zeitliche Abstimmung zwischen Fertigungs- und Absatzvolumen bei saisonalen Absatzschwankungen, Köln und Opladen 1962.

Bühlmann, H., Loeffel, H., Nievergelt, E., Einführung in die Theorie und Praxis der Entscheidung bei Unsicherheit, Berlin, Heidelberg, New York 1967.

Chmielewicz, K., Die Formalstruktur der Entscheidung, in: ZfB, 40. Jg., 1970, S. 239 ff.

Churchman, C.W., Ackoff, R.L., Arnoff, E.L., Operations Research, Wien, München 1961.

Cohen, K.J., Cyert, R.M., Theory of the Firm: Resource Allocation in a Market Economy, Englewood Cliffs, N.J. 1965.

Cohen, K.J., Cyert, R.M., March, J.G., Soelberg, P.O., A General Model of Price and Output Determination, in: Symposium on Simulation Models, Methodology and Applications to the Behavioral Sciences, ed. by A.C. Hoggatt and F.E. Balderston, Cincinnati, Ohio 1963, S. 250 ff.

Cordes, H., Unternehmensforschung und Absatzplanung, Wiesbaden 1968.

Cundiff, E.W., Still, R.R., Basic Marketing: Concepts, Environment and Decisions, Englewood Cliffs, N.J. 1964.

Cyert, R.M., March, J.G., A Behavioral Theory of the Firm, Englewood Cliffs, N.J., 2nd Printing, 1964.

Dantzig, G.B., Linear Programming under Uncertainty, in: MS, Vol. 1, 1955, S. 197 ff.

Dantzig, G.B., Recent Advances in Linear Programming, in: MS, Vol. 2, 1956, S. 131 ff.

Dantzig, G.B., On the Significance of Solving Linear Programming Problems with some Integer Variables, in: EC, Vol. 28, 1960, S. 30 ff.

Dantzig, G.B., Linear Programming and Extensions, Princeton, N.J. 1963.

Dellmann, K., Nastansky, L., Kostenminimale Produktionsplanung bei rein intensitätsmäßiger Anpassung mit differenzierten Intensitätsgraden, in: ZfB, 39. Jg., 1969, S. 239 ff.

Dichtl, E., Über Wesen und Struktur absatzpolitischer Entscheidungen, Berlin 1967.

Dinkelbach, W., Zum Problem der Produktionsplanung in Ein- und Mehrproduktunternehmen, Würzburg-Wien 1964.

Dinkelbach, W., Sensitivitätsanalysen und parametrische Programmierung, Berlin, Heidelberg, New York 1969.

Dinkelbach, W., Hax, H., Die Anwendung der gemischt ganzzahligen linearen Programmierung auf betriebswirtschaftliche Entscheidungsprobleme, in: ZfhF, 14. Jg., 1962, S. 179 ff.

Dinkelbach, W., Kloock, J., Mathematische Programmierung, in: Beiträge zur Unternehmensforschung, hrsg. von G. Menges, Würzburg-Wien 1969, S. 33 ff.

Dinkelbach, W., Steffens, F., Gemischt ganzzahlige lineare Programme zur Lösung gewisser Entscheidungsprobleme, in: Ufo, Bd. 5, 1961, S. 3 ff.

Dorn, W.S., Non-Linear Programming - A Survey, in: MS, Vol. 9, 1963, S. 171 ff.

Edler, F., Zur Literatur über die Werbewirkungsanalyse, in: ZfB, 35. Jg., 1965, S. 443 ff.

Edler, F., Werbetheorie und Werbeentscheidung, Wiesbaden 1966.

Egert, P., Probleme des Produktionsausgleichs, in: Ufo, Bd. 5, 1961, S. 216 ff.

Ellinghaus, U.W., Die Grundlagen der Theorie der Preisdifferenzierung, Tübingen 1964.

Elsner, H.-D., Mehrstufiger Fertigungsprozeß und zeitliche Verteilung des Fertigungsvolumens in Saisonunternehmungen, in: ZfB, 38. Jg., 1968, S. 45 ff.

Elsner, H.-D., Produktions- und Lagerplanung in Saisonunternehmungen, in: ZfB, 39. Jg., 1969, S. 163 ff.

Engels, W., Betriebswirtschaftliche Bewertungslehre im Licht der Entscheidungstheorie, Köln und Opladen 1962.

Falk, J., Lineare Programmierung im System des betrieblichen Rechnungswesens, Diss. Mainz 1963.

Ferner, W., Modelle zur Programmplanung im Absatzbereich industrieller Betriebe, Köln-Berlin-Bonn-München 1966.

Fischerkoesen, H.M., Experimentelle Werbeerfolgsprognose, Wiesbaden 1967.

Fisk, G., Marketing Systems - An Introductory Analysis, New York, Evanston, London, Tokyo, 2nd ed., 1969.

Förstner, K., Henn, R., Dynamische Produktionstheorie und lineare Programmierung, Meisenheim am Glan 1957.

Forrester, J.W., Industrial Dynamics, 2nd Printing, Cambridge, Mass. 1962.

Freeman, C., How to Evaluate Advertising's Contribution, in: HBR, Vol. 40, July/Aug. 1962, S. 137 ff.

Frenckner, T.P., Betriebswirtschaftslehre und Verfahrensforschung, in: ZfhF, N.F., Bd. 9, 1957, S. 65-102.

Frese, E., Kontrolle und Unternehmensführung. Entscheidungs- und organisationstheoretische Grundfragen, Wiesbaden 1968.

Gäfgen, G., Theorie der wirtschaftlichen Entscheidung, 2. Aufl., Tübingen 1968.

Garvin, W.W., Crandall, H.W., John, J.B., Spellman, R.A., Applications of Linear Programming in the Oil Industry, in: MS, Vol. 3, 1957, S. 407 ff.

Gass, S.I., Saaty, T.L., Parametric Objective Function (Part 2) - Generalization, in: OR, Vol. 3, 1955, S. 395 ff.

Gerth, E., Die Probleme der Erfolgskontrolle der Werbung für Konsumgüter in absatzpolitischer Sicht, in: ZfbF, 20. Jg., 1968, S. 275 ff.

Gomory, R.E., An Algorithm for Integer Solutions to Linear Programs, in: Recent Advances in Mathematical Programming, ed. by R.L. Graves and P. Wolfe, New York etc., 1963, S. 269 ff.

Gomory, R.E., Baumol, W.J., Integer Programming and Pricing, in: EC, Vol. 28, 1960, S. 521 ff.

Graves, R.L., Parametric Linear Programming, in: Recent Advances in Mathematical Programming, ed. by R.L. Graves and P. Wolfe, New York etc. 1963, S. 201 ff.

Green, P.E., Tull, D.S., Research for Marketing Decisions, Englewood Cliffs, N.J., 2nd ed., 1970.

Grochla, E., Modelle als Instrumente der Unternehmungsführung, in: ZfbF, 21. Jg., 1969, S. 382 ff.

Grosche, K., Das Produktionsprogramm, seine Änderungen und Ergänzungen, Berlin 1967.

Gupta, S.K., Krishnan, K.S., Differential Equations Approach to Marketing, in: OR, Vol. 15, 1967, S. 1030 ff.

Gutenberg, E., Zur Diskussion der polypolistischen Absatzkurve, in: JfNuSt, Bd. 177, 1965, S. 289 ff.

Gutenberg, E., Grundlagen der Betriebswirtschaftslehre, 2. Bd., Der Absatz, 11. Aufl., Berlin-Heidelberg-New York 1968.

Gutenberg, E., Grundlagen der Betriebswirtschaftslehre, 1. Bd., Die Produktion, 14. Aufl., Berlin-Heidelberg-New York 1968.

Haas, C., Unsicherheit und Risiko in der Preisbildung, Köln-Berlin-Bonn-München 1965.

Hadley, G., Linear Programming, Reading, Palo Alto, London 1962.

Hadley, G., Nonlinear and Dynamic Programming, Reading, Palo Alto, London 1964.

Hadley, G., Linear Algebra, Reading, Palo Alto, London 1965.

Hammann, P., Entscheidungsmodelle in der betriebswirtschaftlichen Theorie, in: ZfbF, 21. Jg., 1969, S. 457 ff.

Hax, H., Die Koordination von Entscheidungen, Köln, Berlin, Bonn, München 1965.

Hax, H., Bewertungsprobleme bei der Formulierung von Zielfunktionen für Entscheidungsmodelle, in: ZfbF, 19. Jg., 1967, S. 749 ff.

Hax, H., Die Koordination von Entscheidungen in der Unternehmung, in: Unternehmerische Planung und Entscheidung, hrsg. von W. Busse v. Colbe und P. Meyer-Dohm, Bielefeld 1969, S. 39 ff.

Heady, E.O., Candler, W., Linear Programming Methods, Ames, Iowa 1958.

Heinen, E., Die Zielfunktion der Unternehmung, in: Zur Theorie der Unternehmung, Festschrift zum 65. Geburtstag von E. Gutenberg, hrsg. von H. Koch, Wiesbaden 1962, S. 9 ff.

Heinen, E., Das Zielsystem der Unternehmung, Wiesbaden 1966.

Heinen, E., Einführung in die Betriebswirtschaftslehre, Wiesbaden 1968.

Heinen, E., Zielanalyse als Grundlage rationaler Unternehmungspolitik, in: SzU, Bd. 11, 1970, S. 7 ff.

Henn, R., Über dynamische Wirtschaftsmodelle, Stuttgart 1957.

Herlitz, P., Zur optimalen Kombination des absatzpolitischen Instrumentariums, Diss. Berlin 1968.

Hilse, H., Die Messung des Werbeerfolgs, Tübingen 1970.

Hitch, C., Sub-Optimization in Operations Problems, in: OR, Vol. 1, 1953, S. 87 ff.

Hörschgen, H., Der zeitliche Einsatz der Werbung, Stuttgart 1967.

Holt, C.C., Modigliani, F., Muth, J.F., Simon, H.A., Planning Production, Inventories, and Work Force, Englewood Cliffs, N.J. 1960.

Horváth, P., Der Betrieb als lernende Entscheidungseinheit, in: ZfB, 40. Jg., 1970, S. 747 ff.

Horváth, P., Betriebliche Entscheidungen als Teile eines Lernprozesses, Meisenheim am Glan 1971.

Houthakker, H.S., The Capacity Method of Quadratic Programming, in: EC, Vol. 28, 1960, S. 62 ff.

Howard, J.A., Marketing Management, Analysis, and Planning, 7th Printing, Homewood, Ill. 1969.

Howard, J.A., Morgenroth, W.M., Information Processing Model of Executive Decision, in: MS, Vol. 13, 1968 A, S. 416 ff.

Ihde, G.-B., Lernprozesse in der betriebswirtschaftlichen Produktionstheorie, in: ZfB, 40. Jg., 1970, S. 451 ff.

Jacob, H., Produktionsplanung und Kostentheorie, Sonderdruck aus: Zur Theorie der Unternehmung, Festschrift zum 65. Geburtstag von Erich Gutenberg, Wiesbaden, o.J..

Jacob, H., Preispolitik, Wiesbaden 1963.

Jacob, H., Neuere Entwicklungen in der Investitionsrechnung, Sonderdruck der ZfB, Wiesbaden 1964.

Jacob, H., Flexibilitätsüberlegungen in der Investitionsrechnung, in: ZfB, 37. Jg., 1967, S. 1 ff.

Jacob, H., Zum Problem der Unsicherheit bei Investitionsentscheidungen, in: ZfB, 37. Jg., 1967, S. 153 ff.

Jacob, H., Zur Standortwahl der Unternehmungen, Wiesbaden 1967.

Jacob, H., Der Absatz, in: Allgemeine Betriebswirtschaftslehre in programmierter Form, hrsg. von H. Jacob, Wiesbaden 1969, S. 287 ff.

Jacob, H. und M., Preisdifferenzierung bei willkürlicher Teilung des Marktes und ihre Verwirklichung mit Hilfe der Produktdifferenzierung, in: JfNuSt, Bd. 174, 1962, S. 1 ff.

Jaensch, G., Die Anpassung des gewinnmaximalen Werbebudgets an veränderte Marktbedingungen, in: ZfbF, 19. Jg., 1967, S. 421 ff.

Jaensch, G., Korndörfer, W., Ansätze zur Theorie des optimalen Werbebudgets, in: ZfB, 37. Jg., 1967, S. 437 ff.

Jagberger, R., Die Grenzen der wirtschaftlichen Werbung, Stuttgart 1967.

Jaspert, F., Methoden zur Erforschung der Werbewirkung, Stuttgart 1963.

Jessen, R.J., A Switch-Over Experimental Design to measure Advertising Effect, in: Quantitative Techniques in Marketing Analysis, ed. by R.E. Frank, A.A. Kuehn and W.F. Massy, Homewood, Ill. 1962, S. 190 ff.

Johannsen, U., Methoden der Werbeerfolgskontrolle in psychologischer Sicht, in: HdW, S. 753 ff.

Joksch, H.C., Lineares Programmieren, Tübingen 1965, 2. revidierte Aufl.

Karrenberg, R., Scheer, A.-W., Ableitung des kostenminimalen Einsatzes von Aggregaten zur Vorbereitung der Optimierung simultaner Planungssysteme, in: ZfB, 40. Jg., 1970, S. 689 ff.

Karush, W., On a Class of Minimum Cost Problems, in: MS, Vol. 4, 1958, S. 136 ff.

Kern, W., Die Empfindlichkeit linear geplanter Programme, in: Betriebsführung und Operations Research, hrsg. von A. Angermann, Frankfurt a.M. 1963, S. 49 ff.

Kilger, W., Die quantitative Ableitung polypolistischer Preisabsatzfunktionen aus den Heterogenitätsbedingungen atomistischer Märkte, in: Zur Theorie der Unternehmung, Festschrift zum 65. Geburtstag von E. Gutenberg, hrsg. von H. Koch, Wiesbaden 1962, S. 269 ff.

King, W.R., Quantitative Analysis for Marketing Management, New York etc. 1967.

Kirsch, W., Die Unternehmungsziele in organisationstheoretischer Sicht, in: ZfbF, 21. Jg., 1969, S. 665 ff.

Kirsch, W., Entscheidungsprozesse, Bd. 1, Verhaltenswissenschaftliche Ansätze der Entscheidungstheorie, Wiesbaden 1970.

Kleibohm, K., Ein Verfahren zur approximativen Lösung von konvexen Programmen, Diss. Zürich 1966.

Kloidt, H., Dubberke, H.-A., Göldner, J., Zur Problematik des Entscheidungsprozesses, in: Organisation des Entscheidungsprozesses, hrsg. von E. Kosiol, Berlin 1959, S. 9 ff.

Knight, F.H., Risk, Uncertainty and Profit, Boston 1957.

Koch, H., Betriebliche Planung, Wiesbaden 1961.

Koch, H., Die Unternehmensplanung und ihre Bedeutung, in: Unternehmensplanung, hrsg. von K. Agthe und E. Schnaufer, Baden-Baden 1963, S. 3 ff.

Köhler, R., Das Problem "richtiger" preispolitischer Entscheidungen bei unvollkommener Voraussicht, in: ZfbF, 20. Jg., 1968, S. 249 ff.

Koopman, B.O., The Optimum Distribution of Effort, in: OR, Vol. 1, 1953, S. 52 ff.

Korndörfer, W., Die Aufstellung und Aufteilung von Werbebudgets, Stuttgart 1966.

Kosiol, E., Modellanalyse als Grundlage unternehmerischer Entscheidungen, in: ZfhF, 13, Jg., 1961, S. 318 ff.

Kosiol, E., Betriebswirtschaftslehre und Unternehmensforschung, in: ZfB, 34. Jg., 1964, S. 743 ff.

Kosiol, E., Zur Problematik der Planung in der Unternehmung, in: ZfB, 37. Jg., 1967, S. 77 ff.

Kotler, P., Competitive Strategies for New Product Marketing over the Life Cycle, in: MS, Vol. 12, 1966 B u. C, S. B-104 ff.

Kotler, P., Marketing Management-Analysis, Planning, and Control, Englewood Cliffs, N.J. 1967.

Kotler, P., Schultz, R.L., Marketing Simulations: Review and Prospects, in: JoB, Vol. 43, 1970, S. 237 ff.

Krekó, B., Lehrbuch der linearen Optimierung, 3. überarb. u. erw. Aufl., Berlin 1968.

Krelle, W., Künzi, H.P., Lineare Programmierung, Zürich 1958.

Krelle, W., Ganzzahlige Programmierungen. Theorie und Anwendungen in der Praxis, in: Ufo, Bd. 2, 1958, S. 161 ff.

Krelle, W., Preistheorie, Tübingen-Zürich 1961.

Krelle, W., Gelöste und ungelöste Probleme der Unternehmensforschung, in: Arbeitsgemeinschaft für Forschung des Landes Nordrhein-Westfalen, Heft 105, Köln und Opladen 1962, S. 7 ff.

Krelle, W., Unsicherheit und Risiko in der Preisbildung, in: Preistheorie, hrsg. von A.E. Ott, Köln, Berlin 1965, S. 390 ff.

Krelle, W., Präferenz- und Entscheidungstheorie, Tübingen 1968.

Krishnan, K.S., Gupta, S.K., Mathematical Model for a Duopolistic Market, in: MS, Vol. 13, 1967 A, S. 568 ff.

Künzi, H.P., Nichtlineare Programmierung, in: Operations Research-Verfahren I, hrsg. von R. Henn, Meisenheim am Glan 1963, S. 93 ff.

Künzi, H.P., Zum heutigen Stand der nichtlinearen Optimierungstheorie, in: Ufo, Bd. 12, 1968, S. 1 ff.

Künzi, H.P., Krelle, W., Nichtlineare Programmierung, Berlin, Göttingen, Heidelberg 1962.

Künzi, H.P., Krelle, W., Einführung in die mathematische Optimierung, Zürich 1969.

Künzi, H.P., Öttli, W., Nichtlineare Optimierung: Neuere Verfahren - Bibliographie, Berlin, Heidelberg, New York 1969.

Lasdon, L.S., Optimization Theory for Large Systems, London 1970.

Laux, H., Franke, G., Der Erfolg im betriebswirtschaftlichen Entscheidungsmodell, in: ZfB, 40. Jg., 1970, S. 31 ff.

Lavington, M.R., A Practical Microsimulation Model for Consumer Marketing, in: ORQ, Vol. 21, 1970, S. 25 ff.

Lemke, C.E., A Method of Solution for Quadratic Programs, in: MS, Vol. 8, 1962, S. 442 ff.

Levinson, H.C., Experiences in Commercial Operations Research, in: OR, Vol. 1. 1953, S. 220 ff.

Lippman, S.A., Rolfe, A.J., Wagner, H.M., Yuan, J.S.C., Algorithms for Optimal Production Scheduling and Employment Smoothing, in: OR, Vol. 15, 1967, S. 1011 ff.

Lippman, S.A., Rolfe, A.J., Wagner, H.M., Yuan, J.S.C., Optimal Production Scheduling and Employment Smoothing with Deterministic Demands, in: MS, Vol. 13, 1968 A, S. 127 ff.

Little, J.D.C., A Model of Adaptive Control of Promotional Spending, in: OR, Vol. 14, 1966, S. 1075 ff.

Lucas, D.B., Britt, S.H., Messung der Werbewirkung, Essen 1966.

Luck, D.J., Wales, H.G., Taylor, D.A., Marketing Research, Englewood Cliffs, N.J., 3rd Ed., 1970.

Lüder, Klaus, Das Optimum in der Betriebswirtschaftslehre, Diss. Karlsruhe 1964.

Lüder, K., Zur Anwendung neuerer Algorithmen der ganzzahligen linearen Programmierung, in: ZfB, 39. Jg., 1969, S. 405 ff.

Manne, A.S., Notes on Parametric Linear Programming, RAND Report P-468, Santa Monica, Cal. 1953.

Markowitz, H.M., Manne, A.S., On the Solution of Discret Programming Problems, in: EC, Vol. 25, 1957, S. 84 ff.

Marshall, A.W., A Mathematical Note on Sub-Optimization, in: OR, Vol. 1, 1953, S. 100 ff.

Meffert, H., Zum Problem der betriebswirtschaftlichen Flexibilität, in: ZfB, 39. Jg., 1969, S. 779 ff.

Meffert, H., Modelle des Käuferverhaltens und ihr Aussagewert für das Marketing, in: ZfdgStw, Bd. 127, 1971, S. 326 ff.

Meffert, H., Marketing, Sonderdruck aus: Management-Enzyklopädie, Bd. 4, o.O., o.J., S. 383 ff.

Menges, G., Grundmodelle wirtschaftlicher Entscheidungen, Köln und Opladen 1969.

Mensch, G., Ablaufplanung, Köln und Opladen 1968.

Meyhak, H., Simultane Gesamtplanung in mehrstufigen Mehrproduktunternehmen, Wiesbaden 1970.

Miehle, W., Numerical Solution of the Problem of Optimum Distribution of Effort, in: OR, Vol. 2, 1954, S. 433 ff.

Miller, C.E., The Simplex Method for Local Separable Programming, in: Recent Advances in Mathematical Programming, ed. by R. L. Graves and P. Wolfe, New York etc. 1963, S. 89 ff.

Miller, D.W., Starr, M.K., Executive Decisions and Operations Research, Englewood Cliffs, N.J. 1960.

Möbius, G., Demoskopische Verfahren zur Messung des außerwirtschaftlichen Werbeerfolgs, in: HdW, S. 743 ff.

Montgomery, D.B., Urban, G.L., Management Science in Marketing, Englewood Cliffs, N.J. 1969.

Müller-Merbach, H., Operations Research als Optimalplanung, in: ZfhF, 15. Jg., 1963, S. 191 ff.

Müller-Merbach, H., Die Methode der "direkten Koeffizientenanpassung" (μ-Form) des Separable Programming, in: Ufo, Bd. 14, 1970, S. 197 ff.

Müller-Merbach, H., Operations Research, Methoden und Modelle der Optimalplanung, Berlin und Frankfurt 1970.

Naylor, T.H., Vernon, J.M., Microeconomics and Decision Models of the Firm, New York etc. 1969.

Nicosia, F.M., Consumer Decision Processes: Marketing and Advertising Implications, Englewood Cliffs, N.J. 1966.

Nieschlag, R., Was bedeutet die Marketing-Konzeption für die Lehre von der Absatzwirtschaft?, in: ZfhF, 15. Jg., 1963, S. 549 ff.

Nieschlag, R., Dichtl, E., Hörschgen, H., Marketing - ein entscheidungstheoretischer Ansatz, 4. neubearb. u. erw. Aufl., Berlin 1971.

Nöh, D., Reklamepolitik und Produktvariation in der Preistheorie, Diss. Frankfurt, 1957.

Opitz, L., Demoskopische Methoden der Werbeerfolgsprognose, in: HdW, S. 713 ff.

Ott, A.E., Grundzüge der Preistheorie, Göttingen 1968.

Pack, L., Die Ermittlung der kostenminimalen Anpassungsprozeßkombination, in: ZfbF, 18. Jg., 1966, S. 466 ff.

Pack, L., Die Elastizität der Kosten, Wiesbaden 1966.

Panne, C. van de, Whinston, A., The Simplex and the Dual Method for Quadratic Programming, in: ORQ, Vol. 15, 1964, S. 355 ff.

Panne, C. van de, Whinston, A., Simplicial Methods for Quadratic Programming, in: NRLQ, Vol. 14, 1964, S. 273 ff.

Panne, C. van de, Whinston, A., A Comparison of two Methods for Quadratic Programming, in: OR, Vol. 14, 1966, S. 422 ff.

Panne, C. van de, Whinston, A., A Parametric Simplicial Formulation of Houthakker's Capacity Method, in: EC, Vol. 34, 1966, S. 354 ff.

Panne, C. van de, Whinston, A., The Symmetric Formulation of the Simplex Method for Quadratic Programming, in: EC, Vol. 37, 1969, S. 507 ff.

Parthey, H.-G., Der Verlauf der Werbekosten und die Planung des Werbekosteneinsatzes in betriebswirtschaftlicher und preistheoretischer Sicht, Diss. Frankfurt 1959.

Piesch, W., Über einige Modelle der Absatzplanung, in: Ufo, Bd. 3, 1959, S. 51 ff.

Piesch, W., Die Lösung einer Klasse von Produktionsglättungsmodellen, Tübingen 1968.

Pressel, K., Der Entscheidungsprozeß als Bestandteil der industriellen Absatzplanung, Diss. Erlangen-Nürnberg 1965.

Pressmar, D.B., Kosten- und Leistungsanalyse im Industriebetrieb, Wiesbaden 1971.

Reichmann, T., Die betrieblichen Anpassungprozesse im Lagerbereich, in: ZfbF, 19. Jg., 1967, S. 762 ff.

Reichmann, T., Die Bestimmung des optimalen Produktionsplans bei mehrstufigen Fertigungsprozessen in Saisonunternehmen, in: ZfB, 38. Jg., 1968, S. 683 ff.

Reichmann, T., Die Abstimmung von Produktion und Lager bei saisonalem Absatzverlauf, Köln und Opladen 1968.

Ritter, K., Ein Verfahren zur Lösung parameterabhängiger, nichtlinearer Maximum-Probleme, in: Ufo, Bd. 6, 1962, S. 149 ff.

Ritter, K., Über Probleme parameterabhängiger Planungsrechnung, DVL-Bericht Nr. 238, Porz-Wahn 1963.

Saaty, T.L., Bram, J., Nonlinear Mathematics, New York etc. 1964.

Saaty, T.L., Gass, S.I., Parametric Objective Function (Part 1), in: OR, Vol. 2, 1954, S. 316 ff.

Schiemenz, B., Die mathematische Systemtheorie als Hilfe bei der Bildung betriebswirtschaftlicher Modelle, in: ZfB, 40. Jg., 1970, S. 769 ff.

Schmid, L.M., Grundlagen und Formen der Preisdifferenzierung im Lichte der Marktformenlehre und der Verhaltenstheorie, Berlin 1965.

Schmidt-Sudhoff, U., Unternehmerziele und unternehmerisches Zielsystem, Wiesbaden 1967.

Schneeweiß, H., Entscheidungskriterien bei Risiko, Berlin, Heidelberg, New York 1967.

Schneider, D., Investition und Finanzierung, Köln und Opladen 1970.

Schneider, E., Statik und Dynamik, in: HdSW, Bd. 10, 1959, S. 23 ff.

Schneider, E., Einführung in die Wirtschaftstheorie, II. Teil, 10. verb. Aufl., Tübingen 1965.

Schnötzinger, P., Über den Werbeerfolg, seine Abhängigkeit vom Werbeziel und die Problematik seiner Ermittlung, Berlin 1970.

Schweim, J., Integrierte Unternehmensplanung, Bielefeld 1969.

Seelbach, H., Planungsmodelle in der Investitionsrechnung, Würzburg-Wien 1967.

Seitz, M., Probleme der betrieblichen Planung bei im Zeitablauf wechselnden Marktverhältnissen, Wiesbaden 1968.

Selten, R., Preispolitik der Mehrproduktunternehmung in der statischen Theorie, Berlin, Heidelberg, New York 1970.

Shacun, M.F., Advertising Expenditures in Coupled Markets - A Game Theory Approach, in: MS, Vol. 11, 1965-B, S. B-42 ff.

Shacun, M.F., A Dynamic Model for Competitive Marketing in Coupled Markets, in: MS, Vol. 12, 1966 B u. C, S. B 525 ff.

Shacun, M.F., Competitive Organizational Structures in Coupled Markets, in: MS, Vol. 13, 1968 B, S. B 663 ff.

Shetty, C.M., On Analyses of Solutions to a Linear Programming Problem, in: ORQ, Vol. 12, 1961, S. 89 ff.

Silver, E.A., A Tutorial on Production Smoothing and Work Force Balancing, in: OR, Vol. 15, 1967, S. 985 ff.

Simonnard, M., Linear Programming, Englewood Cliffs, N.J. 1966.

Sommer, R., Die Marketing-Konzeption und ihr Einfluß auf das absatzwirtschaftliche Instrumentarium des Markenartikels, Diss. München 1968.

Spiegel, B., Werbepsychologische Untersuchungsmethoden, Berlin 1958.

Spiegel, B., Die Struktur der Meinungsverteilung im sozialen Feld, Stuttgart-Bern 1961.

Stanton, W.J., Fundamentals of Marketing, 2nd Ed., New York etc. 1967.

Staudt, T.A., Taylor, D.A., A Managerial Introduction to Marketing, 2nd Ed., Englewood Cliffs, N.J. 1970.

Stern, M.E., Marketing Planung - Eine Systemanalyse, 2. Aufl., Berlin 1969.

Strasser, H., Zielbildung und Steuerung der Unternehmung, Wiesbaden 1966.

Strauss, G., Grundlagen und Möglichkeiten der Werbeerfolgskontrolle, Berlin 1959.

Sturm, S., Mehrstufige Entscheidungen unter Ungewißheit, Meisenheim am Glan 1970.

Suchowitzki, S.I., Awdejewa, L.I., Lineare und konvexe Programmierung, München-Wien 1969.

Suter, F., Feststellung und Analyse des Werbeerfolges, Winterthur 1962.

Swoboda, P., Die simultane Planung von Rationalisierungs- und Erweiterungsinvestitionen und von Produktionsprogrammen, in: ZfB, 35. Jg., 1965, S. 148 ff.

Terebesi, M., Bemerkungen zum Verfahren von Gomory zur Bestimmung ganzzahliger Lösungen von linearen Programmen, in: Ufo, Bd. 5, 1961, S. 197 ff.

Theil, H., Panne, C. van de, Quadratic Programming as an Extension of Classical Quadratic Maximization, in: MS, Vol. 7, 1961, S. 1 ff.

Uherek, E.W., Die Planung des Werbebudgets, in: HdW, S. 417 ff.

Vazsonyi, A., Scientific Programming in Business and Industry, New York 1958.

Vidale, M.L., Wolfe, H.B., An Operations-Research Study of Sales Response to Advertising, in: OR, Vol. 5, 1957, S. 370 ff.

Vischer, P., Simultane Produktions- und Absatzplanung - Rechnungstechnische und organisatorische Probleme mathematischer Programmierungsmodelle, Wiesbaden 1967.

Vormbaum, H., Differenzierte Preise - Differenzierte Preisforderungen als Mittel der Betriebspolitik, Köln und Opladen 1960.

Wagner, H., Zum Problem der Zielfunktion in einer operationalen Theorie der betrieblichen Kapitaldisposition, unveröfftl. Manuskript.

Waldmann, J., Optimale Unternehmensfinanzierung, unveröffentlichtes Manuskript.

Webb, M.H.J., Advertising Response Functions and Media Planning, in: ORQ, Vol. 19, 1968, S. 43 ff.

Weber, H., Die Planung in der Unternehmung, Berlin 1963.

Weber, H., Die Spannweite des betriebswirtschaftlichen Planungsbegriffes, in: ZfbF, 16. Jg., 1964, S. 716 ff.

Weber, H.H., Grundzüge einer monopolistischen Absatztheorie, Köln, Berlin, Bonn, München 1970.

Weintraub, S., Price Theory, New York, Toronto, London 1949.

Weymar, H., Industrial Dynamics: Interaction between the Firm and its Market, in: Marketing and the Computer, ed. by. W. Alderson and S.J. Shapiro, Englewood Cliffs, N.J. 1963, S. 260 ff.

Wild, J., Unternehmerische Entscheidungen, Prognosen und Wahrscheinlichkeit, in: ZfB, 39. Jg., 1969, Ergänzungsheft 2, S. 60 ff.

Wilhelm, H., Marktformen und Werbung, in: HdW, S. 39 ff.

Witte, E., Phasen-Theorem und Organisation komplexer Entscheidungsverläufe, in: ZfbF, 20. Jg., 1968, S. 625 ff.

Wittmann, W., Ungewißheit und Planung, in: ZfhF, 10. Jg., 1958, S. 499 ff.

Wittmann, W., Unternehmung und unvollkommene Information, Köln und Opladen 1959.

Wittstock, J., Elemente eines allgemeinen Zielsystems der Unternehmung, in: ZfB, 40. Jg., 1970, S. 833 ff.

Wolfe, P., The Simplex Method for Quadratic Programming, in: EC, Vol. 27, 1959, S. 382 ff.

Wolfe, P., Some Simplex-Like Nonlinear Programming Procedures, in: OR, Vol. 10, 1962, S. 438 ff.

Wolfe, P., Methods of Nonlinear Programming, in: Recent Advances in Mathematical Programming, ed. by R.L. Graves and P. Wolfe, New York etc. 1963, S. 67 ff.

Zangwill, W.I., The Convex Simplex Method, in: MS, Vol. 13, 1968 A, S. 221 ff.

Zangwill, W.I., Nonlinear Programming, A Unified Approach, Englewood Cliffs, N.J. 1969.

Zionts, S., Toward a unifying Theory of Integer Linear Programming, in: OR, Vol. 17, 1969, S. 359 ff.

Zoutendijk, G., Maximizing a Function in a Convex Region, in: JRStS, Series B, Vol. 21, 1959, S. 338 ff.